市政公用工程设计文件编制深度规定
（2025 年版）

住房城乡建设部工程质量安全监管司　组织编写

中国建筑工业出版社

图书在版编目（CIP）数据

市政公用工程设计文件编制深度规定：2025 年版 /
住房城乡建设部工程质量安全监管司组织编写 . -- 北京：
中国建筑工业出版社，2025. 8. -- ISBN 978-7-112
-30764-7

Ⅰ . TU99

中国国家版本馆 CIP 数据核字第 2025ZF8498 号

责任编辑：张幼平　费海玲　高　悦
责任校对：张　颖

市政公用工程设计文件编制深度规定（2025年版）
住房城乡建设部工程质量安全监管司　组织编写
*
中国建筑工业出版社出版、发行（北京海淀三里河路9号）
各地新华书店、建筑书店经销
北京光大印艺文化发展有限公司制版
廊坊市海涛印刷有限公司印刷
*

开本：787毫米 x 1092毫米　1/16　印张：18¾　字数：388千字
2025年8月第一版　2025年8月第一次印刷
定价：**68.00**元
ISBN 978-7-112-30764-7
（44460）

前　言

为贯彻落实《建设工程勘察设计管理条例》《建设工程质量管理条例》，统一市政公用工程设计文件编制深度，保障工程设计质量，住房和城乡建设部工程质量安全监管司组织中国勘察设计协会及14家设计单位对《市政公用工程设计文件编制深度规定》（2013年版）进行了修订，形成《市政公用工程设计文件编制深度规定》（2025年版）。本次修订主要内容包括：

1. 强化安全要求。落实《中华人民共和国安全生产法》《危险性较大的分部分项工程安全管理规定》和《市政公用设施抗灾设防管理规定》，增加特殊结构桥梁、隧道等工程安全监测要求；增加对于改扩建工程的调查、检测、评估要求；增加老旧燃气管道改造工程设计要求；增加相邻既有工程的保护和监测要求。

2. 强化环境保护要求。落实《中华人民共和国环境保护法》和《中华人民共和国固体废物污染环境防治法》，加强生态环境影响分析要求；加强道路交通、桥梁、隧道、燃气、热力工程环境保护的相关要求；增加环境卫生工程废弃物减量化、资源化、过程污染物控制的相关内容。

3. 强化无障碍环境建设要求。落实《中华人民共和国无障碍环境建设法》，加强道路交通、园林绿化等工程的无障碍设计要求。

4. 增加综合管廊工程设计文件编制深度规定的内容。

5. 细化可行性研究、初步设计、施工图设计各阶段文件编制深度要求，进一步提升可操作性。

本规定由住房城乡建设部批准，各专业主编单位对相应规定负责解释。

参加本次修编工作的单位有：北京市市政工程设计研究总院有限公司、上海市政工程设计研究总院（集团）有限公司、上海市隧道工程轨道交通设计研究院、北京市煤气热力工程设计院有限公司、中国市政工程华北设计研究总院有限公司、上海市园林设计研究总院有限公司、北京市园林古建设计研究院有限公司、广州园林建筑规划设计研究总院有限公司、天津市政工程设计研究总院有限公司、中国市政工程西北设计研究院有限公司、中冶京诚工程技术有限公司、中国市政工程东北设计研究总院有限公司、中国市政工程中南设计研究总院有限公司、中设工程咨询（重庆）股份有限公司。修编单位具体分工见专业编写分工表。

专业编写分工表

篇（章）	主编单位	参编单位
给水工程	北京市市政工程设计研究总院有限公司	上海市政工程设计研究总院（集团）有限公司
排水工程	北京市市政工程设计研究总院有限公司	上海市政工程设计研究总院（集团）有限公司、中国市政工程东北设计研究总院有限公司、中国市政工程中南设计研究总院有限公司
道路交通工程	北京市市政工程设计研究总院有限公司	上海市政工程设计研究总院（集团）有限公司、中设工程咨询（重庆）股份有限公司
桥梁工程	上海市政工程设计研究总院（集团）有限公司	北京市市政工程设计研究总院有限公司
隧道工程	上海市隧道工程轨道交通设计研究院	上海市政工程设计研究总院（集团）有限公司、北京市市政工程设计研究总院有限公司
防洪工程	天津市政工程设计研究总院有限公司	上海市政工程设计研究总院（集团）有限公司、北京市市政工程设计研究总院有限公司、中国市政工程东北设计研究总院有限公司
燃气工程	北京市煤气热力工程设计院有限公司	中国市政工程华北设计研究总院有限公司、中国市政工程东北设计研究总院有限公司
热力工程	北京市煤气热力工程设计院有限公司	中国市政工程华北设计研究总院有限公司、中国市政工程东北设计研究总院有限公司
环境卫生工程	中国市政工程西北设计研究院有限公司	北京市市政工程设计研究总院有限公司、中国市政工程中南设计研究总院有限公司
园林绿化工程	上海市园林设计研究总院有限公司	北京市园林古建设计研究院有限公司、广州园林建筑规划设计研究总院有限公司、北京市市政工程设计研究总院有限公司
综合管廊工程	中冶京诚工程技术有限公司	北京市市政工程设计研究总院有限公司
投资估算、经济评价和概预算	上海市政工程设计研究总院（集团）有限公司	北京市市政工程设计研究总院有限公司
各专业汇稿、审稿	北京市市政工程设计研究总院有限公司	

项 目 组 织：朱长喜　刘桂生
汇　　　　稿：段　茸　刘晋龙

本规定主要起草人员：
总 负 责 人：高守有　刘　勇

给 水 工 程：杨　力　王　洋　吴　彬　王进民　赵　捷　沈　铮
　　　　　　　许嘉炯　张　硕　姜　琦

排 水 工 程：黄　鸥　程树辉　张富国　张文胜　邱　明　高　旭
　　　　　　　张光华　吴　彬　王进民　王海龙　董　威　沈　铮
　　　　　　　梁　伟　司徒菲　范科文

道路交通工程：刘　勇　聂大华　段海林　张学军　袁胜强　于　宵
　　　　　　　冯　宝　杨绍猛　郑建红　王　杰

桥 梁 工 程：卢永成　戴建国　顾民杰　牛长彦　邹小洁　李　东

隧 道 工 程：陈　鸿　贺春宁　管攀峰　彭子晖　马　杰　段　茸
　　　　　　　刘　艺　王璐琪　陆　明　蒋卫艇　沈　蓉　孟　静

防 洪 工 程：赵乐军　邓卫东　吴　春　赵文明　李国金　刘天顺
　　　　　　　邱　娜　宋亚卿　劳尔平　郭高贵　白东林　丁兆晖

燃 气 工 程：孙明烨　杜建梅　李　政

热 力 工 程：刘红林　赵惠中　丛　颖

环境卫生工程：王　斌　马小蕾　李国梁　刘　力　李　彪　郑海枫
　　　　　　　冯　乐　靳红强　韩正平　裴照堂　谢文刚　雷雨晴

v

园林绿化工程：朱祥明　张希波　官　涛　李　青　茹雯美　朱志红
　　　　　　　　苟　皓　刘彦琢　许哲瑶　赵新华

综合管廊工程：崔海龙　尹　瑞　邓成云　刘　斌　李　蕾　庄　璐
　　　　　　　　王燕红　尹力文　王　茂

投资估算、经济评价和概预算：王　梅　郑永鹏　袁　弘　董友亮
　　　　　　　　　　　　　　　李永洁　周　泉

目 录

总则

总　　则

1.　本规定适用于市政公用工程的给水、排水、道路交通、桥梁、隧道、防洪、燃气、热力、环境卫生、园林绿化、综合管廊等新建、扩建、改建工程的可行性研究报告、初步设计文件、施工图设计文件的编制。

2.　可行性研究报告阶段应分析说明项目的技术经济可行性、社会效益、生态效益、项目资金等主要建设条件的落实情况，进行风险控制，比选设计方案，择优推荐设计方案。

3.　初步设计阶段应在可行性研究报告和准确的测量、勘探、工程调查基础上，对项目建设进行初步的设计和规划，结合市场、技术、经济等相关信息，确定建设规模、用地、建筑布局、技术路线等内容，提供主要设备和材料明细表，满足订货要求；确定施工方案和建设成本等内容，满足施工图设计的要求，确保土地征用、编制施工招标文件、建设准备和生产准备等工作的要求。初步设计文件应满足施工图设计文件的编制、工程概算和初步设计审批的需求，符合可行性研究报告批复以及国家有关标准和规范的要求。

4.　施工图设计阶段应在初步设计阶段基础上，依据相关批准文件、规划和基础资料，对项目建设进行分类筹划和详细设计，满足项目预算编制、设备材料采购、非标准设备制作和施工的需要，注明工程合理使用年限。

5.　可行性研究报告编制在执行本规定的同时，还应遵循国家发展改革委《关于印发投资项目可行性研究报告编写大纲及说明的通知》（发改投资规〔2023〕304号）要求。在编制具体项目的可行性研究报告时，可结合项目实际情况予以适当调整。对于建设内容单一、投资规模较小、技术方案简单的项目，可以简化上述编写大纲中的有关内容。

5.1　对于建设单位有相关需求的项目，研究提出拟建项目数字化应用方案，并列支相关工程费用。

5.2　如在可行性研究报告阶段已经明确项目运营单位，可行性研究报告编制单位负责、会同运营单位共同编制项目运营方案。

5.3　对于采用政府和社会资本合作的项目，其相关工作成果应在可行性研究报告项目建设管理方案、项目运营方案、融资方案等章节体现。

5.4　对于不属于高耗能、高排放项目的，在可行性研究报告编制过程中，可在项目能源资源利用分析的基础上，明确拟采取减少碳排放的路径与方式。

6. 市政公用工程应全面落实无障碍环境建设要求，为老年人、残障人士和有无障碍需求的人员提供平等、便捷的使用条件。

7. 对于城市更新过程中涉及的市政公用工程项目，应对既有工程现状进行必要的调查、检测、评估，作为开展工程前期工作和工程设计的依据。

8. 对于项目涉及的危险性较大的分部分项工程（以下简称危大工程），应明确相关措施要求并列支相关工程费用。

9. 本规定中"数字化应用方案""项目运营方案""融资方案、盈利能力、债务清偿能力及财务可持续性分析""新材料、新设备、新工艺、新技术"等相关新增内容宜在咨询设计等服务合同及收费中予以体现。

10. 本规定提出的设计文件编制深度属基本要求，不影响业主及相关项目设计合同提出的其他要求。根据具体项目类型、规模和特点，设计文件的内容可适当增减或合并。

11. 设计文件的编制除应执行本规定外，还应符合国家有关工程建设的法律法规、工程建设强制性标准和制图标准。

第一篇　给水工程

第一章　给水工程可行性研究报告文件编制深度

1　概述

1.1　项目概况

项目全称；概述项目建设目标和任务、建设地点、工程规模、建设内容、建设工期、投资规模、资金来源、建设模式、主要技术经济指标（工程占地面积、建筑面积、绿地率等）、关键绩效指标等。

1.2　项目单位概况

简述项目单位基本情况。拟新组建项目法人的，简述项目法人组建方案。对于政府资本金注入项目，简述项目法人基本信息、投资人（或者股东）构成及政府出资人代表等情况。

1.3　编制依据

1.3.1　项目单位的委托书、中标通知书及有关合同、协议书等。

1.3.2　上级主管部门或行业主管部门批准的项目建议书（或项目建设规划）及其批复文件。

1.3.3　国家和地方有关政策性依据文件。

1.3.4　城市国土空间规划、城市总体规划和专业规划文件。

1.3.5　大型城市给水工程应有"水资源论证报告"（必要时）。

1.3.6　环境影响评价咨询成果等资料。

1.3.7　岩土工程勘察报告（可行性研究勘察）。

1.3.8　采用的主要规范和标准。

1.3.9　专题研究报告（必要时）。

1.3.10　其他。

1.4　主要结论和建议

简述项目可行性研究的主要结论和建议。主要结论包括：工程建设规模、设计出水水质及水压、推荐工艺流程、工程投资（总投资估算、工程费估算等）及经济评价

（水处理成本和经营成本等）等主要研究成果。

2　项目建设背景和必要性

2.1　项目建设背景

2.1.1　城市性质及规模

简述城市性质、历史特点、行政区划、人口规模及社会经济发展水平等。

2.1.2　自然条件

简述区域或场地的地理位置、地形地貌、河流湖泊、气象、水文、工程地质、水文地质、地震等。

2.1.3　城市供水系统现状

简述城市现状水源、供水设施、供水范围、供水人口、供水普及率等。

2.1.4　项目建设前期进展

简述项目建设目的，项目用地预审和规划选址等行政审批手续办理及其他前期工作进展。

2.2　规划政策符合性

2.2.1　项目与重大政策的符合性

阐述项目与扩大内需、共同富裕、乡村振兴、科技创新、节能减排、碳达峰碳中和、国家安全和应急管理等重大政策目标的符合性。

2.2.2　项目与重大规划的衔接性

概述城市国土空间规划、供水专项规划及其他相关专业的专项规划内容，阐述项目与经济社会发展规划、区域规划、专项规划、国土空间规划等重大规划的衔接性。

2.3　项目建设必要性

2.3.1　城市国土空间规划、城市总体规划、给水专项规划、产业政策等实施提出的要求。

2.3.2　国家、地区或该市社会经济、城市建设突出问题或发展提出的要求等。

2.3.3　城市现状供水系统存在的主要问题，与相关规划、政策要求存在的差距，对社会经济发展和居民生活质量的主要影响或制约。

2.3.4　项目建设对城市或区域社会经济发展、供水设施能力提升、居民生活质量提高等方面的影响和意义，说明项目建设的必要性。

3　项目需求分析与产出方案

3.1　需水量预测分析

根据城市性质及规模、工业布局与结构、人口增长、用水量指标等，预测不同设计目标年的需水量。内容包括：采用的不同预测方法及对比分析、采用的主要数据及来源、预测分析与结论。

3.2　水质目标需求分析

新建净（配）水厂项目，结合原水水质、本地饮用水水质发展规划目标以及配水管网情况，确定出厂水水质标准。提标改造水厂项目，结合原水水质的主要污染指标、现有水厂处理工艺及出厂水中不能稳定达标的指标、为满足高品质水质标准需要提升的指标等情况，确定相关水质指标的提升目标。

3.3　建设规模和内容

3.3.1　工程建设规模

根据现况供水能力，对不同目标年限的供需水量进行平衡分析，论证项目建设规模及分期实施设想。

3.3.2　工程建设内容

论述取水工程、输水工程、净水厂工程、配水工程等项目组成部分的主要工程内容及总体布局。

3.4　项目建设目标

项目实施后可实现的水量、水质和水压目标。项目分期建设时，按照规划和设计目标年，说明各期可实现的目标。

4　项目选址与要素保障

4.1　项目选址或选线

4.1.1　必要时应综合考虑规划、技术、经济、社会等条件，对取水厂、净水厂以及加（调）压站的厂址，输水管线和配水管线的路由进行方案比选。

4.1.2　说明拟建项目厂址或线路的土地权属、供地方式、土地利用状况、矿产压覆、占用耕地和永久基本农田、涉及生态保护红线、地质灾害危险性评估等情况。

4.2　项目建设条件

4.2.1　建设自然条件：地理位置、地形地貌、河流湖泊、水库、工程地质、水文地质、地震、防洪等。

4.2.2　市政设施条件：雨水工程、污水工程、再生水工程、道路工程、电力工程、燃气工程、热力工程、通信工程等与厂区市政管线的衔接条件。

4.2.3　改扩建工程：分析评估现状供水设施的容量和能力，提出现有设施改扩建和利用方案。

4.3 土地要素保障分析

参见本规定"总则"第 5 条。

4.4 水源要素保证分析

从项目拟选水源的地下水允许开采量、江河多年平均径流量、湖库可利用库容、水库功能定位、水质总体评价等进行说明。

5 项目建设方案

5.1 工程方案论证

5.1.1 水源论证

1）论证不同保证率时拟选水源可供水量及水位。

2）根据原水水质监测资料、现行的国家《地表水环境质量标准》《地下水质量标准》论证水源等级，并分析水源可能的污染源及水质风险。

3）必要时，进行不同水源的方案比选。

5.1.2 供水系统方案论证

1）单一水源或多水源供水系统、应急水源和备用水源系统。

2）输送原水或输送清水系统。

3）分质、分压或等压供水系统。

5.1.3 取水工程方案论证

取水方式、取水构筑物包括取水头部和取水泵站的位置及形式的比选。

5.1.4 输水工程方案论证

输水方式、输水系统和输水管道工程方案（输水线路、根数、管径、管材、防腐、施工方式及用地等）的比选。

5.1.5 净水厂工程工艺论证

1）净化工艺流程选择和构筑物选型。

2）排泥水处理工艺流程选择和构筑物选型。

5.1.6 关键工艺设备材料选型论证

水处理用药剂（混凝剂、消毒剂）和活性炭滤料类型、药剂投配系统、臭氧制备系统、膜系统、紫外消毒系统、脱水机等关键工艺设备、材料选型。

5.1.7 论证水厂平面布局和竖向设计方案

5.1.8 配水工程方案论证

1）论证分区、分压供水方案。

2）论证中间加压站及调蓄设施的必要性、规模及位置。配水方式、配水系统和配水干管工程方案（配水干管线路、管材、施工方式等）的比选。

5.1.9 改扩建工程方案论证

评估现状设施设计规模和实际生产能力、运行数据及运行稳定性、水质、电耗、药耗、固定资产设施等现状，分析改扩建应解决的问题和现状设施可利用条件，明确项目实施的限制性因素和实施过程可能存在的主要风险，确定改扩建项目工艺流程和构筑物形式。

5.1.10 与上述工艺比较方案相关的建筑、结构设计方案、供电方案及其主要设备选型比选等。

5.1.11 比较方案的主要经济指标、对工程用地、近远期结合、施工难度、运行管理、维修工作量等的影响，确定推荐工程方案。

5.1.12 重大技术问题研究方案（必要时）

项目需进行关键工程技术专题研究、验证试验时，应阐述研究验证工作的必要性、研究目的、研究内容、费用估算等。

5.2 推荐工程方案

5.2.1 总体技术方案、设计原则、设计目标与标准

1）推荐工程方案的工程范围、工程内容、总体技术描述。

2）设计原则。

3）设计目标与标准：工艺专业（防洪标准、水厂自用水系数、排泥水处理目标等）、建筑专业（建筑耐火等级、建筑节能分类、绿色建筑评价指标、装配式建筑指标、装修标准等）、结构专业（设计工作年限、安全等级、抗震设防烈度及抗震等级等）、电气专业（供电负荷等级等）。

5.2.2 取水工程

1）取水方式。

2）取水头部和取水泵站的位置、形式、规模、尺寸、主要机电设备及主要性能参数。

5.2.3 输水工程

1）输水方式、输水系统。

2）输水线路、长度、管径（断面）、管材、壁厚、条数、检修阀及排气阀等附件的设置、防腐方式等。

3）穿越的主要障碍物及主要工程措施。

4）设加压泵站时，说明泵站的位置、规模、主要机电设备及主要性能参数、防水锤措施等。

5）长距离输水管道对发生水锤的可能性进行分析论证，并说明消除水锤所采取的主要工程措施。

5.2.4 净水厂工程

1）净（配）水厂规模、位置、净化工艺流程、净化构筑物的布置形式、主要设计参数、设计尺寸、主要设备及主要性能参数、药剂及消毒剂投加系统、排泥水处理系统。

2）概述场地区位、现状特点和周边环境情况及地质地貌特征，阐述厂区平面设计、功能分区、竖向设计、厂区道路、厂区绿化、厂区排水、市政接口、海绵措施、防洪措施等。

3）水厂附属建筑和设施。

5.2.5 配水工程

1）配水方式、配水系统、配水管网分析（包括管网平差计算）。

2）配水干管布置形式、线路、长度、管径（断面）、管材、壁厚、条数、检修阀及排水阀等附件的设置、防腐方式，水力计算（必要时）等。

3）穿越的主要障碍物及主要工程措施。

4）设调蓄设施及局部加压泵站时，说明调蓄设施和泵站的位置、规模、主要机电设备及主要性能参数、防水锤措施等。

5）分区计量管理措施（必要时）。

5.2.6 建筑设计

1）设计相关的依据性文件的名称及主要内容（如有）。

2）设计标准：耐火等级、防水等级等。

3）主要建筑的建筑特点和空间尺寸，建筑单体与群体、周边环境的关系，主要单体的立面造型。

4）内外装修做法的主要材料。

5）涉及的消防、节能、绿建、装配式、人防、无障碍等设计依据、设计标准和说明。

5.2.7 结构设计

1）取水厂和净水厂工程：设计标准、荷载条件、结构材料，主要单体的结构形式（基础形式）、地基处理、抗浮设计、基坑支护、防水防腐的设计方案。

2）输水和配水管线工程：设计标准、敷设方式、管径、管材、控制指标（如壁厚）、回填要求、地基处理等。

3）如存在影响工程的滑坡、崩塌、泥石流、地面塌陷、地面沉降等地质灾害，应提出处理方案。

4）必要时，进行结构单体设计、地基处理、管道特殊穿越工法等的方案比选。

5.2.8　电气设计

1）设计范围、设计依据。

2）供电电源、用电负荷及等级。

3）供配电系统、计量及测量、功率因数补偿、操作电源、继电保护设置、电机启动及保护方式、变配电设置及布置、电缆敷设方式、照明及应急照明、防雷与接地、防爆要求。

5.2.9　仪表自控、弱电设计

1）设计范围、设计依据及原则。

2）需求分析、内容及目标、技术特点及创新。

3）监控系统形式、配置（层次）架构、建设规模、功能实现、设施建设等。

4）弱电系统的类型、功能配置、建设规模等。

5）设备配置及布置、防护安全系统（含人员定位）、智慧给水（厂）管控平台、防雷接地、防爆及防损坏、机电抗震。

5.2.10　供暖通风与空气调节设计

1）设计依据、气象资料等。

2）供暖：热源的选择及其参数、负荷估算、系统形式等。

3）通风：系统选择、特殊通风系统的选用及布置等。

4）空调调节：冷源的选择及其参数、负荷估算、系统形式等。

5.2.11　建筑给水排水设计

应符合现行《建筑工程设计文件编制深度规定》中相关章节的规定要求。

5.2.12　机械设计（必要时）

5.2.13　主要工程量及主要设备材料

列出主要工程量［建（构）筑物单体一览表、厂区技术经济指标表等］及各专业主要设备材料清单。

5.3　用地用海征收补偿（安置）方案

参见本规定"总则"第5条。

5.4　数字化方案

参见本规定"总则"第5条。

5.5　建设管理方案

参见本规定"总则"第5条。

6 项目运营方案

6.1 运营模式选择

研究提出项目运营模式，确定自主运营管理还是委托第三方运营管理，并说明主要理由。委托第三方运营管理的，应提出对第三方的运营管理能力要求。

需要移交的项目，明确移交的工程范围、内容和接收单位。

6.2 运营组织方案

说明项目组织机构设置方案和人力资源配置方案等。

6.3 安全保障方案

6.3.1 安全生产责任制和安全管理体系，分析项目运营管理中存在的危险因素及其危害程度，明确安全生产责任制，建立安全管理体系。

6.3.2 劳动安全与卫生，提出劳动安全（包括反恐怖防范工作）与卫生防范措施，制定安全应急管理预案。

6.3.3 其他安全保障方案，项目可能涉及的数据安全、网络安全的责任制度或措施方案，制定安全应急管理预案。

6.4 绩效管理方案

根据给水工程项目建设的具体内容，分别确定项目关键绩效和评价指标，包括取水规模、输水规模、净（配）水厂处理规模及出厂水水质水压、加压泵站和配水工程的配水规模和服务水压、设施用地面积等，并说明影响目标实现的关键因素。

7 项目投融资与财务方案

见本规定"投资估算、经济评价和概预算"的相关章节。

8 项目影响效果分析

8.1 经济影响分析（必要时）

8.2 社会影响分析

参见本规定"总则"第 5 条。

8.3 生态环境影响分析

8.3.1 水源保护，依据国家和地方有关水源保护的法规、条例，说明水源防护措施。

8.3.2 污染物排放，分析工程建设和运营过程产生的噪声、废水、废气、扬尘和固体废弃物等，采取必要的环境保护措施，满足生态环境保护控制要求。

8.3.3 水土流失，参考相关标准要求编制。

8.3.4 海绵城市措施（必要时），依据项目所在地相关政策、规划及标准规范要求编制。

8.4 资源和能源利用效果分析

项目的水资源（含非常规水源）、能源（含太阳能、地热能、空气源热能、水源热能等可再生能源）、污水资源化利用以及设备回收利用情况。各专业节能、节药和节水（包括水资源利用效率、水厂排泥水处理、管网漏损控制、雨水资源利用）目标、措施及效益评估，说明与行业规划确定的能耗指标相比，通过优化设计和运行，预期可实现的节能效果。

8.5 碳达峰碳中和分析

参见本规定"总则"第5条。

9 项目风险管控方案

9.1 风险识别与评价

识别项目全生命周期的主要风险因素，包括需求、建设、运营、融资、财务、经济、社会、环境、网络与数据安全等方面，分析地震、地质灾害、火灾、爆炸、洪涝、干旱等各种风险发生的可能性、损失程度，以及风险承担主体的韧性或脆弱性，判断各风险后果的严重程度，研究确定项目面临的主要风险。

9.2 风险管控方案

结合项目特点和风险评价，有针对性地提出项目的消防、防爆、防淹以及其他自然灾害的防范和化解措施。重大项目应当对社会稳定风险进行调查分析，查找并列出风险点、风险发生的可能性及影响程度，提出防范和化解风险的方案措施，提出采取相关措施后的社会稳定风险等级建议。

9.3 风险应急预案

对于项目可能发生自然灾害、事故灾害、公共卫生事件和社会安全事件等风险，研究确定应急期间关键水质指标和控制限值，制定重大风险应急供水预案，明确应急处置及应急演练要求等。

10 研究结论及建议

10.1 主要研究结论

从建设必要性、要素保障性、工程可行性、运营有效性、财务合理性、影响可持续性、风险可控性等维度分别简述项目可行性研究结论，评价项目在经济、社会、环境等各方面的效果和风险，提出项目是否可行的研究结论。

10.2 问题与建议

明确项目需要重点关注和进一步研究解决的问题，提出相关建议。

11 附表、附件和附图

11.1 附表（必要时）

11.2 附件

项目审批需要的各类批件和附件。

11.3 附图

可行性研究报告一般应包括下列附图，可根据工程具体情况适当增加图纸数量和内容：

1）总体布置图；

2）供水系统方案示意图；

3）工艺流程图；

4）长距离输水管道（涵）水力坡降线图；

5）水厂（泵站）总平面布置图；

6）管网布置图（建设内容包含配水管网工程的项目，应包括管网平差图）；

7）一次系统图（供电电源电压等级超过 35kV 的厂站）。

第二章　给水工程初步设计文件编制深度

1 设计说明书

1.1 概述

1.1.1 项目概况

简述项目及建设单位名称、建设地点、设计范围、工程规模、工程占地、服务范围、建设工期、工艺流程、水压水质目标、主要技术经济指标等。

简述项目前阶段工作开展情况，包括可行性研究报告批复、初步设计对可行性研究报告批复的执行情况等。

1.1.2　设计依据

1）设计委托书、中标通知书（或设计合同）；

2）上级主管部门批准的可行性研究报告及批复文件（注明批准机关、文号、日期、批准的主要内容）；

3）水资源评价报告及取水许可证（必要时）；

4）建设项目用地预审与选址意见书；

5）岩土工程勘察报告（初步勘察）；

6）工程测量资料；

7）其他专题研究及评价报告（如有）等。

1.1.3　采用的主要规范和标准

1.1.4　主要设计资料

水质资料、现状给水工程资料等（注明资料名称、来源、编制单位及日期）。

1.1.5　主要结论

项目建设地点、工程规模、供水服务范围、设计出水水质及水压、推荐工艺流程、工程建设内容、工程投资概算等主要结论。

1.2　城市概况

1.2.1　城市或区域现状、总体规划等。

1.2.2　自然条件，包括地形地貌、气象、水文、工程地质、水文地质、地震等有关情况。

1.3　现有供水设施和城市供水规划概况

1.3.1　现有供水系统概况

现有水源、水厂、管网等设施及利用情况、供水能力、实际供水量、水质、水压、生活用水量标准、普及率及存在问题。供水设施的改造项目，还应包括对设施、用地和环境等因素全面评估的结论。

1.3.2　城市供水规划

1.4　设计内容

1.4.1　总体设计

1）工程规模：近、远期用水量，选用的生活用水量标准，工业用水量标准，重复利用率，日变化系数、时变化系数等。确定取水工程、加压泵站、输配水管（渠）道、

11

净（配）水厂规模。

2）水质及水压要求：生活用水及工业用水的水质要求。生活用水、工业用水及消防的水压要求。

3）水源选择：根据可行性研究报告对水源的论证，说明所选水源的水质及不同保证率时的水量。

4）给水系统方案：根据自然条件、总体规划、建设周期，结合现有给水设施，提出方案进行比较，从技术、经济及耗用能源、主要材料等方面全面权衡，论证方案的合理性和先进性，择优选择推荐方案，列出方案的系统示意图。

5）输水系统选择：水源与净（配）水厂之间的输水系统，对输水线路选线、管径（断面）、条数、管（渠）材料、设置加压泵站级数等方案作技术经济比较，择优选择推荐方案，绘制方案的系统示意图。

6）征地、拆迁范围和数量。

1.4.2 取水构筑物设计

阐述地表水取水口位置选择，取水头部、取水构筑物或地下水水源地取水井的设计原则及方案比较，说明各构筑物的工艺设计参数、结构形式、基本尺寸、设备选型、数量、主要性能参数、运行要求、起吊设施和卫生防护措施等。地表水取水构筑物要说明设计标准，防冰凌、防水草、防淤积及岸坡保护措施以及对航运的影响等。

1.4.3 输水管（渠）道设计

管（渠）道走向、长度、管径（断面），管材、埋设深度、防腐措施及管道标志，检修阀及排气阀等附件设置的原则和数量，输水管（渠）穿越铁路、公路、河流等障碍物的工程措施，加压泵站位置、布置和机组设备选型，防止水锤措施等。

1.4.4 净（配）水厂设计

1）根据原水水质分析和出水水质要求，确定净化工艺流程；

2）净（配）水厂位置，平面及竖向设计，土方平衡计算、防洪标准及措施、厂区排水、海绵措施（必要时）、占地面积及主要经济技术指标；

3）构筑物选型及主要设计参数、尺寸、主要设备形式及主要性能参数、数量、采用新技术的工艺原理和特点；

4）净水药剂的选择及其用量、搅拌方式、投配方式、储量及储存方式、计量设备，加药间的尺寸、布置及其所需设备类型、台数与性能，卫生安全措施；

5）消毒剂的选择及其用量、消毒方式、投配点、投配和计量设备、储量及储存方式、消毒间的布置和安全措施；

6）排泥水的排放或回收等处理措施，对排放水体的环境影响，污泥处置方法；

7）辅助生产建（构）筑物及附属建筑物的建筑面积及其使用功能；

8）厂内给水管及消火栓的布置，排水管布置及雨水排除措施，道路标准、绿化设计；

9）雨水工程、污水工程、再生水工程、道路工程、电力工程、燃气工程、热力工程等厂外市政配套工程位置和规格等主要设计参数；

10）净（配）水厂改造项目在改造期间连续供水能力分析，改造时序，施工过程对现有构筑物、管线的安全影响及保障措施等。

1.4.5　配水管网设计

管网布置原则，管网平差计算成果（必要时），最大工作压力、最小工作水头（地面以上），配水干管的直径、长度、走向，检修阀及排气阀等附件的设置原则和数量，管道穿越铁路、公路及过河方式与管道标志等，加压泵站布置和机组设备选型、防止水锤措施，调节水池或水塔的位置、容量、标高和形式。

管网等配水设施的水压、水量及水质在线监测与调控系统。

1.4.6　建筑设计

1）前期设计工作中确定的本专业相关的工程技术标准和主要指标；

2）根据生产工艺要求或使用功能确定的主要单体建筑的平面布置、层数和层高，建筑之间及建筑和周边环境的关系；

3）建筑物的立面造型、色彩和材料，内外装修的做法和材料；

4）涉及的防火防爆、节能、绿建、装配式、人防、无障碍等内容的设计范围、设计原则、标准和做法；

5）具体内容可参照现行《建筑工程设计文件编制深度规定》的相应要求。

1.4.7　结构设计

1）厂站工程

设计标准：设计工作年限、安全等级、抗震设防烈度和抗震设防类别、地基基础设计等级、防水等级等；

荷载取值及参数：地震作用、风载、雪载、楼地面荷载、车辆荷载、设备荷载、温度荷载等；

主要单体的结构体系，屋面、基础部位的结构形式，变形缝的设置；

主要结构材料、等级、性能指标；

地基设计：工程地质、地下水条件、水土对结构材料的腐蚀、基础的选型、地基处理等；

抗浮、基坑支护、地下水控制、防水、防腐等内容的标准和主要做法；

绿建、装配式、人防（如有）等内容的总体及分项指标和具体做法；

具体内容可参照现行《建筑工程设计文件编制深度规定》的相应要求。

2）管线工程

设计标准：设计工作年限、安全等级、抗震设防烈度和抗震设防分类等；

荷载取值及参数：地面堆载、车辆荷载、覆土荷载、地下水、地震作用（如有）、温度作用（如有）等；

管道设计执行的依据和标准；

管道明挖基坑开挖、支护、地下水控制及回填的要求，对周边建筑和市政设施的影响评价和保护措施；

地基基础设计，液化、软土、冻土、湿陷性黄土等不良地质条件的地基处理措施；

穿越铁路、河道、公路等特殊段，暗做（顶管、盾构和水平定向钻等非开挖工法）的结构做法、施工要求、构造措施，检测监测要求（必要时）；

工程影响范围内的滑坡、崩塌、泥石流、地面塌陷、地面沉降等地质灾害的处理原则、范围和做法（必要时）。

1.4.8 电气设计

1）说明设计范围及内容；

2）电源：供电电源来源、电压等级、备用电源设置等；

3）用电负荷：说明用电负荷等级、种类，采用需要系数法以表格方式列出设备容量、需要系数、计算负荷、功率因数补偿值、变压器容量、计算负荷汇总等；

4）供配电系统：根据负荷性质及可靠性的要求，确定厂内高、低压一次系统图接线形式，说明各系统（包括备用电源）运行方式，高、低压出线配电方式等；

5）变电所布置：根据用电负荷及平面布置确定厂内变电所的设置、平面布置、变压器容量和数量的选定及其布置安装方式；

6）保护和控制：高压系统继电保护的设高压系统操作电源类型的选择、电机设备的启动及控制方式、低压配电线路保护等；

7）计量：说明水厂商业用电的计量方式；

8）管线敷设：说明室内外电气管线敷设方式原则，包括电缆隧道、电缆沟、电缆管井、照明等的敷设方式；

9）照明及应急照明：各主要房间照度标准，灯具设置原则，光源选择等；应急照明需明确哪些房间需设置及设置标准等；

10）设备选型：高、低压配电设备、变压器、电气箱柜、电缆等主要设备材料选型要求；

11）防雷、接地、防爆及等电位联结、抗震等的说明。

1.4.9　仪表自控、弱电设计

1）设计范围、内容及依据；

2）自控系统的设计原则、建设规模、安装场所、系统配置（硬件及软件）、通信网络及功能实现等；

3）仪表系统的设计原则、仪表设置、检测功能；

4）工业电视系统的设计原则、系统配置、信号传输及功能实现；

5）安防系统的设计原则、系统配置、信号传输及功能实现；

6）通信（综合布线）系统的设计原则、系统规模、综合布线及功能实现；

7）火灾自动报警系统的设计原则、系统配置、探测选型、信号传输、应急通信及功能实现等；

8）有线电视系统的设计原则、系统配置及功能实现等；

9）设备的防护等级、防腐等级；

10）防爆及防损坏设计；

11）设备的技术水平、选型要求、布置安装等；

12）管缆及其敷设说明；

13）防雷及接地系统；

14）机电抗震。

1.4.10　供暖通风与空气调节设计

1）说明设计范围、设计参数、设计原则等。

2）供暖：阐述热负荷、热源选择、供暖系统形式及管道敷设方式、系统补水定压方式、供暖系统平衡及调节手段等。

3）通风：根据建（构）筑物使用功能、生产需求确定通风设计，阐述通风系统的形式和换气次数等。

4）空调：阐述冷负荷、冷源选择、空调（风、水）系统设备配置形式、系统平衡及调节手段、监测与控制、必要的气流组织等。

5）冷、热源机房：确定设备选型，冷、热媒参数；所消耗能源的来源与种类；冷、热源系统及其内部主要设备的描述；冷热源系统对环保的影响。

6）各系统设备、管道材料及保温材料的选择，防火技术措施。

7）计算书（供内部使用）：对负荷、风量和水量、主要管道水力等应做初步计算，确定主要管道和风道的管径、风道尺寸及主要设备的选择。

8）其他应符合现行《建筑工程设计文件编制深度规定》的有关规定。

1.4.11　建筑给水排水设计

应符合现行《建筑工程设计文件编制深度规定》中相关章节的规定要求。

1.4.12　机械设计（必要时）

所选非标机械的构造形式、原理、特点以及有关设计参数。

1.5　主要设备材料表

提出全部工程及分期建设需要的主要设备材料的名称、规格（型号）、数量等，进口设备可单列。

1.6　环境保护

分析工程建设和运营过程产生的噪声、废水、扬尘和固体废弃物等，采取必要的环境保护措施，满足生态环境保护控制要求。

1.7　水源防护

依据国家和地方有关水源保护的法规、条例，说明水源防护措施。

1.8　水土保持

参考现行的国家标准《生产建设项目水土保持技术标准》GB 50433 要求编制。

1.9　安全生产与卫生

1.9.1　用电设备安全防护措施。

1.9.2　转动设备安全防护措施。

1.9.3　防滑梯、护栏等安全防护措施。

1.9.4　危险化学品防护措施、职业病危害预防与控制等。

1.9.5　反恐怖防范措施。

1.9.6　其他安全措施。

1.9.7　对主要防范措施提出预期效果和综合评价。

1.10　消防

根据建（构）筑物的使用功能，确定其火灾危险性类别和消防保护等级，考虑必要的安全防火间距、消防道路、安全出口、消防给水、防烟排烟等措施。

1.11　节能降耗

结合工程实际情况，叙述能耗情况及主要节能措施，包括建筑物隔热措施、节电、节药、节水、节燃料及太阳能、地热能、空气源热能、水源热能等可再生能源利用措施，说明节能效益。

1.12　海绵城市（必要时）

依据项目所在地相关政策、规划及标准规范要求编制。

1.13　智慧水务（必要时）

智慧水务、智慧水厂、智慧管网发展目标及措施。智慧管控平台的设计原则、总体架构、系统配置、功能及应用、设施建设等。

1.14　应急供水措施

供水设施针对突发性水质污染、地震等自然灾害、事故灾害、公共卫生事件和社会安全事件等突发事件的应急供水能力分析及应对措施。

1.15　运营组织方案

说明项目组织机构设置方案和人力资源配置方案等。

1.16　建议及存在问题

1.16.1　需提请在设计审批时解决或确定的主要问题。

1.16.2　施工图设计阶段需要的资料和勘测要求。

1.17　附件

项目审批需要的各类批件和附件。

2　工程概算书

见本规定"投资估算、经济评价和概预算"的相关章节。

3　设计图纸

初步设计阶段图纸一般应包括以下内容，可根据工程内容及设备招标投标具体情况适当调整。

3.1　总体布置图

比例一般采用1:10000～1:50000，表示出地形、地物、河流、铁路、公路等，标出坐标网、方位、风玫瑰（指北针），绘制现有和设计的给水系统，列出主要工程项目表。

3.2　总平面图

水源地、取水厂、净（配）水厂等应绘制总平面图。比例一般采用1:200～1:500，图上表示出坐标轴线、标高、风玫瑰（指北针）、平面尺寸，绘出现有和设计的建（构）筑物、主要管渠、围墙、道路及相关位置，注明与外部配套设施的关系、绿化景观布置示意、海绵措施布置、竖向布置、列出建（构）筑物一览表、主要技术经济指标和工程量表。

3.3   工艺流程图

纵向比例一般采用 1∶100～1∶200，表示出生产流程中各构筑物及其水位标高关系，列出主要规模指标和主要设计参数、主要设备及主要性能参数。

3.4   给水管（渠）平面设计图、纵断面设计图

3.4.1   平面设计图

平面设计图比例一般采用 1∶500～1∶1000，图中表示出地形、地物、道路、管（渠）平面位置、转角度数及坐标，示意穿越铁路、公路、河流、各类地下管缆等主要障碍的位置，标明布置平面管件、各类阀门、消火栓等管道附件以及泄水管、连通管等的位置。

3.4.2   纵断面设计图

纵断面设计图采用比例一般横向 1∶1000～1∶2000，纵向 1∶100～1∶200，图上表示出现况地面标高、设计地面标高、设计管（渠）底标高、埋深、距离、坡度、接口形式，注明管径（渠断面）、管材，示意穿越铁路、公路、河流、各类地下管缆等主要障碍的位置及标高，标明布置纵断面管件、各类阀门、消火栓等管道附件以及泄水管、连通管等的位置。

3.4.3   其他要求

平面设计图和纵断面设计图应相互对应，并列出主要设备材料及工程量表。给水管（渠）改造工程，应绘制迁改管线综合图。

3.5   主要构筑物工艺设计图

比例一般采用 1∶100～1∶200，在建筑图的基础上表示构筑物工艺设计尺寸、布置形式、主要设备及主要工艺管道、附件的相对位置、标高（宜采用绝对标高）等，注明管径及水流方向，列出主要设备材料表，注明规格及主要性能参数。

3.6   主要建（构）筑物建筑设计图

建筑设计图包括平面图、立面图和剖面图，表示空间尺寸和分部尺寸、各个空间名称、主要构件尺寸、室内外高程关系和楼层高度、主要建筑构造部件、内外装修做法、门窗尺寸等。防火分区布置图（必要时）。

具体应参照现行《建筑工程设计文件编制深度规定》的有关规定。

3.7   主要建（构）筑物结构设计图

结构设计图包括基础平面图、各层结构平面图、结构的主要节点图，表示主要结构

构件的定位尺寸、标高、截面尺寸，结构的主要构造节点，以及伸缩缝、沉降缝、防震缝的位置及宽度等。

地基处理设计图、基坑支护设计图（必要时），包括平面图和大样图，表示空间关系、构件定位和数量、主要构造节点等。

构筑物的结构设计图可和其他专业设计图结合。

以上具体内容可参照现行《建筑工程设计文件编制深度规定》的相应要求。

管道结构设计图（必要时），应给出管道的横断面，表示管道和周边地形的高程，管道结构的管径、材质、指标要求、使用范围，基槽的开挖回填做法，基坑支护做法。

3.8　主要电气设计图

各变电所高、低压系统图，注明主要元器件参数；

各变电所及重要工艺设备配电室平面布置图；

厂区管缆敷设路由图，主要电缆通道断面；

主要设备材料表。

3.9　仪表自控、弱电设计图

设备材料统计表；

全厂仪表自控设备平面布置图；

配管及仪表流程图（含图例符号）；

监控系统配置图（含 IO 点统计）；

中心控制室及机房平面布置；

监控（控制）站配电系统图；

工业电视系统配置图；

安防系统配置图；

火灾自动报警系统配置图；

通信系统（综合布线）配置图；

有线电视系统配置图；

仪表自控系统接地系统示意图；

智慧给水运维平台总体架构图；系统配置图；数据流程图；数据机房及监控室平面布置图（必要时）。

3.10　供暖、空调系统图

供暖通风和空气调节图纸一般包括图例、系统流程图、主要平面图。各种管道、风道可绘单线图。

冷、热源系统流程图及冷热源设备布置图，附主要设备材料表。

建筑防排烟系统原理图及平面图。

供暖通风和空调平面图。

简单工程供暖通风和空调专业初步设计阶段可不出图，只列出主要设备表。复杂及特殊工程，其出图深度参照现行《建筑工程设计文件编制深度规定》中供暖通风与空气调节、热能动力章节相关深度要求。

3.11 建筑给水排水系统图

简单工程的建筑给水排水专业初步设计阶段可不出图。复杂及特殊工程，其出图深度参照现行《建筑工程设计文件编制深度规定》中相关章节的规定要求。

第三章 给水工程施工图设计文件编制深度

1 设计说明书

1.1 概述

简述建设目标和任务、建设地点、建设内容和规模、水压水质目标等。如与初步设计发生变化，应说明变化的主要内容并说明原因。

1.2 设计依据

1.2.1 摘要说明初步设计批准的机关、文号、日期及主要审批内容。

1.2.2 采用的岩土工程勘察报告（详细勘察）、工程测量资料。

1.2.3 采用的规范和标准。

1.3 设计内容

1.3.1 工艺设计

参照初步设计的相关章节进行简述，包括设计规模、进出水水质等设计标准、系统方案、工艺流程、厂址及管线路由等。

给水厂站工程应说明各单体构筑物的主要工艺设计参数、尺寸、数量、主要设备及工艺管道的设计功能、安装要求、运行条件（开停水泵时对取水水位或清水池水位的要求、设备的备用关系等）、设备控制运行要求等。并应说明厂内各种工艺管道与外部配套设施的关系。

给水管道工程（含厂平面及构筑物内工艺管道）应说明管道位置、管材及接口，管道防腐、管道附件及附件井，管道穿越铁路、公路、河流及深覆土段的特殊处理措施，管道安装、试压、冲洗消毒的要求等，长距离输水管道应提供水力计算书（必要时）。

1.3.2 建筑设计

应说明本册设计文件涉及单体建（构）筑物的工程概况、设计标准和依据、标高及高程系、室内外装修、门窗的材料及尺寸、施工及维护的注意事项。涉及的消防、节能、绿建、装配式、人防、无障碍等设计标准、参数和具体内容。内容可参照现行《建筑工程设计文件编制深度规定》的相关规定。

1.3.3 结构设计

应说明本册设计文件涉及的单体建（构）筑物概况、设计标准、荷载取值及参数、结构材料、岩土及地下水情况、地基基础、抗浮、基坑支护、地下水控制、防水、防腐、沉降观测、构造做法、施工、质量检测及维护的注意事项等。内容可参照现行《建筑工程设计文件编制深度规定》的相关规定。

管线工程说明书应包括设计标准、荷载取值及参数、管道设计参数、岩土及地下水情况、基础型式、地基处理、基坑开挖支护回填、地下水控制、对周边建筑和市政设施的保护等。管道如采用顶管、盾构和水平定向钻等暗做工法，应说明各个衬砌层断面形式和结构做法、施工设备和关键技术指标，管道及周边环境的检测、止水注浆等构造措施。

地质灾害处理设计概述、设计原则和依据、处理范围和做法、施工和维护的要求。

1.3.4 电气设计

应说明本册设计文件涉及单体建（构）筑物的工程概况、设计条件、批复文件、设计规范等依据。

设计范围、设计内容、设计分界；本册设计图纸的，包括与其他设计单位、系统集成商等之间的设计划分；供配电系统：用电负荷，供配电方式，运行方式，保护要求等；电机设备启动及控制要求；设备主要技术要求：设备选型、规格、主要技术参数等；施工、安装要求：设备安装、管缆敷设、防水、防火、防爆要求等；防雷及接地保护：防雷、接地、防浪涌保护、等电位联结；抗震要求；电气施工安装注意事项；确定因素影响施工的部分（如未经供电部门审图、设备未招标资料不全、需厂家深化设计等）；其他。

以上内容应根据每册内容不同来选择说明重点。

1.3.5 仪表自控、弱电设计

应说明本册设计文件涉及单体建（构）筑物的工程概况、本册设计文件设计范围、内容及依据（含验收规范）；监控系统及各现场控制站、就地控制站的位号、配置、通信网络、系统功能；仪表系统的设备位号、检测范围、安装要求、功能实现等；工业电视系统的设备编号、安装要求；通信（综合布线）系统的系统配置、设备规格、安装布置及综合布线等；有线电视系统的配置、设备规格、安装布置及接线连接等；安防系统的系统配置、设备规格、安装布置及接线连接等；火灾自动报警系统的系统配置、探测器选型、安装布置及接线连接；设备防护等级、防腐等级规定；电缆选型、管缆敷设；防雷及接地；防爆及防损坏；机电抗震；施工注意事项及其他说明；与工艺专业配合，全厂过程控制逻辑说明。

智慧管控平台的总体架构、数据流程、系统配置、设备布置及安装、功能及应用（必要时）。

1.3.6　供暖通风与空气调节设计

应说明本册设计文件涉及单体建（构）筑物的工程概况、设计范围、室内外设计参数。

供暖：供暖热负荷、折合耗热量指标；热源设置情况，热媒参数、热源系统工作压力及供暖系统总阻力；供暖系统水处理方式、补水定压方式、定压值等；设置供暖的房间及供暖系统形式、管道敷设方式；供暖热计量及室温控制，供暖系统平衡、调节手段；供暖设备、散热器类型等。

空调：空调冷、热负荷，折合耗冷、耗热量指标；空调冷、热源设置情况，热媒、冷媒及冷却水参数，系统工作压力等；空调系统水处理方式、补水定压方式、定压值等；各空调区域的空调方式，空调风系统简述等；空调水系统设备配置形式和水系统制式，水系统平衡、调节手段等。

通风：设置通风的区域及通风系统形式；通风量或换气次数；通风系统设备选择和风量平衡。

监测与控制要求：有自动监控时，确定各系统自动监控原则，说明系统的使用操作要点等。

防排烟：设置防排烟的区域及其方式；防排烟系统风量确定；防排烟系统及其设施配置；控制方式简述；暖通空调系统的防火措施。

节能设计：节能设计采用的各项措施、技术指标，包括有关节能设计标准中涉及的强制性条文的要求。

空调通风系统的防火、防爆措施；废气排放处理措施；设备降噪、减振要求，管道和风道减振做法要求等。

施工说明：设计中使用的管道、风道、保温材料等材料选型及做法；设备表和图例没有列出或没有标明性能参数的仪表、管道附件等的选型；系统工作压力和试压要求；图中尺寸、标高的标注方法；施工安装要求及注意事项，大型设备安装要求及预留进、出运输通道。采用的标准图集、施工及验收依据。

需专项设计及二次深化设计的内容应提出设计要求。当本专业的设计内容分别由两个或两个以上的单位承担设计时，应明确交接配合的设计分工范围。

1.3.7　建筑给水排水设计

应符合现行《建筑工程设计文件编制深度规定》中相关章节的规定要求。

1.4　采用的新技术、新材料说明（必要时）

1.5　危险性较大的分部分项工程注意事项

在设计文件中注明涉及"危大工程"的重点部位和环节，提出保障工程周边环境安全和工程施工安全的意见，必要时进行专项设计。

1.6　施工安装注意事项及质量验收要求

必要时另行编制主要工程施工方法设计。

1.7　运转管理注意事项（给出必要的说明）

1.8　存在问题（如有）

1.9　附件

项目审批需要的各类批件及附件。

2　修正概算或工程预算（必要时）

见本规定"投资估算、经济评价和概预算"的相关章节。

3　主要材料及设备表

各专业主要材料和设备表可单独成册，也可合订成册。

4　设计图纸

4.1　总体布置图

比例一般采用 1∶2000～1∶10000，图中内容基本同初步设计，要求更为详细确切。

4.2　总平面图

取水厂、净（配）水厂等应绘制总平面图。

1）比例一般采用 1∶200～1∶500。

2）应附有测量的地形和坐标，风玫瑰图（指北针），厂区的用地红线、建筑控制线、厂区周边的道路位置、高程和建设用地的规划高程。

3）厂区内建筑物、构筑物、围墙、绿地、道路、主要设备基础的名称、层数、坐标或定位尺寸，厂区内的挡墙、护坡的定位和高程，厂区出入口的定位和高程，厂区和各个单体的技术经济指标表。

4）厂区内建筑物的室内外标高，构筑物、设备基础的控制高程和地面标高，道路控制点的标高、纵坡度和纵坡距，挡墙及放坡顶底标高。

5）采用方格法计算厂区的挖填方量，如复杂场地应按照方格进行土石方计算，绘制土石方工程计算表。

6）厂区绿地的位置、面积，建筑小品的示意，人行步道的定位，绿化的主要技术指标和要求。

7）厂区中海绵措施（如有）在总平面图中参照建筑物和构筑物要求；海绵措施单体设计要求同本篇"4.8 单体建（构）筑物设计图"。海绵措施设计图纸可根据工程要求单独绘制或与其他设施合并绘制。

4.3 工艺流程图

纵向比例一般采用 1:100～1:200，表示出生产工艺流程中各构筑物及其水位标高关系，列出主要规模指标和主要设计参数、主要设备及主要性能参数。

4.4 管道综合图

比例一般采用 1:200～1:500。当厂区地下管缆种类较多时，须进行管道综合，绘出各种管线的平面布置，注明各管线与建（构）筑物的距离尺寸和管线间距尺寸。管线交叉密集的位置，须绘制节点断面图，注明管线、地沟等的设计标高及各管线间的控制标高。

4.5 工艺管（渠）道平面布置图

比例一般采用 1:200～1:500。表示厂区内各种工艺管（渠）道管径（断面尺寸）、长度、材料，各类阀门、附件及附属构筑物，注明节点管件、支墩等，列出工程量及管件一览表。

4.6 排水管渠纵断面设计图

表示厂区主要排水管渠的埋深、管底标高、管径（断面尺寸）、坡度、管材、基础类型、接口方式及排水井、检查井、交叉管道的位置、标高、管径（断面尺寸）等。

4.7 给水管（渠）道
4.7.1 平面设计图、纵断面设计图

1）平面设计图比例一般采用 1:500～1:1000，内容同初步设计。

2）纵断面设计图比例一般采用横向 1:1000～1:2000，纵向 1:100～1:200。必

要时绘出地质柱状图。其他内容同初步设计。

3）平面设计图和纵断面设计图应相互对应，并列出主要设备材料及工程量表。

4.7.2 管件结合图

必要时，绘制管件结合图。注明各节点的管件布置及各种附属构筑物（如各类阀门井、消火栓井等，穿越铁路、公路、河流等）的位置与桩号，各管段的管径（断面尺寸）、长度等，附管件一览表及工程量表。

4.7.3 管渠附属构筑物建筑安装图

包括穿越铁路、公路、河流、桥梁、堤坝的设计图，比例一般采用 1：100～1：500。

4.8 单体建（构）筑物设计图

4.8.1 工艺设计图

1）比例一般采用 1：50～1：100，分别绘制平面图、剖面图及详图，表示出工艺布置，细部构造以及设备、管道、阀门、管件等的安装位置和方法，详细标注各部分尺寸和标高（宜采用绝对标高）、引用的详图、标准图等，并附设备、管件一览表以及必要的说明和主要技术数据。

2）加药系统、加氯系统、排泥水处理系统分别绘制系统图。

4.8.2 建筑设计图

建筑图绘制平面布置图、立面图、剖面图、屋面排水图、节点详图及建筑配件详图，表示总尺寸、分部尺寸及轴线尺寸，各个空间名称，室内外高程和各层标高，节点及配件做法，内外装修做法表和门窗表，主要设备基础、沟道、洞口的位置、尺寸和详图。涉及消防、节能、绿建、装配式、人防、无障碍等内容的说明和相应图纸。具体内容可参照现行《建筑工程设计文件编制深度规定》的相应要求。

4.8.3 结构设计图

1）建（构）筑物结构图包括基础平面图、基础构件配筋图，地基处理平面图和构件配筋图，各层构件平面及剖面配筋图，结构的节点详图，伸缩缝、沉降缝、防震缝、施工后浇带的位置及详图，主要洞口的位置、尺寸，主要设备、沟道的做法及配筋，基坑支护的平面图、剖面图、构件配筋图、基坑监测图等，引用的标准图、钢筋表（必要时）等。其他具体内容可参照现行《建筑工程设计文件编制深度规定》的相应要求。

2）管道结构设计图包括横断面设计图、纵断面设计图（必要时）、构件详图和配筋图。表示管道和周围建（构）筑物空间关系，管槽各部分回填材料和指标要求，管道地基处理，管道支墩、包封等构件，管道基坑的支护和监测，既有设施保护和监测等。

3）结构设计应包括计算书，内容包括主要结构的工程概况、计算简图、设计依据、结构计算模型、荷载条件、计算过程、计算结果等。应进行主要构件控制工况下的强度、变形、稳定的计算。采用计算机程序计算时，应按照实际模型、边界条件、荷载和程序要求输入，必要时进行多个程序计算结果的比对。在纸质计算书中应注明程序名称、代号、版本、编制单位，包含输入信息、计算模型、几何简图、荷载简图和主要计算结果等内容。

4.9 电气设计图

4.9.1 设计文件

应包括说明书、图纸、主要设备材料表和计算书（可用图纸形式体现）。

4.9.2 变电室高低压变配电原理图

一次系统图内容：回路名称、设备容量、计算电流、开关整定值、设备及元器件等选型、柜型尺寸、电缆编号等，图纸说明应明确系统运行方式、联锁要求等。二次接线图内容：二次控制接线原理图、回路说明、端子接线图、设备材料表等。直流屏、信号屏等原理接线图，注明型号、规格、参数等，宜选用企业标准产品。

4.9.3 建（构）筑物动力平面布置图

包括变电室、配电间、操作控制间电气设备位置、设备编号、安装尺寸等；动力、控制电缆编号、敷设路由及方式。变电室及复杂工艺生产建（构）筑物要有主要设备及电气管线布置剖面图；必要的电气设备安装大样图；主要设备材料表：名称、编号、型号规格、数量等。

4.9.4 控制箱、配电箱设计图

系统图应注明箱型号、编号、负荷名称、容量、电缆编号；标注元器件型号、规格、整定值等；提供控制原理图或引用标准图号、引出（引入）端子排、元器件选型、控制电缆编号等。

4.9.5 厂区电气总平面图

建（构）筑物的布置及名称，厂区电缆线路走向、电缆编号、敷设方式、电缆井型号、位置；控制线路管缆标注及照明灯具、管缆布置。电缆沟及隧道断面图、电缆沟及隧道埋深与排水做法等。随图设计说明书。

4.9.6 电缆统计表

名称、电缆编号、电缆起始、终点位置、长度、型号。

4.9.7 其他建（构）筑物照明平面图、防雷接地设计图要求可参照现行《建筑工程设计文件编制深度规定》的有关规定。

4.10 仪表自控、弱电设计图

设备材料统计表；管缆统计表；厂区设备布置及管缆敷设图；配管及仪表流程图（与工艺专业合作，含控制逻辑）；数据流程图；系统配置图（本工程选用的系统）；输

入输出点统计表（含通信点数）；设备安装（含安装大样）及管缆敷设图（平面、剖面图）；端子接线（示意）图；配电系统图；防雷接地。

4.11　供暖通风与空气调节设计图

4.11.1　平面图

供暖平面图；通风、空调、防排烟风道平面图；空调管道平面图。

4.11.2　通风、空调、制冷机房平面图和剖面图

平面图应绘出通风、空调、制冷设备的轮廓位置及编号，注明设备外形尺寸和基础距离墙或轴线的尺寸。剖面图应绘出对应于机房平面图的设备、设备基础、管道和附件，注明设备和附件编号以及详图索引编号，标注竖向尺寸和标高。

4.11.3　系统图、立管或竖风道图

4.11.4　通风、空调剖面图和详图

4.11.5　室外管网图

包括总图平面、节点详图等。绘制管道及附件、检查井、管沟平面图；管道、管沟横断面图；绘制检查井（或管道操作平台）、管道及附件的节点详图，引用的详图、标准图。图例及必要的说明。

4.11.6　计算书

计算内容应满足工程所在地相关部门对节能设计和绿色建筑设计的要求。

4.11.7　其他应符合现行《建筑工程设计文件编制深度规定》的有关规定

4.12　建筑给水排水设计图

应符合现行《建筑工程设计文件编制深度规定》中相关章节的规定要求。

4.13　设备安装图

建（构）筑物内设备安装图、管（渠）附属设备及附件井安装详图，包括综合预埋件及预留孔洞图、设备安装图，比例可采用 1：10～1：100。安装图应标明招标确定后的设备与其基础的连接方式，设备的外形尺寸、规格、重量等设计参数。

第二篇　排水工程

第一章　排水工程可行性研究报告文件编制深度

1　概述

1.1　项目概况

项目全称及简称。概述项目建设目标和任务、建设性质（新建、扩建、改建、技术改造等）、建设地点、建设内容和规模、处理程度、建设工期、投资规模和资金来源、建设模式、主要技术经济指标、绩效目标等。

1.2　项目单位概况

简述项目单位基本情况。拟新组建项目法人的，简述项目法人组建方案。对于政府资本金注入项目，简述项目法人基本信息、投资人（或者股东）构成及政府出资人代表等情况。

1.3　编制依据

1.3.1　委托书或中标通知书。

1.3.2　项目建议书（或项目建设规划）及其批复文件。

1.3.3　国家和地方有关支持性规划、产业政策和行业准入条件。

1.3.4　主要标准规范、专题研究成果。

1.3.5　其他依据。

1.4　编制原则

简述报告编制的原则，说明项目的具体情况和特点。

1.5　主要结论和建议

简述项目可行性研究的主要结论和建议，必要时可进行列表展示。

2　项目建设背景和必要性

2.1　项目建设背景

2.1.1　城市自然条件

简述城市地理位置、地形地貌、水系、气象、雷电、水文、工程地质、地震、水文地质等情况。

2.1.2 城市性质及规模

简述城市历史特点、城市性质、建成区面积、行政区划、人口、社会经济简况等。

2.1.3 项目建设背景

简述项目立项背景（包括排水工程系统现状存在的主要问题），项目用地预审和规划选址等行政审批手续办理和其他前期工作进展。

2.2 规划政策符合性

2.2.1 城市相关规划

概述国土空间规划、城市总体规划（规划年限、规划面积、规划人口等）。

概述其他相关规划（给水、排水、再生水、防洪排涝、海绵城市等专项规划）。

2.2.2 规划政策符合性

阐述项目与经济社会发展规划、区域规划、专项规划、国土空间规划等重大规划的衔接性，与扩大内需、共同富裕、乡村振兴、科技创新、节能减排、碳达峰碳中和、国家安全和应急管理等重大政策目标的符合性。

2.3 项目建设必要性

2.3.1 总体需求

从重大战略和规划、产业政策、经济社会发展、项目单位履职尽责等层面，综合论证项目建设的必要性和建设时机的适当性。

2.3.2 现状问题

阐述城市排水系统、海绵城市设施、水环境系统等现状存在的问题。

2.3.3 相关要求

分析现状与相关政策、规划、需求等存在的差距，项目单位履职尽责的要求，针对性说明拟建项目的符合情况、建设时机的适当性等。

2.3.4 影响和意义

阐述项目对社会经济、城市发展、环境改善、排水设施能力提升、居民生活等方面的影响和意义。

3 项目需求分析与产出方案

3.1 现状情况及问题分析

阐述拟建项目涉及的排水工程系统现状，主要包括现状排水体制、服务范围、设施标准、管网及处理厂站、再生水利用、污泥处理处置、水系环境、污染源分布、海绵设施建设与运行维护、洪涝现状、管道检测定损情况等，并分析存在的问题。

3.2 服务范围

结合排水设施现状及规划、海绵城市、水环境等总体情况进行分析，明确拟建项目的服务范围。

3.3 建设内容和规模

依据相关政策、标准和规范，结合城市总体规划、供水、排水、再生水、内涝防治、海绵城市等专项规划，对拟建项目规模进行分析，并论证建设标准和主要建设内容。

大型、复杂及分期建设项目应根据项目整体规划、资源利用条件及近远期需求预测，明确项目近远期建设规模、分阶段建设目标和建设进度安排，并说明预留发展空间及其合理性、预留条件对远期规模的影响。

3.4 建设目标

根据项目类型，结合相关标准、受纳水体水环境目标、再生水用途、污泥处理处置目标、内涝防治目标、管网修复目标、设施考核指标等要求，论证拟建项目的处理程度和达到的标准。

4 项目选址与要素保障

4.1 项目选址或选线

按照相关规划、水文、地质、地形地貌、环境影响、交通状况、防洪、内涝、地质灾害影响、社会影响、移民搬迁、土地状况等因素，列出各备选场址或线路的各方面条件，综合规划、技术、经济、社会等因素，通过比较选择项目最佳或合理的场址或线路方案。

4.2 项目建设条件

分析拟建项目所在区域相应排水系统、海绵城市服务范围、水环境项目所在区域的自然环境、交通运输、公用工程等建设条件。

4.3 要素保障分析

4.3.1 土地要素保障

分析拟建项目相关的各项规划和建设计划，说明拟建项目用地总体情况，包括地上（下）物情况、规划用地性质符合情况等。

4.3.2 资源环境要素保障

分析拟建项目用水总量、能耗等，有条件或有要求的项目进行碳排放强度分析。

5　项目建设方案

5.1　总体方案

5.1.1　总体技术路线

提出项目的总体技术路线。

5.1.2　排水体制论证

拟建项目需要论证排水体制的，结合城市排水系统现状及规划等情况，论证城市（或区域）所应采取的排水体制。

5.1.3　排水、再生水系统方案布局论证

拟建项目需要论证排水、再生水系统方案布局的，根据城镇总体规划、专项规划、分期建设、流域环境保护治理、再生水需求、污水调度等要求，结合设施现状及项目特点，对城市排水分区、污水处理厂布局、雨污分流、错混接改造、内涝治理、管网检测修复、再生水利用、污泥处理处置等进行多方案比较，确定推荐方案。列出各方案的系统示意图。

5.1.4　水环境综合治理方案论证

根据相关规划、现状调查及治理目标，经多方案比较，确定排污口治理、厂站规模布局、污染源控制、河道清淤、行洪治涝、水系连通、活水补给、生态修复等治理方案。列出各方案的系统示意图。

涉及水利设施新建、改建的，参照水利工程相关设计文件编制深度的要求。

5.1.5　污水（再生水）处理工艺、污泥处理工艺与处置方式论证

根据进水水质特性和出水水质要求、污泥特性、用地面积等情况，提出污水、再生水、除臭、污泥处理工艺和处置方式。经多方案比较确定推荐的技术方案，列出各工艺的流程示意图。

5.1.6　厂（站、池）建设形式论证

根据用地面积、环境要求、设备形式、运行维护要求等因素，对处理厂、泵站、调蓄池的形式（包括地上、半地下、全地下、装配式等）进行多方案比较，确定推荐方案，列出各形式示意图。

5.1.7　厂（站、池）总平面／平面布置论证

根据用地面积、进出水方向、厂（站）址现况地形、土方、与远期工程衔接、环境影响、与规划条件的符合性等情况，进行多方案比较，确定推荐方案。列出各方案的平面布置图。

5.1.8　厂（站、池）区设计高程、水力流程论证

根据处理厂、泵站、调蓄池区周围地形、地面标高、防洪排涝要求、出水受纳水体

各种水位情况，论证厂（站、池）区采用的设计地面标高和水力高程。进行土方平衡测算，列出厂（站、池）区设计高程和水力流程示意图。

5.1.9 海绵设施方案论证

根据相关规划、建设目标等要求，结合建设条件、汇水区特征、海绵设施主要功能，对多个方案进行比较，确定推荐方案。列出海绵设施示意图、布局图。

5.1.10 污水处理"提质增效"方案论证

基于现状评估，结合相关规划，从消除污水直排口、提升污水收集处理系统能力、减少外水入管、管网错混接改造、排水管道修复等方面进行分析，对采取的技术措施进行方案论述，确定项目建设方案及建设时序。

5.1.11 改扩建项目实施方案论证

全面评估现状设施建设情况、处理规模、水质和泥质、运行维护情况、运行数据、固定资产设施现状等，指出现状设施存在的问题和可利用的情况，明确改扩建的条件、工程衔接性以及不停产或减产实施方案。在充分利用现状设施的前提下，经方案对比确定推荐方案，提出项目实施过程中潜在风险的应对措施。

5.2 设备及管材方案

通过比选提出所需主要设备（含软件）的规格、数量、性能参数，对于关键设备进行设备选型比较。对于改扩建项目，分析现有设备利用或改造情况。涉及超限设备的，研究提出相应的运输方案，特殊设备提出安装要求。

根据管道输送的污水、再生水、雨水、污泥等介质特性，以及项目地点管道供应条件、覆土，过江过河、管廊内敷设、重要地段、地质情况、防腐防渗漏要求等因素，进行管材多方案比较，确定推荐方案。

5.3 重大技术问题解决方案

拟建项目需要开展科技创新、课题研究、验证试验、中试等重大、关键技术问题研究论证工作的，阐述其必要性、目的、研究内容、费用估算等，列入可行性研究报告相应章节。

5.4 工程方案

5.4.1 工艺设计

1）排水管线工程

对推荐的方案进行工艺方案设计，主要包括但不限于以下内容：流域面积或服务面积；设计标准与参数；说明主要干线和次干线的布置走向，管（沟）断面尺寸、流量、长度、坡度、流速、埋深等技术参数；构筑物；管材、接口形式、基础形式、防腐措施、检查井及截流井形式、雨水口、特殊节点的穿越方式等；主要施工方法。

2）排水管道修复工程

对推荐的方案进行工艺方案设计，主要包括但不限于以下内容：修复范围；建设标准；管道的检测和评估报告（由专业机构提供，内容包括管道的调查和检测、影像资料、管道的缺陷汇总、管道的功能性、结构性评估等）；管道修复设计方案（必要时应进行方案比选），采用的修复技术、施工方法；管道修复工作井设置的方案；止水、导水等措施方案。

3）再生水管线工程

对推荐的方案进行工艺方案设计，主要包括但不限于以下内容：管网分析（必要时进行管网平差）；说明干管的布置形式；流量、压力；管径、管材、管道基础及防腐措施；调节设施及局部加压泵站的位置、规模等；特殊节点穿越方式；主要施工方法。

4）泵站工程

对推荐的泵站方案进行工艺方案设计，主要包括但不限于以下内容：设计规模及近远期结合方式；平面布置；泵组（台数、流量、扬程、功率、变频等性能参数）；附属设施；站外工程主要内容（如道路、通信、供水、供电、供气、供暖等的外部条件）。

5）污水、再生水、污泥处理厂工程

对推荐的处理厂方案进行工艺方案设计，主要包括但不限于以下内容：平面布置；工艺流程（结合工艺流程示意图进行简述）；水力流程（结合水力流程示意图进行简述）；处理建（构）筑物单体工艺设计（说明建设规模、主要设计参数、主要设备性能等）；办公及附属设施配备（综合楼、车库、化验室、库房、车辆等，说明功能要求、面积、数量等）；厂外工程主要内容（如道路、通信、供水、供电、供气、供暖、雨水排放等的外部条件）；主要建（构）筑物尺寸表。

6）调蓄池工程

对推荐的调蓄池方案进行工艺方案设计，主要包括但不限于以下内容：平面布置；工艺流程（结合工艺流程示意图进行简述）；调蓄池构筑物单体工艺设计（说明建设规模、主要设计参数、主要设备性能等）；配套设施。

7）海绵城市工程

对推荐的海绵城市设施方案进行设计，主要包括但不限于以下内容：平面布局；竖向设计；汇水分区；单项设施设计主要功能、主要技术要求、主要设计参数等；海绵城市建设目标值的计算说明；雨水排除设计；雨水资源化利用设计；其他专项设计（如有）。

5.4.2　建筑设计

对推荐的方案进行建筑设计，主要包括但不限于以下内容：

设计相关的依据性文件的名称及主要内容（如有）；

设计标准：耐火等级、防水等级等；

主要建筑的建筑特点和空间尺寸，建筑单体与群体、周边环境的关系，主要单体的立面造型；

内外装修做法的主要材料；

涉及的消防、节能和可再生能源利用、绿建、装配式、人防、无障碍等设计依据、工程内容和设计标准。

5.4.3 结构设计

对推荐的方案进行结构设计，主要包括但不限于以下内容：

设计标准（设计工作年限、安全等级、抗震设防烈度、抗震设防类别和抗震等级等）、荷载条件、结构材料；

主要单体的结构形式（基础形式）、地基处理、抗浮设计、基坑支护、防水防腐的设计方案；

如存在影响工程的滑坡、崩塌、泥石流、地面塌陷、地面沉降等地质灾害，应提出处理方案；

必要时，进行结构单体设计、地基处理等的方案比选。

对于输水和配水管线工程，主要包括但不限于以下内容：

设计标准（设计工作年限、安全等级、抗震设防烈度、抗震设防类别和抗震等级等）、敷设方式、管径、管材、控制指标（如壁厚）、回填要求、地基处理、管道特殊穿越工法等。

5.4.4 供配电设计

对推荐的方案进行供配电设计，主要包括但不限于以下内容：

供电电源、用电负荷、负荷等级性质、供配电系统、计量及测量、功率因数补偿、操作电源、继电保护设置、主要工艺设备的控制方式、电机的启动与调速、主要电气设备选型、新技术应用、变配电设置及布置、电缆选型及敷设、照明及应急照明设计原则、防雷与接地、电气防爆要求。

5.4.5 仪表、自动控制及通信设计

对推荐的方案进行仪表自控、弱电设计，主要包括但不限于以下内容：

设计范围、依据及原则；需求分析；内容及目标；技术特点及创新；监控系统形式、配置（层次）架构、建设规模、功能实现、设施建设等；设备配置及布置；防护安全系统；火灾自动报警系统；智慧排水系统管控平台；防雷接地；防爆及防损坏；机电抗震；主要工作量统计。

5.4.6　供暖通风与空气调节设计

对推荐的方案进行供暖通风与空气调节设计，主要包括但不限于以下内容：

编制依据、气象资料等；供暖设计中热源的选择及其参数、负荷估算、系统形式等；通风设计中系统选择、特殊通风系统的选用及布置等；空气调节设计中冷源的选择及其参数、负荷估算、系统形式等；生活热水设计中（如有）系统的选用及布置；节能、环保、消防及安全措施。

5.4.7　厂（站、池）给水排水设计

说明厂（站、池）供水水源、蓄水量估算、排水措施等。

5.4.8　除臭设计

说明编制依据、需要除臭的部位、达到的排放标准、排放方式、采用的除臭方法、设计参数（换气次数、风量等）、主要设备及材料等。

对于全地下处理设施、泵站等采取的强化措施、通风系统协调方案。

5.4.9　消防设计

分析说明火灾隐患、防火等级、消防水量、消防设施等。

对于全地下处理设施、泵站厂站的主要单体等，应结合国家、地方、行业等相关法律法规，详细说明火灾危险性分类、消防分区、消防设施、逃生疏散、防排烟系统等相关内容。

5.4.10　主要工程量及主要设备材料

列出拟建项目的主要工程量、主要设备和材料，主要设备明确设备档次。

5.5　用地用海征收补偿（安置）方案

参见本规定"总则"第5条。

5.6　数字化方案

参见本规定"总则"第5条。

5.7　建设管理方案

参见本规定"总则"第5条。

6　项目运营方案

6.1　运营模式选择

说明项目运营模式，采用自主运营管理还是委托第三方运营管理。委托第三方运营管理的，应提出对第三方运营管理能力的要求。

6.2 运营组织方案

说明项目组织机构设置方案和人力资源配置方案等。

6.3 安全保障方案

6.3.1 安全生产责任制和安全管理体系，分析项目运营管理中存在的危险因素及其危害程度，明确安全生产责任制，建立安全管理体系。

6.3.2 劳动安全与卫生，提出劳动安全与卫生防范措施，制定安全应急管理预案。

6.3.3 其他安全保障方案，项目可能涉及的数据安全、网络安全的责任制度或措施方案，制定安全应急管理预案。

6.4 绩效管理方案

根据项目类型和建设的具体内容，分别确定项目关键绩效和评价指标，包括设施能力、水质（泥质）目标、废气及噪声控制目标、能耗指标、用地指标、水环境目标、内涝防治目标、管网修复目标、海绵设施考核指标等内容，并说明影响目标实现的关键因素。

7 项目投融资与财务方案

参照本规定"投资估算、经济评价和概预算"的相关章节。

8 项目影响效果分析

8.1 经济影响分析（如有）

参见本规定"总则"第 5 条。

8.2 社会影响分析

参见本规定"总则"第 5 条。

8.3 生态环境影响分析

参见本规定"总则"第 5 条。

8.4 资源和能源利用效果分析

根据项目的建设方案说明项目能源消耗种类、数量及能源使用分布情况，提出节能措施、效果分析和能耗指标。

围绕碳达峰、碳中和重大战略，说明项目中采用的低碳技术措施（处理工艺、控制措施、绿色建筑等）、绿色能源（光伏、风能等可再生能源）、资源循环利用（污泥热电联产、再生水回用、污水源热泵等）、新材料（新型药剂、新型碳源等）、固碳增汇措施（园林绿化、湿地等）等。

8.5　碳达峰碳中和分析

参见本规定"总则"第 5 条。

9　项目风险管控方案

参见本规定"总则"第 5 条。

10　研究结论及建议

10.1　主要研究结论

从建设必要性、要素保障性、工程可行性、运营有效性、财务合理性、影响可持续性、风险可控性等维度分别简述项目可行性研究结论，评价项目在经济、社会、环境等各方面的效果和风险，提出项目是否可行的研究结论。

10.2　问题与建议

针对项目需要重点关注和进一步研究解决的问题，提出相关建议。

11　附表、附件和附图

11.1　附表（必要时）

11.2　附件

项目审批需要的各类批件和附件。

11.3　附图

11.3.1　项目区位图

11.3.2　总体布置图

11.3.3　方案比较设计图

11.3.4　污水处理厂（站、池）项目

1）工艺流程图（可与水力流程图合并）；

2）水力流程图；

3）污水处理厂（站、池）平面图。

11.3.5　排水、再生水管道项目

1）污水系统图（必要时）；

2）雨水系统图（必要时）；

3）再生水系统图（必要时）；

4）雨污水管道、再生水管道平面图。

11.3.6　海绵城市项目

1）汇水分区图；

2）场地竖向及径流流向设计图；

3）下垫面分析图；

4）海绵设施平面布置图。

11.3.7　水环境综合治理项目

1）水系现状图；

2）水环境质量现状图；

3）水环境质量目标图；

4）生态治理设计图；

5）水系联通方案。

第二章　排水工程初步设计文件编制深度

1　设计说明书

1.1　概述

1.1.1　项目概况

简述项目名称，建设单位，简述建设目标和任务、建设性质（新建、扩建、改建、技术改造等）、建设地点、建设内容和规模、处理程度、建设工期、投资规模和资金来源、建设模式、主要技术经济指标、绩效目标等。

简述项目前期工作开展情况，可行性研究报告、批复文件主要结论及初步设计内容符合情况。

1.1.2　设计依据

包括中标通知书、设计委托书（或设计合同）、可行性研究报告及批复文件、建设项目用地预审与选址意见书、水土保持评价报告、地质灾害危险性评价报告（如有）、岩土工程勘察报告、排污口许可、其他专题研究及评价报告等。

1.1.3　主要设计资料

包括工程勘察测量资料、水质泥质检测资料、管网检测定损资料、改扩建工程原有设计资料、管道修复项目的检测报告等。

1.1.4　采用的标准和规范

采用的主要技术标准、规范及标准图集。

1.1.5 主要结论及经济指标

简述设计规模、项目组成、建设标准、治理目标、建设内容、处理工艺［建（构）筑物名称及规模］以及主要经济指标。

1.2 工程建设条件

1.2.1 城市（或区域）概况及自然条件

简述与本项目相关的城市（或区域）的地理位置、城市性质、行政区划、市域和建成区面积、市域和建成区人口、流动人口、社会经济简况、城市总体规划简况等；地形、地貌、工程地质、水文地质、气象、地震设防、水系、雷电等。

1.2.2 城市（或区域）排水工程系统现状及存在问题

简述与本项目相关的城市（或区域）现状排水体制、积水情况，现有雨污水管渠，再生水现状设施及再生水利用情况、泵站及水质净化（再生水）厂的规模、位置、处理工艺、设施的利用情况、污泥处理处置方式、工业废水处理程度，水体及环境污染情况等以及现状存在的问题。

1.2.3 城市（或区域）相关规划概况

概述与本项目相关的城市总体规划、城市（或区域）排水专项规划、防洪排涝规划、水系规划、海绵城市规划、再生水利用规划等的主要成果。

1.2.4 现状设施与评价

对于改扩建项目，详述现状设施运行情况，解读检测报告，对现状进行评价，分析存在问题。

1.2.5 建设条件

简述与本项目相关的交通运输、公用工程、施工条件及生活配套和公共服务等建设条件。

1.3 总体设计

1.3.1 工程规模

根据可行性研究报告论证成果，说明拟建项目的工程规模和设计能力（考虑变化系数等因素）。明确项目服务范围，采用的人口规模、用地、用水量标准、雨水排放标准、再生水用户调查等，确定污水量、雨水量、再生水量等，并说明近、远期总污水量、雨水量、再生水量、泥量及工程分期建设情况。

排水管线工程说明管线设计采用的流量计算公式、坡度、流速、集水时间、重现期、径流系数、设计降雨强度等设计参数和依据。

1.3.2 项目目标

明确项目设计年限、设计标准、处理（治理）目标等。

污水处理厂（站）说明受纳水体情况，包括水体名称、水质现状、水环境功能区划及水质目标、水文情况（包括代表性的流量、流速、水位和河床性质等）、目前运行管理情况及当地环保或其他有关部门对水体的排放要求。污泥处理厂、下水道淤泥处理站等说明项目排放标准、终端处置情况等。按照专业规范要求进行设计进水水质、泥质预测，根据预测的设计进水水质、出水排放标准、再生水功能要求、污泥处理处置标准、空气及噪声标准等情况，明确污水、污泥、臭气、噪声等处理程度。

区域性综合性项目，如海绵城市、水环境综合治理、城镇生活污水处理提质增效等，结合设施现状及规划要求，明确设计年限和治理目标。

1.3.3 项目选址

根据规划和可行性研究报告，说明项目选址情况，如地理位置、地形、地质条件、防洪标准、地质灾害影响、卫生防护距离与城镇布局关系等。

1.3.4 配套设施

说明配套供水、排水、供电、供热、交通、通信、燃气等配套设施情况。

1.3.5 设计方案

根据可行性研究报告确定的技术路线，进一步进行方案比选，确定推荐设计方案。

对于污水处理（再生水）厂、污泥处理厂项目，根据污水量、污水水质、泥质、处理程度、用地形状及面积等情况，进一步论述污水处理、深度处理、再生水处理、污泥处理和处置、消毒、除臭等采用的设施形式，并对主要设备进行比较选型等。针对确定的选址，明确采用的建设形式，如地上、半地下、全地下等。

对于区域性综合性项目，如海绵城市、水环境综合治理、城镇生活污水处理提质增效等，设计方案编制内容和方法可参考相关工作大纲、技术指南、导则、规程等，结合项目现状、治理目标、项目边界等进行系统性分析，一般进行定量分析（必要时建模），并评价所采取方案能否达到预期目标。

1.4 工艺设计

1.4.1 雨水管线工艺设计

1）管线设计

说明管线设计标准、系统布置原则，汇水面积，管线走向、长度、尺寸、经比较确定选用的管材、管道结构形式、基础形式、接口形式、雨水口形式、检查井形式、流速、坡度、出口形式、主要施工方法等。

2）特殊构筑物工艺设计

说明水池（如调蓄水池、危险品溢洒应急水池）、处理设施、雨洪利用设施、倒虹管等的布置、规模、管材、直径、长度、运行管理等。

3）穿越设计

说明雨水管线穿越天然或人工障碍物地段的穿越形式、敷设要求、防护措施、穿越管段计算等。

1.4.2　污水管线（含合流）工艺设计

1）管线设计

说明服务面积、人口、采用的污水量设计标准、变化系数、布置原则、管线走向、长度、坡度、管线尺寸、埋设深度、管材、管道结构形式、防腐措施（如需要）、基础形式、接口形式、检查井形式、流速、截流倍数、截流设施、主要施工方法等。

2）特殊构筑物设计

说明倒虹管、管架桥、调配井、压力释放井、特殊检查井等。

3）穿越设计

说明污水管线穿越天然或人工障碍物地段的穿越形式、敷设要求、防护措施、穿越管段计算等。

1.4.3　再生水管线工艺设计

说明管网布置原则、再生水服务范围、集中用户分布、用水量标准、管网平差原则及方法、管网平差结果、工作压力、干管直径、长度、走向、坡度、埋设深度、标识、经比较确定选用的管材、防腐、调节设施、主要施工方法、穿越设计相关内容及用水安全等。

1.4.4　管线检测及修复设计

依据具备相关资质单位出具的检测报告，按缺陷等级、缺陷数量及缺陷形式，确定管道的修复范围、功能要求和设计标准，根据管网系统明确实施计划。说明管道修复的材料、施工方法、导水等临时措施，工作井的设置方式，开挖修复时，明确基坑支护设计方案对周边设施的影响和保护。

1.4.5　泵站工艺设计

根据可行性研究报告成果，说明泵站服务范围、占地、采用泵站的形式、平面布置、构筑物的主要尺寸、设计水位的确定、扬程的确定、集水池的有效容积、设备选型、设备性能参数与台数、钢管防腐措施、事故应急措施、通风系统、排气及除臭、海绵设施、近远期结合采取的措施、不同工况及运行要求、附属建（构）筑物的说明、需要的辅助设备、车辆、工具等。

1.4.6　调蓄池工艺设计

根据可行性研究报告成果，说明调蓄池的服务范围、占地、采用调蓄池形式、平面布置、主要尺寸、设计调蓄量、排水出路、设计水位、进水、排水及冲洗形式、排空时间、冲洗设施、通风设施、排气及除臭、巡视检修通道、运行方式等。当下游无接纳处理设施时，说明就地处理设施处理能力、退水出路及排放标准，处理设施设计深度见污水处理厂设计。

1.4.7　污水处理（再生水）厂、污泥处理厂工艺设计

1）对总平面布置进行说明，主要包括：总平面布置原则、功能区的划分及相互关系、竖向设计、土方、防洪、退水、厂区道路、绿化、主要技术指标等。

2）对水力流程进行说明，主要包括：受纳水体的不同年限设计水位、出水压力要求、水力高程的分析确定、各构筑物之间的水头损失及流程的总水头损失等。对于有淹水风险的全地下形式，应说明洪涝、事故等情况下的对应措施。

3）说明厂外工程的主要内容，如供水、供电、供气、供暖等。

4）按流程顺序说明各构筑物的方案比较或选型，主要设计数据、尺寸、构造材料及其所需设备选型、台数与性能，采用新技术的工艺原理特点。

5）说明采用的污水消毒方法、主要设计参数、设备性能及参数、台数等。

6）必要时根据排污口许可，进行排污口设计。

7）对有除臭要求的部位进行说明，主要包括：达到的标准、采取的封闭措施、换气次数、除臭风量、设备性能及参数、台数、除臭风管的材质、数量等。

8）说明管线综合的设计原则，管沟种类，材质，管径范围、长度等。

9）根据情况说明处理、处置后的污水、污泥的综合利用。

10）简要说明厂内主要生产及附属建筑物的建筑面积及其使用功能。

11）说明厂内给水管及消火栓的布置，排水管布置及雨水排除措施、道路标准、绿化设计。

12）对于涉及现状设施改造、扩建项目，提出实施方案，缩短停产、减产时间。

1.4.8　海绵设施设计

按照相关规划要求明确项目具体的控制指标和主要保证措施。

1）雨水渗滞设施

说明透水铺装的面积、位置、结构层设计等；绿色屋面的类型、面积、基质深度、结构层设计等；生物滞留设施的类型、位置、面积、种植土层厚度、滞水层深度、溢流口过流能力及数量等；渗井（渠）的位置、调蓄容积等。

2）雨水转输设施

说明植草沟的位置、坡度、深度等；雨水管线设计参见本规定雨水管线设计章节。

3）雨水蓄积设施

说明雨水蓄积设施的位置、调蓄容积、放空周期、配套设备等。

4）雨水资源化利用设施

说明资源化用途、水量、水质、处理工艺、设施规模、主要设备；说明管网系统布

置、管材、接口、设计工作压力和控制方式等；说明项目监测内容、监测点位、主要监测设备。

5）超量雨水排放

根据地下水位、场地竖向与雨水受纳水体水位的关系，分析场地的排水能力及去向，进行超量雨水排放设计。

1.4.9　河湖水系设计

1）水安全设计（防洪、排涝设计）

确定设计洪水流量，推算水体洪水水面曲线（或洪水位）；对现状水体防洪排涝能力进行评估，并多方案技术经济比选后提出推荐解决方案。

水安全设计含水体断面形式、尺寸、坡度、高程、常水位控制与跌水及拦蓄设施、堤防或护岸加固等，说明计算方法，参数的选定，不同频率、近远期的设计流量，构筑物平面尺寸等。

涉及水利设施新建、改建的，参照水利工程相关设计文件编制深度的要求。

2）水环境设计（污染源治理设计）

外源污染控制设计：完善、优化排水分区、排水体制等，进行旱季污水收集、雨期初期雨水和合流制溢流污染控制系统设计，明确污染控制目标、溢流频次和溢流总量控制，提出雨污分流、混错接整治、雨污水管网完善等设计方案。

内源污染控制设计：水体清淤设计，根据测绘结果和底泥检测报告，经方案对比后确定清淤方案、运输方案、处理处置方案等，对清淤超挖的回填、脱水废液处置、臭气控制、临时用地等进行设计。管道清淤设计，根据检测评估报告，确定清淤方案，说明临时封堵和导流、通沟污泥的处理与处置、功能性试验、安全施工、通风与毒气检测、照明与通信等。

3）水生态设计

生态修复设计：根据生态基底分析和项目生态建设目标，进行生态修复设计。如底质改良、沉水植物群落重建、浮叶植物群落重建、水生动物生物调控、立体生态平台构建、净水微生物群落优化、曝气增氧、应急工程等。

水循环系统设计：分析水体拥有的水资源现状，测算生态需水量，确定补水规模和水质。多水源补水水量平衡分析和补水水源方案比选。补水点选择、补水系统取水设计、输水配水设计、净化处理方案设计等。

4）水景观设计

提出设计理念、设计构思、功能分区和景观分区，概述空间组织和园林景观特色。进行竖向设计、园路设计与交通分析、防灾避难和无障碍设计、种植设计、园林建筑与小品设计等。

1.5 建筑设计

说明前期工作中确定的本专业相关工程技术标准和主要指标。

根据生产工艺要求或使用功能，确定主要单体建筑的平面布置、层数和层高，建筑之间及建筑和周边环境的关系。

说明建筑物的立面造型、色彩和材料，内外装修的做法和材料。

说明涉及的消防、节能和可再生能源利用、绿建、装配式、人防、无障碍等内容的设计范围、设计原则、标准和做法。

1.6 结构设计

1.6.1 厂站工程

设计标准：设计工作年限、安全等级、抗震设防烈度和抗震设防类别、地基基础设计等级、防水等级等；

荷载取值及参数：地震作用、风载、雪载、楼地面荷载、车辆荷载、设备荷载、温度荷载等；

主要单体的结构体系，屋面、基础部位的结构形式，变形缝的设置；

主要结构材料、等级、性能指标；

地基设计：工程地质、地下水条件、水土对结构材料的腐蚀、基础的选型、地基处理等；

抗浮、基坑支护、地下水控制、防水、防腐等内容的标准和做法；

绿建、装配式、人防（如有）等内容的总体及分项指标和做法。

以上具体内容可参照现行《建筑工程设计文件编制深度规定》的相应要求。

1.6.2 管线工程

应包括以下内容：

设计标准：设计工作年限、安全等级、抗震设防烈度和抗震设防分类等；

荷载取值及参数：地面堆载、车辆荷载、覆土荷载、地下水、地震作用（如有）、温度作用（如有）等；

管道结构设计的依据和主要内容；

管道明挖基坑开挖、支护、地下水控制及回填的要求，对周边建筑和市政设施的影响评价和保护措施；

地基基础设计，液化、软土、冻土、湿陷性黄土等不良地质条件的地基处理措施；

工程影响范围内的滑坡、崩塌、泥石流、地面塌陷、地面沉降等地质灾害的处理原则、范围和做法（必要时）；

穿越铁路、河道、公路等特殊段暗做施工方法，暗做（顶管、盾构和水平定向钻等非开挖工法）的结构做法、施工要求、构造措施，检测监测要求（必要时）。

1.7 供暖通风与空气调节设计

1）说明设计范围、设计参数、设计原则和标准等；

2）供暖：阐述热负荷、热源选择、供暖系统形式及管道敷设方式、系统补水定压方式、供暖系统平衡及调节手段等；

3）通风：根据建（构）筑物使用功能、生产需求确定通风设计，阐述通风系统的形式和换气次数等；

4）空调：阐述冷负荷、冷源选择、空调（风、水）系统设备配置形式、系统平衡及调节手段、监测与控制、必要的气流组织等；

5）冷、热源机房：确定设备选型，冷、热媒参数；所消耗能源的来源与种类；冷、热源系统及其内部主要设备的描述；冷热源系统对环保的影响；

6）防排烟：简述设置防排烟的区域及其方式；防排烟系统风量确定；防排烟系统及其设施配置；控制方式简述；

7）各系统设备、管道材料及保温材料的选择，防火技术措施；

8）节能设计，按节能设计要求采用的各项节能措施；

9）环保、消防、安全措施等；

10）计算书（供内部使用）：对负荷、风量和水量、主要管道水力等应做初步计算，确定主要管道和风道的管径、风道尺寸及主要设备的选择；

11）除满足上述要求外，尚需符合现行《建筑工程设计文件编制深度规定》的有关规定。

1.8 供配电设计

1）说明设计原则、范围及设计内容；

2）供电电源及电压：说明电源电压、供电来源、备用电源的运行方式；

3）负荷计算：说明用电设备种类，并以表格标明设备容量，需要系数、功率因数补偿值，变压器容量、计算负荷汇总等；

4）供配电系统：说明负荷性质及其对供电电源可靠程度的要求，内部配电方式，变电所设置、变压器容量和数量的选定，各配电系统（包括备用电源）运行方式，高、低压出线配电方式等；

5）保护和控制：高压系统继电保护方式及操作电源类型，电机设备的启动及控制方式，低压配电系统的保护等；

6）防雷接地系统、防爆、抗震设置标准及要求等；

7）厂区管缆敷设、照明设计原则、主要设备、材料的选型等；

8）计量：说明计量方式。

1.9　仪表、自动控制及通信设计

1）设计范围、内容及依据；

2）自控系统的设计原则、建设规模、安装场所、系统配置（硬件及软件）、通信网络及功能实现等；

3）仪表系统的设计原则、仪表设置、检测功能；

4）工业电视系统的设计原则、系统配置、信号传输及功能实现；

5）安防系统的设计原则、系统配置、信号传输及功能实现；

6）通信（综合布线）系统的设计原则、系统规模、综合布线及功能实现；

7）火灾自动报警系统的设计原则、系统配置、探测选型、信号传输、应急通信及功能实现等；

8）闭路电视系统的设计原则、系统配置及功能实现等；

9）设备的防护等级、防腐等级；

10）防爆及防损坏设计；

11）设备的技术水平、选型要求、布置安装等；

12）管缆及其敷设说明；

13）防雷及接地系统；

14）防爆及防损坏；

15）机电抗震；

16）智慧排水系统管控平台的设计原则、总体架构、系统配置、功能及应用、设施建设等。

1.10　消防设计

根据建（构）筑物的火灾危险性、防火等级等，考虑安全防火间距、消防道路、安全出口、消防给水等措施，建筑单体描述防火分区、安全疏散、疏散宽度计算和防火构造等。

对于采用全地下形式建设的处理设施，针对地下部分明确消防分区划分原则及具体划分情况，对各消防分区选择相应消防系统并进行设计；根据消防分区划分，对地下建（构）筑物进行通风机防排烟系统、火灾自动报警系统、消防联动控制系统等设计。

1.11　环境保护措施

阐述项目周边环境质量现状，说明主要污染物和污染源，分析项目实施各阶段对周边环境的影响，提出环境保护措施和建议，列出环保投资估算。

1.12　安全保障措施

对主要危险因素进行分析，如可能产生有毒有害、易燃易爆气体的部位、投加药品的危险性、构筑物、检查井、管线内作业、高空作业等，并说明采取的防范措施。

针对劳动保护，说明采用的减轻劳动强度、电气安全保护、防滑梯、护栏、转动设备防护罩等防护措施。

其他安全措施。

1.13　低碳与节能

结合工程实际情况，叙述能耗情况及主要节能措施，包括建筑物隔热措施、节电、节药和节水措施、余热利用等，说明节能效益。

根据城市实际情况及发展阶段，酌情增加碳排放核算、制定碳减排目标等内容，说明采用的技术措施。

1.14　主要材料及设备表

提出全部工程及分期建设需要的主要设备、材料的名称、规格（型号）、数量等（以表格方式列出清单），主要设备注明设备档次。

1.15　运营组织方案

说明项目组织机构设置方案和人力资源配置方案等。

1.16　水土保持（如有）

按批复通过的水土保持方案，说明相关水土保持要求设计执行情况。

1.17　征收补偿（安置）

说明征地面积、征地性质、拆迁面积、征地和拆迁单价及总价等。

1.18　投资概算、资金筹措计划与成本

说明项目的投资概算和资金筹措计划，进行项目的成本分析。

1.19　存在问题与建议

2　工程概算书

见本规定"投资估算、经济评价和概预算"的相关章节。

3　设计图纸

初步设计一般应包括下列图纸，根据工程内容可予增减。

3.1 总体布置图（流域面积图）

比例一般采用 1：5000～1：25000。在测绘的地形图的基础上，绘出流域范围、现有和设计的排水（再生水）系统工程设施，标示图例和风玫瑰，进行必要的说明，列出主要工程项目表等。

海绵城市综合类项目，绘制汇水分区图、下垫面分布图、海绵设施分布图、资源化利用系统图等；水环境综合治理项目绘制水体水系图、流域范围图、工程分布图等。

3.2 排水管线设计图

3.2.1 横断面图

在道路下敷设的管线，根据规划、管线综合、测量物探图，绘制横断面图，反映各管线名称、规格、距离道路永中（或其他）的相对位置、（相对）高程，进行必要的说明。

3.2.2 平面图

比例一般采用 1：500～1：2000。在测绘的地形图（含现况管线或设施调查成果）基础上，反映出规划道路、规划其他管线、设计管线、检查井平面位置、转角度数、控制井位坐标、水流方向、管径/沟渠断面尺寸、长度、沿线主要构筑物（如倒虹吸、管架桥、雨水管渠排放口等）、距道路永中（或其他）的相对位置等，标示图例和指北针，进行必要的说明。

管道检测与修复项目在平面图中除标注上述内容外，还要标明缺陷位置、缺陷等级、修复方式。

3.2.3 纵断面图

比例一般采用横向 1：500～1：2000，纵向 1：100～1：200。图上表示出现况地（路）面线，设计路（地）面线，铁路、公路、河流、交叉管渠的位置等。注明管渠内底标高、长度、坡度、管径（渠断面尺寸）、流量、充满度、流速，管（渠）材料、接口形式、基础类型，交叉管渠的标高，倒虹管、检查井等的位置。

管道检测与修复项目对于原位非开挖修复可以不出纵断面图，但开挖修复方式需要出纵断面图，要求同上。

纵断面图和平面图应相互对应并进行必要的说明，末页列出主要工程量表。管道检测修复项目，还需列出修复方法表，注明管段编号、管径、管材、管段长度、缺陷位置距离、缺陷名称、缺陷等级、修复方法、工程量等。

3.3 再生水管线设计图

3.3.1 横断面图

在道路下敷设的管线，根据规划、管线综合、测量物探图，绘制横断面图，反映各管线名称、规格、距离道路永中（或其他）的相对位置、（相对）高程，进行必要的说明。

3.3.2 平面图

比例一般采用 1∶500～1∶2000。在测绘的地形图（含现况管线或设施调查成果）基础上，反映出规划或设计的道路、规划或设计的其他管线等，进行设计管线平面布置，标注转角度数及坐标，布置平面管件、各类闸阀、连通管等位置，标示图例和指北针，进行必要的说明等。

3.3.3 纵断面图

比例一般采用横向 1∶500～1∶2000，纵向 1∶100～1∶200。图上表示出现况地（路）面线，设计路（地）面线，铁路、公路、河流、各类地下管线等主要障碍的位置等，注明设计管渠底标高、距离、坡度、管径（渠断面）、接口形式、基础类型、交叉管渠的标高、管材等，布置纵断面管件、各类闸阀等管道附件以及连通管等位置。纵断面图和平面图应相互对应并进行必要的说明，列出主要设备材料及工程量表。

3.4 厂、站、池设计图

3.4.1 工程区域位置图

区域位置图（大比例）表示出厂（站、池）址的位置、交通、周围的情况等，应标出风玫瑰。

3.4.2 总平面图 / 平面图

比例一般采用 1∶200～1∶500。在测绘的地形图的基础上表示出全厂（站、池）建（构）筑物、道路、景观绿化（示意）、预留用地、围墙、征地范围、用地范围等布置关系，标注必要的坐标及尺寸，标示风玫瑰，进行必要的说明，列出构筑物和建筑物一览表、工程量表和主要技术经济指标表。

3.4.3 水力流程图

比例一般采用竖向 1∶100～1∶200。表示出生产流程中各构筑物及其水位标高关系。

3.4.4 厂（站、池）区竖向设计图

在平面布置图的基础上，确定各功能部位的设计地面标高，给出挖方、填方、换填、借土等土方平衡量。

3.4.5 管线综合图

在平面布置图的基础上，确定各类管线（沟）的布置，给出相应工程量。

3.4.6 主要构筑物工艺图

比例一般采用 1∶50～1∶200。用平面、剖面图表示出工艺布置，设备、仪表及管道等相关位置、尺寸、标高（绝对标高）等，列出主要设备及材料一览表，表中注明主要设计技术数据，进行必要的说明。

3.5 海绵设施设计图

单项海绵城市设施包括平面图、剖面图及详图，深度同厂、站、池要求，列出设备及主要材料表。

绿化工程参照本规定"园林绿化工程"相关章节。

3.6 河湖水系设计图

3.6.1 平面图

比例一般采用 1∶2000～1∶5000。图上要表示地形、地貌、地物、河流、风玫瑰，现有的和设计的防洪排涝工程，并列出主要工程项目表。图纸中应明确蓝线、绿线及项目红线，并标明坐标。

3.6.2 横纵断面设计图

纵断面图比例一般采用水平 1∶1000～1∶5000，垂直 1∶100～1∶500。绘制设计渠（河）底标高、渠顶标高、跌水、陡坡及各种交叉构筑物如桥梁、小桥、排水涵洞（管）、涵闸的位置及数量，并列出构筑物一览表和工程量表。

横断面图间距 100～200m，图上应表示原地面高程、设计河底和堤顶标高、设计水位、结构形式、基础做法、建筑材料等。

3.6.3 水体清淤设计图

包括设计说明、区位图、总平图、清淤断面图、清淤量网格计算图，淤泥固化处理站工艺流程图、淤泥固化处理站总平布置图及主要单体设计图，清淤工程量表，除臭设计图等。

3.6.4 生态修复设计图

设计说明，底质改良图、沉水植物布置分区图、曝气系统安装布置分区图、微生物净化填料布置分区图、浮水植物和生态浮岛布置分区图、水生动物、微生物布置图，工程量表等。

3.6.5 水景观设计图

参照本规定"园林绿化工程"相关章节，图中还应标明水体洪水位、常水位、枯水位，设计底标高、岸顶高程，水体蓝线、绿线和项目红线等。

3.7 建筑设计图

建筑设计图包括平面图、立面图和剖面图，表示总体尺寸和分部尺寸、各个空间名称、主要构件尺寸、室内外高程关系和楼层高度、主要建筑构造部件、内外装修做法、门窗尺寸等，防火分区布置图（必要时）。

具体内容可参照现行《建筑工程设计文件编制深度规定》的相应要求。

3.8　结构设计图

结构设计图包括基础平面图，各层结构平面图，结构的主要节点图。表示主要结构构件的定位尺寸、标高、截面尺寸，结构的主要构造节点，表示伸缩缝、沉降缝、防震缝的位置及宽度等。具体内容可参照现行《建筑工程设计文件编制深度规定》的相应要求。

地基处理设计图、基坑支护设计图（必要时），包括平面图和大样图。表示和空间关系、构件定位和数量、主要构造节点等。

构筑物的结构设计图可和其他专业设计图结合。

管道结构设计图（必要时），应给出管道的横断面，表示管道和周边地形的高程，管道结构的管径、材质、指标要求、使用范围，基槽的开挖回填做法，基坑支护做法。

3.9　电气设计图

变电所高、低压供配电系统图；主要变、配电设备布置图；厂区管缆路由图；主要设备材料表。

3.10　自动控制仪表系统设计图

控制流程图；系统配置图；场区管缆路由图；主要设备材料表。

3.11　供暖通风与空调系统设计图

供暖通风与空调系统、防排烟系统设计图一般包括图例、系统流程图、主要平面图。各种管道、风道可绘单线图。

冷、热源机房平面及系统流程图，附主要设备材料表。

复杂及特殊工程，其出图深度参照现行《建筑工程设计文件编制深度规定》中供暖通风与空气调节、热能动力章节有关的深度要求。

4　附件

项目审批需要的各类批件和附件。

第三章　排水工程施工图设计文件编制深度

1　设计说明书

1.1　概述

项目名称，建设单位，简述建设目标和任务、建设地点、建设内容和规模、处理程度等。

1.2　设计依据

1.2.1　摘要说明初步设计批准的机关、文号、日期及主要审批内容。

1.2.2　《工程规划建设许可证》及其附件中有关规划批复的内容。

1.2.3　施工图设计资料依据。

1.2.4　采用的规范、标准和标准设计。

1.2.5　岩土工程勘察报告。

1.2.6　工程测量成果资料。

1.3　调整内容（如有）

如与初步设计存在变化，应说明更改的主要内容并阐明原因、依据。

1.4　设计内容

说明项目基本情况，各专业按照初步设计确定的工程方案进行简述和深化设计，满足施工图设计的要求。

1.4.1　工艺设计。

1.4.2　建筑结构设计。

1.4.3　其他专业设计。

1.5　采用的新技术、新材料、新工艺、新设备的说明（如有）

1.6　施工安装注意事项及质量验收要求

1.7　运行管理注意事项

1.8　安全保障措施

1）按照住房城乡建设部现行《危险性较大的分部分项工程安全管理规定》的内容执行。注明涉及"危大工程"的重点部位和环节，提出保障工程周边环境安全和工程施工安全的意见，必要时进行专项设计。

2）对主要危险因素进行分析，如可能产生有毒有害、易燃易爆气体的部位，投加药品的危险性，构筑物、检查井、管线内作业、高空作业等，并说明采取的防范措施。

采用的减轻劳动强度，电气安全保护，防滑梯、护栏、转动设备防护罩等防护措施。

3）其他。

1.9　消防专篇（如有）

1.10　主要材料及设备表

1.11　其他说明

存在的问题及建议。

2　设计图纸

2.1　总体布置图

比例一般采用 1：2000～1：10000，图上内容基本同初步设计，而要求更为详细确切。

2.2　厂（站）及调蓄池总图

2.2.1　总平面图

厂站等应绘制总平面图，比例一般采用 1：200～1：500。

标明测量的地形和坐标，风玫瑰图或指北针（优先使用风玫瑰图），厂区的用地红线、建筑控制线、厂区周边的道路位置、高程和建设用地的规划高程。

标明厂区内建（构）筑物、围墙、绿地、道路、主要设备基础的名称、层数、坐标或定位尺寸，厂区内的挡墙、护坡的定位和高程，厂区出入口的定位和高程，厂区和各个单体的技术经济指标表。

标明厂区内建筑物的室内外标高，构筑物、设备基础的控制高程和地面标高，道路控制点的标高、纵坡度和纵坡距，挡墙及放坡顶底标高。

标明厂区绿地的位置、面积，建筑小品的示意，人行步道的定位，绿化的主要技术指标和要求。

2.2.2　工艺流程图

比例一般采用竖向 1：100～1：200，表示出生产工艺流程中各构筑物及其水位标高关系，主要规模指标等说明。

2.2.3　竖向布置图

对地形复杂的污水处理（再生水）厂及调蓄池进行竖向设计，内容包括厂区原地形、设计地面、设计路面、构筑物绝对标高及土方平衡数量图表。

采用方格法计算厂区的挖填方量，复杂场地应按照方格进行土石方计算，绘制土石方工程计算表。

2.2.4　厂内管道布置图

分别或分类绘出厂内管道布置，包括平面位置、标高、流向、管道长度、管径

（渠断面）、材料、闸阀及所有附属构筑物，节点管件、支墩，并附工程量及管件一览表。

2.2.5　厂内排水管渠纵断面图

应表示出各种排水管渠的埋深、管底标高、管径（断面）、坡度、管材、基础类型、接口方式、附属检查井、交叉管道的位置、标高、管径（断面）等。

2.2.6　管道综合图

当厂内管线布置种类多时，对于干管干线进行平面综合。绘出各管线的平面布置，注明各管线与建（构）筑物的距离尺寸和管线间距尺寸；管线交叉密集处，标注管道交叉控制高程并以图例注明，需要时适当增加横断面图。

2.3　排水管线设计图

2.3.1　平纵断面图

比例一般采用横向 1：500～1：2000，纵向 1：100～1：200，图上包括纵断面图与平面图两部分，其他内容同初步设计，末页附主要工程量表及相关说明。

2.3.2　各种特殊小型附属构筑物详图

包括排水井、跌水井、雨水井、排水口、闸井等。

2.3.3　倒虹管涵以及穿越铁路、公路等详图

比例一般采用 1：100～1：500。

2.3.4　管道结构图

包括横断设计图、纵断面设计图（必要时）、穿越设计、构件详图、配筋图、道路路面恢复做法图及相关说明。

图中需注明管道和周围建（构）筑物空间关系，管槽开挖施工方式、回填材料和指标要求，管道地基处理，管道支墩、包封等构件，道路路面恢复做法（必要时），基坑支护和监测，既有设施保护和监测等。

2.3.5　管道检测及修复设计

采用的管道及附属构筑物原位非开挖修复工艺详图及施工说明，其他内容同初步设计，末页附主要工程量表及相关说明。

2.4　再生水管线设计图

2.4.1　平纵断面图

比例一般采用横向 1：500～1：2000，纵向 1：100～1：200，图上包括纵断面图与平面图两部分，其他内容同初步设计，末页附主要工程量表及相关说明。

2.4.2　各种特殊小型附属构筑物详图

包括阀门井、排气井、排泥井、绿化井等。

2.4.3　穿越铁路、公路、河流等详图

比例一般采用1：100～1：500。

2.4.4　管道结构图

包括横断面设计图、纵断面设计图、构件详图、配筋图及相关说明。

图中需注明管道和周围建（构）筑物空间关系，管槽开挖施工方式、回填材料和指标要求，管道地基处理，管道支墩、包封等构件，基坑支护和监测，既有设施保护和监测等。

管道检测及修复设计，采用的管道及附属构筑物原位非开挖修复工艺详图及施工说明，其他内容同初步设计，末页附主要工程量表及相关说明。

2.5　单体建（构）筑物设计图

比例一般采用1：50～1：100。分别绘制平面、剖面图及详图，标示出工艺布置，细部构造，设备，管道、阀门、管件等的安装位置和方法，详细标注各部分尺寸和标高（绝对标高），引用的详图、标准图，并附设备管件一览表以及必要的说明（包括施工要求和注意事项等）和主要技术数据。

2.6　海绵设施设计图

2.6.1　区域排水系统图（如有）

系统图包括项目所在场地的海绵设施的溢流排水设施、排水管网、最终排放水体。

2.6.2　汇水分区图（如有）

汇水分区总图：根据场地高程，划分出场地汇水分区分布及面积，标明各汇水分区之间的雨水流向关系。

各汇水分区图：根据场地高程，划分出场地汇水分区分布及面积，标明海绵设施位置、排水管道位置、管径及流向、超量雨水径流流向、各海绵设施溢流标高，各海绵设施之间的关系等。

2.6.3　下垫面设计图（如有）

标注各下垫面的位置，列表说明下垫面类型、面积、占比、场均雨量径流系数。

2.6.4　平面布置图（如有）

建筑与小区、绿地与广场：标明用地红线及相关的蓝线、绿线、黄线、紫线、道路交通保护线；标注海绵设施名称、平面坐标及主要尺寸；建筑与小区应标明海绵设施与室外雨水系统的关系，绿地与广场应标明海绵设施与上下游排水系统的关系。

城市道路：标明海绵设施及溢流雨水口尺寸、坐标、与排水管网系统的关系。

城市水系：标明生态岸线，包括陆域缓冲带、生态护岸、水域生物群落构建及已建硬质护岸绿色改造等内容。

列出主要海绵设施一览表。

2.6.5　项目竖向设计图（如有）

标明用地周边现状及规划标高，用地内设计地形标高，海绵设施标高，水体的常年水位、最高水位、最低水位、池底标高，驳岸标高，排水沟、挡土墙、护坡、台阶、台地控制点标高。

2.6.6　监测及检测（如有）

海绵设施如有需要监测或检测要求的项目，应绘制监测、检测设施布点图，并提供相应设备的选型。

2.6.7　系统工艺流程图（如有）

若项目的海绵城市有雨水收集、利用的要求，应绘制雨水收集回用工艺流程图。

2.6.8　电气设计图（如有）

若项目的海绵城市有雨水收集、利用的要求，一般会涉及水泵、喷灌控制等设计内容，应绘制电气平面布置图、系统图、电气及自动化控制说明等，并符合电气专业施工图设计深度编制的相关要求。

2.6.9　单项海绵设施设计图

单项海绵城市设施平面图、剖面图及详图，深度要求同单体建（构）筑物设计，列出设备及主要材料表。

2.6.10　园林绿化设计图

参照本规定"园林绿化工程"相关章节。

2.7　河湖水系设计图

2.7.1　总图

比例一般采用 1：1000～1：5000，应表示出各类城市水体（河道、湖泊、渠道、相关联的箱涵），明确水系关系，主要设计内容和主要工程量等。

2.7.2　平面设计图

比例一般采用 1：200～1：1000，图上要表示地形、地貌、地物、水体、河道轴线及桩号、等高线、指北针或风玫瑰、图例，现有的和设计的防洪排涝工程，堤防、护岸、渠道、山洪沟等要表示出长度、走向，构筑物要表示结构形式、数量，图纸中应明确蓝线、绿线及项目红线，并标明坐标，列出工程项目表等。

2.7.3　横纵断面设计图

纵断面设计图比例一般采用横向 1：1000～1：5000，纵向 1：100～1：500，图上应标明轴线桩号、坡度、设计水位、现状及设计渠（河）底标高、原地面标高、渠顶标高、跌水、陡坡及各种交叉构筑物如桥梁、排水涵洞（管）、涵闸的位置及数量，地质描述，并列出构筑物一览表和工程量表。

横断面设计图间距 20～100m，图上表示原地面高程、设计渠（河）底和堤顶标高、设计水位、结构形式、基础做法、建筑材料、开挖回填线、挖填方数量表等，标注构筑物尺寸及横向里程，横断面图应绘制至项目红线。

纵断面、横断面应标明不同设计重现期的洪水位线。

2.7.4 水体清淤设计

平面图比例一般采用 1：500～1：2000；在测绘的地形图基础上，表示现状地形与清淤后地形，标示图例和指北针，进行必要的说明。

纵（横）断面图比例一般采用横向 1：500～1：2000，纵向 1：100～1：200。图上表示出现状地面线，设计地面线，水体现状底，设计泥面线和设计底高程等。

提供清淤量网格计算图、清淤工程量表，淤泥固化处理站工艺流程图、淤泥固化处理站总平面布置图及主要单体设计图，除臭设计图，设计说明等。

2.7.5 生态修复设计

包括平面图、剖面图，曝气系统平面布置图，沉水植物布置图，微生物净化填料布置图、浮水植物和生态浮岛布置图、安装大样图，水生动物、微生物布置图，设计说明及详细工程量表等。

2.7.6 水景观设计

参照本规定"园林绿化工程"相关章节。

图中还应标明水体洪水位、常水位、枯水位，设计底标高、岸顶高程，水体蓝线、绿线和项目红线等。

2.8 建筑设计图

建筑设计图绘制平面布置图、立面图、剖面图、屋面排水图、节点详图及建筑配件详图，表示总尺寸、分部尺寸及轴线尺寸，各个空间名称，室内外高程和各层标高，节点及配件做法，内外装修做法表和门窗表，主要设备基础、沟道、洞口的位置、尺寸和详图，以及涉及的消防、节能、绿建、装配式、人防、无障碍等内容的说明和相应图纸。具体内容可参照现行《建筑工程设计文件编制深度规定》的相应要求。

2.9 结构设计图

建（构）筑物结构设计图包括基础平面图、基础构件配筋图，地基处理平面图和构件配筋图，各层构件平面及剖面配筋图，结构的节点详图，变形缝及施工后浇带的位置及详图，主要洞口的位置、尺寸，主要设备、沟道的做法及配筋，基坑支护的平面图、剖面图、构件配筋图、基坑监测图等，引用的标准图、钢筋表（必要时）等。具体内容可参照现行《建筑工程设计文件编制深度规定》的相应要求。

管道结构设计图包括横断面设计图、纵断面设计图（必要时）、构件详图和配筋图。表示管道和周围建（构）筑物空间关系，管槽各部分回填材料和指标要求，管道地基处理，管道支墩、包封等构件，管道基坑的支护和监测，既有设施保护和监测等。

结构设计应（附）计算书，内容包括主要结构的工程概况、计算简图、设计依据、结构计算模型、荷载条件、计算过程、计算结果等。应进行主要构件控制工况下的强度、变形、稳定的计算。采用计算机程序计算时，应按照实际模型、边界条件、荷载和程序要求输入，必要时进行多个程序计算结果的比对。在纸质计算书中应注明程序名称、代号、版本、编制单位，包含输入信息、计算模型、几何简图、荷载简图和主要计算结果等内容。

2.10 电气设计图

设计文件应包括说明书、图纸、主要设备材料表和计算书（可用图纸形式体现）。

1）变电室高低压一次系统图和二次接线原理图

一次系统图内容包括回路名称、设备容量、计算电流、开关整定值、设备及元器件等选型、柜型尺寸、电缆编号等，图纸说明应明确系统运行方式、联锁要求等。

二次接线原理图内容包括二次控制接线原理图、回路说明，（端子接线图）、设备材料表等；直流屏、信号屏等画原理接线图，注明型号、规格、参数等，宜选用企业标准产品。

2）建（构）筑物电气平面布置图

包括变电室、配电间、操作控制间电气设备位置、设备编号、安装尺寸等；

动力、控制电缆编号、敷设路由及方式；

变电室及复杂工艺生产建（构）筑物要有主要设备及电气管线布置剖面图；

必要的电气设备安装大样图；

主要设备材料表：名称、编号、型号规格、数量等；

随图说明：图纸表达不清部分。

3）控制箱、配电箱设计图

包括系统图应注明箱型号、编号、负荷名称、容量、电缆编号；标注元器件型号、规格、整定值等；

提供控制原理图或引用标准图号、引出（引入）端子排、元器件选型、控制电缆编号等。

4）建（构）筑物照明平面图

包括建筑物的配电箱、灯具、开关、插座、线路的布置，标注线路回路号、管缆敷设方式；根据需要提供照度及设计功率密度计算。

5）厂区电气总平面图

包括建（构）筑物的布置及名称，厂区电缆线路走向、电缆编号、敷设方式、电缆井型号、位置；控制线路管缆标注及照明灯具、管缆布置；电缆沟及隧道断面图、电缆沟及隧道埋深与排水做法等；随图设计说明书。

6）防雷接地设计图

包括绘制防雷图，标注接闪器、引下线位置，注明材料做法等；接地平面包括接地极、接地线、测试点、等电位箱等，注明材料做法等。

7）电缆统计表

包括名称、电缆编号、电缆起始、终点位置、长度、型号等。

2.11 仪表自制及弱电设计图

包括有关工艺流程的检测与自控原理图，全厂仪表及控制设备布置图、全厂安全监控（视频监视、安防、火灾自动报警及环境监测等）系统设备布置图、各系统功能描述，仪表控制流程图、仪表及自控设备的接线图和安装图，仪表及自控设备的供电、供气系统图和管线图、安全监控（视频监视、安防、火灾自动报警及环境监测等）系统配置图、控制柜、仪表屏、操作台及有关自控辅助设备的结构布置图和安装图，仪表间、控制室的平面布置图，仪表自控部分的主要设备材料表；智慧管控（平台）系统的架构图及方案描述（必要时）。

2.12 供暖通风与空气调节设计图

1）平面图

包括供暖平面图，通风、空调、防排烟风道平面图，空调管道平面图。

2）通风、空调、制冷机房平面图和剖面图

平面图应绘出通风、空调、制冷设备的轮廓位置及编号，注明设备外形尺寸和基础距离墙或轴线的尺寸。剖面图应绘出对应于机房平面图的设备、设备基础、管道和附件，注明设备和附件编号以及详图索引编号，标注竖向尺寸和标高。

3）系统图、立管或竖风道图

4）通风、空调剖面图和详图

5）室外管网图

包括总图平面、节点详图等。绘制管道及附件、检查井、管沟平面图，管道、管沟横断面图，检查井（或管道操作平台）、管道及附件的节点详图，引用的详图、标准图。

图例及必要的说明。

6）计算书

计算内容应有满足工程所在地相关部门对节能设计和绿色建筑设计的要求。

7）其他

应符合现行《建筑工程设计文件编制深度规定》的有关规定。

2.13　建筑给水排水设计图

应符合现行《建筑工程设计文件编制深度规定》中相关章节的规定要求。

2.14　机械设计（如有）

非标机械设备施工图，包括符合国家标准的机械总图、部件图、零件图。

第三篇 道路交通工程

第一章 道路交通工程可行性研究报告文件编制深度

1 概述

1.1 项目概况

包括项目名称、项目来源、建设目标和任务、项目位置、建设内容和规模、建设工期、投资规模和资金来源、建设模式、主要技术经济指标、绩效目标等。

1.2 项目单位概况

包括项目单位基本情况（单位名称、隶属关系、机构组成、主要业务等）。新组建项目法人的，简述项目法人组建方案。对于政府资本金注入项目，简述项目法人基本信息、投资人（或者股东）构成及政府出资人代表等情况。

1.3 编制依据

包括前期批复及审查意见、社会公示征集意见、相关规划与政策、专题研究、主要标准规范及其他依据。

1.4 主要结论和建议

简述项目主要结论，针对项目需要重点关注和进一步研究解决的问题，提出相关建议。

2 项目建设背景和必要性

2.1 项目建设背景

2.1.1 项目背景

简述项目研究区域概况与社会经济现状及发展情况、立项背景、项目行政审批手续办理和其他前期工作进展。

2.1.2 上阶段批复与相关意见执行情况

简述对方案批复、项目建议书批复及其他相关意见的执行情况。

2.2　规划政策符合性

2.2.1　上位规划符合性分析

简述项目与经济社会发展规划、区域规划、专项规划、国土空间规划等重大规划的衔接性。

2.2.2　发展政策符合性分析

阐述项目与扩大内需、共同富裕、乡村振兴、科技创新、节能减排、碳达峰碳中和、国家安全和应急管理等重大政策目标的符合性。

2.3　项目建设必要性

从项目在区域各项规划中的功能定位、交通需求、市政管线需求、景观及其他需求、区域开发进度以及相关工程实施情况等方面，说明项目建设的必要性和建设时机的适当性。

3　项目需求分析与规模论证

3.1　项目需求分析

3.1.1　交通需求分析及预测

应对现状交通进行综合调查与分析，简述现状综合交通调查内容、方法、结果，并对调查结果进行综合分析。分析项目交通影响区域，预测区域出行总量、出行分布、出行方式、交通需求预测量。

道路工程预测结果包括路段及主要交叉路口交通量、车型组成等。

快速公交（BRT）工程预测结果包括全日客流量、高峰时段断面客流量、站点上下客流量等。

城市综合客运交通枢纽工程预测结果包括枢纽到发交通量、交通方式、换乘矩阵等。

3.1.2　其他需求分析

根据项目需要，分析项目市政管线、景观、防灾、应急、环保、水保、海绵、绿色和韧性、数字化、双碳等方面的需求情况。

3.1.3　项目功能定位与建设目标

说明项目承担的各项功能（交通功能、市政管线功能、景观功能等）。分近远期时，说明项目近期和远期目标。

3.2　建设内容和规模论证

3.2.1　总体布局论证

道路（含广场、公共停车场）工程应论证道路交通组织、道路与主要建筑的衔接、桥隧等主要构筑物的布置、市政管线与环保设施的布置、城市风貌等方面的合理性。

快速公交（BRT）工程还应包括车道布置形式、车站布置、车辆选型及编组、调度与控制系统、运营组织、与其他公交方式比选等。

城市综合客运交通枢纽道路交通工程还应包括枢纽到发、换乘交通组织、枢纽车道边、专用通道、停蓄车场、换乘设施布置等。

3.2.2　建设规模论证

分析道路通行能力与服务水平，论证建设规模。分期建设项目应明确项目近远期建设规模、分阶段建设目标和建设进度安排，并说明预留发展空间及其合理性、预留条件对远期规模的影响等。

广场、公共停车场工程还应论证类型、面积、绿化覆盖率、停车等规模。

快速公交（BRT）工程还应论证路线长度、车站规模、停保场等规模。

城市综合客运交通枢纽道路交通工程还应论证枢纽车道边、停蓄车场、换乘设施等规模。

3.3　项目服务水平与技术标准

说明项目应达到的服务水平、主要技术标准。

道路工程技术标准指标包括道路性质、等级、设计速度、通行净空、使用年限、抗震设防烈度、交通设施等级、风载标准、防撞等级等。

广场、公共停车场工程技术标准指标包括类型分类、规模、净空、绿化覆盖率（如有）、总停车位及无障碍与电动车停车位数量与比例等。

快速公交（BRT）工程技术标准指标包括系统级别、运送能力、行车速度、车道布置形式、售票方式、运营组织模式、车辆选配及编组、发车间距等。

城市综合客运交通枢纽道路交通工程主要技术标准同道路工程，停蓄车场（库）工程技术标准同广场、公共停车场工程。

其他专业技术标准指标参照相关专业文件编制深度规定。

4　项目选址与要素保障

4.1　项目选址或选线

说明推荐方案和备选方案选址（或选线）情况。明确拟建项目场址或线路的土地权属、供地方式、土地利用状况、矿产压覆、占用耕地和永久基本农田、涉及的生态保护红线、地质灾害危险性评估、环保评估、水保评估、社保评估、沿线环境敏感区（点）重要设施等情况。

说明各方案路线对沿线环境的影响并作出评价和比较。结合该地区规划和社会经济发展情况论证路线布局的合理性及对沿线社会效益和经济效益的影响。

4.2 项目建设条件

说明项目所在区域的自然环境、地质条件、交通设施现状与规划条件、市政管线设施条件、沿线控制条件、项目施工和运输条件。改扩建工程还应说明现有设施条件。

4.3 要素保障分析

说明项目用地规模、与规划的符合性、环境敏感区和环境制约因素等。

根据项目需求说明节约集约用地分析、征地拆迁分析、永久基本农田占用补划方案等。

5 项目建设方案

5.1 总体设计

道路工程（含广场、公共停车场）包括总体设计思路及原则、工程建设范围、建设内容及规模、总体布置方案、主要节点方案、无障碍系统方案，还包括重要路段线位、结构物和交叉节点等方案比选。

快速公交（BRT）工程还应包括系统级别、运送能力、车道布置、车站布置、站台选型、首末站及停保场设置、运营组织方案、近远期实施方案、应急预案、沿线公交线路与道路交通组织优化等。

城市综合客运交通枢纽道路交通工程还应包括枢纽核心区和拓展区的总体布局、枢纽内外交通设施的布置及规模等。

5.2 工程设计

5.2.1 道路工程

道路工程包括设计标准及技术指标、定线设计、平面设计、纵断面设计、横断面设计、交叉设计、路基设计、路面设计、人行过街设施、公交设施、无障碍设施、附属设施等。

广场、公共停车场工程包括场地平面设计（出入口、车位配置）、内外部交通组织、场地竖向设计、相关附属设施等。

快速公交（BRT）工程中运营管理中心及保养厂工程参照现行《建筑工程设计文件编制深度规定》。

5.2.2 桥梁工程

包括设计依据、建设范围及规模、设计标准及技术指标、总体设计、桥型设计、附属工程、施工方式、养护管理。

5.2.3 隧道工程（地下道路工程）

包括设计依据、建设范围及规模、设计标准及技术指标、总体设计、隧道工程、接线道路工程、附属工程、施工方式、养护管理。

5.2.4 交通安全与管理设施

包括设计依据、设计标准、交通安全设施、交通管理设施。

根据项目需要编制智慧交通设施相关内容。

5.2.5 综合管线工程

根据项目需要编制市政管线综合方案，包括设计依据、设计标准、管线现状与规划情况、建设范围及规模、管线布置方案、管线敷设方式、主要管材等。

5.2.6 照明、电气工程

道路工程（含广场、公共停车场）照明工程包括设计依据、设计标准、电源及供电方式、低压配电系统、照明光源、照明方式、路灯控制方式、节能措施、电缆及电缆敷设、防雷与接地等。公共停车场还应包括各类机电设施等电气工程。

快速公交（BRT）工程还应包括调度与控制系统、运营设备系统、自动售检票系统等电气工程。

城市综合客运交通枢纽工程还应包括智能系统总体构架、通信系统、监控系统、管理平台及各类机电设施等电气工程。

5.2.7 绿化工程

包括设计依据、设计标准、建设范围及规模、绿化种植设计、绿化灌溉设施等。

5.2.8 其他工程

快速公交（BRT）工程与城市综合客运交通枢纽工程中的建筑工程还应包括用地规模、平面布局、竖向布置、出入口、交通流线、建筑外形、相关附属工程等。

根据项目需要编制环保、水保、海绵、抗震设防、防洪减灾、消防应急、绿色和韧性工程、施工交通组织等方案。

5.3 用地用海征收补偿（安置）方案

参见本规定"总则"第 5 条。

5.4 数字化方案

参见本规定"总则"第 5 条。

5.5 建设管理方案

参见本规定"总则"第 5 条。

6 项目运营方案

根据项目需要，编制项目运营方案。

明确项目运营模式。自主或委托运营管理的项目，编制运营组织方案、安全保障方案；需要移交的项目，明确移交的工程范围、内容和接收单位。

根据项目类型和建设的具体内容，分别确定项目关键绩效和评价指标，包括设施能力、服务水平、使用年限、用地指标、降噪指标、成本指标、质量指标、时效指标、社会经济及生态效益指标、海绵设施考核指标等内容，并说明影响目标实现的关键因素。

7 项目投融资与财务方案

见本规定"投资估算、经济评价和概预算"相关章节。

8 项目影响效果分析

参见本规定"总则"第5条。

9 项目风险管控方案

9.1 风险识别与评价

识别项目全生命周期的主要风险因素，研究确定项目面临的主要风险。

9.2 风险管控方案

结合项目特点和风险评价，有针对性地提出项目主要风险的防范和化解措施及综合管控方案。

9.3 风险应急预案

对于拟建项目可能发生的风险，研究制定重大风险应急预案，明确应急处置及应急演练要求等。

10 研究结论及建议

10.1 主要研究结论

从建设必要性、要素保障性、工程可行性、运营有效性、财务合理性、影响可持续性、风险可控性等维度分别简述项目可行性研究结论，评价项目在经济、社会、环境等各方面效果和风险，提出项目是否可行的研究结论。

10.2　问题与建议

针对项目需要重点关注和进一步研究解决的问题，提出相关建议。

11　附件、附图与附表

11.1　附件

项目审批需要的各类批件和附件。如项目委托书、前一阶段的项目批复文件、环保部门审批文件、建设用地预审与选址意见书、相关管理部门意见、项目资本金承诺证明及银行等金融机构对项目贷款的承诺函等。

11.2　附图与附表

11.2.1　道路工程

1）项目位置示意图；

2）项目总体布置图（比例1∶2000～1∶5000）（包括线位、主要构筑物、交叉形式及控制方式、公交站点、地块出入口、道路与管线横断面等）；

3）平纵缩图（根据项目需要提供）；

4）平面设计图（比例1∶500～1∶2000）；

5）纵断面设计图（横向比例1∶500～1∶2000、纵向比例1∶50～1∶200）；

6）横断面设计图；

7）主要节点方案设计图；

8）路基处理和防护设计图；

9）路面结构设计图；

10）桥隧方案设计总图；

11）交通安全与管理设施总体布置图；

12）市政管线综合方案图；

13）排水工程设计图（包括平面与纵断面设计图）；

14）照明工程横断面布置图；

15）绿化工程横断面布置图；

16）其他工程方案图（根据项目需要，提供环保、水保、海绵、智慧交通等设施设计图）；

17）工程数量表。

11.2.2　快速公交（BRT）工程

1）项目位置示意图；

2）项目总体布置图（比例1∶2000～1∶5000）（包括线路、车站、停保场等主要构筑物、交叉口交通组织等）；

3）道路工程设计图（参见本章"11.2.1 道路工程"）；

4）车辆效果图；

5）车站总体设计图；

6）停保场总体设计图；

7）调度与控制系统总体设计图；

8）系统供配电与通信总体设计图；

9）其他工程设计图；

10）工程数量表。

11.2.3　城市综合客运交通枢纽道路交通工程

1）项目位置示意图；

2）枢纽总体布置图；

3）枢纽总体效果图；

4）枢纽交通组织图；

5）道路工程设计图（参见本章"11.2.1 道路工程"）；

6）停蓄车场设计图；

7）其他工程设计图；

8）工程数量表。

第二章　道路交通工程初步设计文件编制深度

1　设计说明书

1.1　概述

1.1.1　任务依据

简述中标通知书、委托方及委托内容，勘察、测量等基础性资料。

1.1.2　主要设计标准

道路工程包括道路性质、等级、设计速度。

快速公交（BRT）工程还应包括系统分级、运送能力、设计速度、专用道及站台形式等。

广场、公共停车场工程包括类型分类、占地面积、停车位等。

城市综合客运交通枢纽道路交通工程主要技术标准同道路工程，停蓄车场技术标准同广场、公共停车场工程。

其他专业设计标准参照相关专业文件编制深度规定。

1.1.3　工程概况

道路工程（含广场、公共停车场）包括工程地点、范围、主要控制点、相交道路、河道、铁路及主要建筑物、主要市政管线、工程规模、工程概算、建设期限、分期修建计划等。

快速公交（BRT）工程还应包括车道布置形式、站台形式、首末站及停保场设置、车辆选型及编组、调度与控制系统、运营组织管理、近远期实施方案、应急预案等。

城市综合客运交通枢纽道路交通工程还应包括枢纽到发与换乘交通组织、枢纽车道边、专用通道、停蓄车场、换乘设施等。

1.1.4　研究过程及确定的主要内容

1.1.5　相关批复、审查意见及执行情况

1.1.6　其他需要说明的事项

1.2　功能定位

1.2.1　规划情况

包括国土空间规划、路网规划、其他专项规划等，近远期建设规划方案和实施计划。

1.2.2　交通系统分析

道路工程（含广场、公共停车场）应进行交通流量流向的分析，确定设计小时交通量。改扩建项目应进行现状交通分析及技术评价，包括交通流量、车辆组成、路口与路段饱和度、非机动车流量、公交线路及站位分布等。

快速公交（BRT）工程应进行现状交通调查分析，包括公交线路的分布、服务区域、站点情况、拥堵情况、准点率等，近远期客流量分析、运送能力分析、系统分级等。

城市综合客运交通枢纽道路交通工程还应包括枢纽到发交通量、交通方式结构、换乘矩阵、换乘交通组织、交通设施规模预测等。

1.2.3　项目功能定位

道路工程阐明项目在规划道路网中的性质、功能，规划横断面形式、主要交叉路口的规划定位等，竖向规划、市政基础设施定位（如有），道路景观等。

快速公交（BRT）工程和城市综合客运交通枢纽道路交通工程项目还应阐明在城市公共交通体系规划中的地位、性质、功能。

含广场、公共停车场时阐明项目规划性质、功能、竖向规划、景观风貌等。

1.2.4　工程建设意义

简述拟建项目对区域路网、交通体系的影响，以及引导城市发展的作用。

1.3　建设条件

1.3.1　沿线自然地理概况

简述水文地质、气象等自然条件，区域地质稳定性评价，地震动峰值加速度系数等。

1.3.2　工程地质条件

简述沿线岩土工程地质勘察报告。

1.3.3　交通设施现状与规划

说明沿线道路（含桥梁、隧道、地下道路）、公交、轨道交通等城市交通设施现状；改扩建工程还应说明现有道路状况，包括路面和路基宽度、路面结构种类及强度、排水方式、路面状况评价以及沿线行道树树种、树干直径等。

说明本项目、相交道路、相关公交和轨道交通（线路、站点）等交通设施规划情况。

1.3.4　沿线环境敏感区（点）分布及对项目建设的影响

包括河湖、自然生态、水资源、动植物、文物、建筑房屋等保护区（点）、重要公共建筑物、重要设施、矿产资源、自然与人文景观等。

1.3.5　项目区域内公路、铁路、水运、航空、管道等运输方式对项目的影响

1.3.6　沿线河道、排水设施、市政管线的现状与规划

1.3.7　各项专项评价、评估结论及对项目的影响（可省略）

包括地质、地震、环保、水保等专项评价。

1.3.8　有关部门对重大问题的意见，沿线居民的要求或建议

1.3.9　其他

1.4　工程设计

1.4.1　总体设计

应说明工程范围、总体方案和道路用地，协调各专业及相邻工程的配合衔接，提出交通组织、无障碍设计方案，落实节能环保和风险控制措施等。

1.4.2　设计原则

道路工程设计原则应包括道路平面、纵断面控制、横断面布置等原则，道路设计横断面与现况或新建杆管线的配合原则，道路专业与其他相关专业的配合、协调原则，旧路利用原则，无障碍设计原则，节能、节地、环保等设计原则。

广场、公共停车场设计原则应包括道路平面、竖向控制、与其他相关专业的配合、

协调原则等。

快速公交（BRT）工程还应包括专用道及车站布置形式原则、车站及停保场建筑设计原则、运营模式及运营组织原则、调度和控制系统设计原则。

城市综合客运交通枢纽道路交通工程还应包括枢纽核心区和拓展区的总体布局原则、枢纽内外交通设施的布置及规模原则。

1.4.3　设计依据

设计所采用的标准、规范、规程、规则、指引、指南及相关政策、规范性文件等。

1.4.4　主要设计技术指标

道路工程包括道路等级、设计速度、荷载等级、净空、平面、纵断面、横断面、防灾标准等技术指标。

广场、公共停车场工程包括类型规模、面积、净空、绿化覆盖率，及总停车位、无障碍停车位、电动车停车位数量与比例等。

快速公交（BRT）工程还应包括系统级别、运送能力、行车速度，BRT车道宽度及布置形式，站台长度、停靠方式、售票方式，车辆选配及编组、发车间距等。

城市综合客运交通枢纽道路交通工程主要技术标准同道路工程，停蓄车场技术标准同公共停车场工程。

1.4.5　平面和纵断面设计

根据项目需求，需要进行深化论证的应给出方案比选。

1）平面设计

道路工程包括设计范围、红线、中线定线等控制因素，各交通系统（机动车系统、非机动车系统、人行系统、公交等）设施的布置和平面尺寸，超高加宽。

广场、公共停车场工程和城市综合客运交通枢纽停蓄车场工程应包括场地平面设计（出入口、车位配置）、内外部交通组织。

2）纵断面设计（含竖向设计）

包括河道、铁路、杆管线、交叉口等主要竖向控制高程。

1.4.6　横断面设计

包括横断面形式（布置、组成及宽度），与规划横断面、现况横断面（改扩建道路）的关系。主干路、快速路、多种交通共走廊项目及特殊段应进行横断面方案比选。

快速公交（BRT）工程非专用路应说明BRT车道布置形式、与社会车辆车道的配合关系，并应进行横断面方案比选。

1.4.7　交叉设计

简述规划概况，包括相交道路、轨道、铁路等的性质、功能，与本项目交叉形式（上跨、下穿），以及交叉路口的功能定位，着重阐明主要交叉路口渠化处理方式，选用立交的选型依据。

沿线各种交叉设置方式方案比选，实施方案路口（含平交、立交）交通流量、流向分析、交通组织与交通安全设施的设计原则及各部分的基本尺寸和主要设计参数。

快速公交（BRT）工程若为平面交叉，还应说明公交专用道在平面交叉口处的交通组织。

1.4.8 行人和非机动车交通设计

包括行人交通设施设计、无障碍设计、非机动车道设计等基本尺寸和主要设计参数。

1.4.9 公共交通设施设计

1）道路工程

包括常规公交专用车道（如有）、常规公交车站等设计。

2）快速公交（BRT）工程

车站设计包括站台（总体布置、建筑结构设计、附属工程设计、管线）、屏蔽门、乘客过街设施、电气照明等详见现行《建筑工程设计文件编制深度规定》。

停保场（保养基地、运营中心）设计包括总体布置、建筑结构设计、附属工程（道路、管线、绿化、照明、电气等）等详见现行《建筑工程设计文件编制深度规定》。

调度与控制系统包括运营调度、信号控制、乘客信息服务、车辆定位等详见现行《建筑工程设计文件编制深度规定》。

运营设备系统包括供配电系统、通信系统、站台屏蔽门、自动售检票系统及其他设备等详见现行《建筑工程设计文件编制深度规定》。

3）城市综合客运交通枢纽

建筑工程（含公共交通站、场、厂）包括用地规模、平面布局、竖向布置、出入口、交通流线、建筑外形、相关附属工程等详见现行《建筑工程设计文件编制深度规定》。

智慧枢纽设计包括明确系统架构及信息化平台实施方案，实现综合交通一体化运行监测、公共交通监控及应急调度、交通运力综合协调指挥调度、安全事件自动检测与报警、科学辅助决策等。

1.4.10 路基、路面结构设计

实施方案确定的原则及内容，包括路基水文及土质、路基强度设计，地基处理情况，路基排水设计，挡墙、护坡等路基防护支挡设计，特殊路基方案比选等，以及改扩建工程路基利用、搭接、加宽设计等。

包括路面结构类型及设计路面厚度的确定、结构组合、材料选择，荷载标准、计算方式、计算参数，旧路利用设计，路缘石的确定等。

1.4.11 道路附属工程设计

包括台阶、树池、坡道、阻车桩等设施及人行道面层铺装形式设计。

1.4.12 交通安全设施设计

包括标志、标线、防护（护栏、分隔设施等）等设施。

1.4.13 交通管理设施设计

包括监控、通信、信号灯、智能交通等设施。

城市综合客运交通枢纽针对枢纽集散道路及市政配套设施的智能系统，包括智能系统总体构架、通信系统、监控系统、管理平台及各类机电设施等。

1.4.14 桥梁及涵洞工程（参见本规定"桥梁工程"相关章节）

包括立交桥梁、过河桥、大型涵洞、过街设施等的设计原则和内容。

1.4.15 隧道（地下道路）工程（参见本规定"隧道工程"相关章节）

包括隧道（地下道路）等的设计原则和内容。

1.4.16 管线（综合）设计（如有）

包括管线种类、间距及交叉控制。

1.4.17 道路排水工程（参见本规定"排水工程"相关章节）

确定排水设计频率，选择排水方式，复杂工程进行方案比选，如有雨水泵站，应确定泵站位置、形式和构筑物标准。

1.4.18 道路照明工程

确定功能性照明的设计范围、设计依据及标准、电源负荷等级、电源及供配电方式、照明光源及照明方式、路灯控制方式及节能措施等。道路景观照明另行委托设计。

1.4.19 道路绿化景观工程

确定道路分隔带、行道树及立交桥区红线范围内的道路绿化，包括树木种类、间距和规格。特殊的道路景观另行委托设计。

1.4.20 沿线环境保护设施

包括沿线环境保护、隔声降噪、水土保持等。

1.4.21 低碳节能设计

包括低碳节能材料、固废资源化利用、工艺技术等。

1.4.22 海绵设施

包括设计范围、控制指标、设计方案及相关设施设计。

1.4.23 根据建设单位需要开展 BIM 设计

1.4.24 近远期结合实施方案

1.4.25 施工导改方案（如有）

包括交通导改、管线导改等。管线导改另行委托设计。

1.4.26 新技术应用情况及下阶段需要进行的试验研究项目

1.4.27 项目协调配合及存在问题与建议

包括各类新建地上、地下杆管线、沿线文物古迹、特殊建筑、相关部门（规划、业主、管理单位、县、乡、村）的联系配合。

需进一步解决的主要问题和对下阶段设计工作的建议。

2 附件

项目审批需要的各类批件和附件。如相关批复、审查会意见、相关专业部门意见及有关协议和纪要等。

3 工程概算

见本规定"投资估算、经济评价和概预算"相关章节。

4 主要材料及设备表

工程全部所需的钢材、木材、水泥、预拌混凝土和其他主要设备材料的名称、规格（型号）、数量（以表格形式列出）。

5 设计图表

5.1 道路工程

5.1.1 工程地理位置图

标示出道路工程在地区交通网络中的关系及沿线主要构筑物的概略位置。

5.1.2 效果图

枢纽型立交节点等效果图（如有）。

5.1.3 平纵面缩图

快速路、大桥和特大桥、隧道应附平纵面缩图。

平面缩图比例 1：10000～1：50000；纵断面缩图横向比例与平面缩图相同或与其长度相适应，纵向比例 1：500～1：5000。

5.1.4 工程数量汇总表

5.1.5 平面总体设计图

比例 1：2000～1：10000，包括设计道路（或立交）、快速公交在城市道路网中的位置，沿线规划布局和现状重要建筑物、单位、文物古迹、立交、桥梁、隧道、车站、停车场及主要相交道路和附近道路系统。

5.1.6 定线设计图

包括规划中线、施工中线，直线、曲线及转角表。

5.1.7 平面设计图

比例 1∶500～1∶2000（立交 1∶500～1∶1000），包括规划道路中线位置，红线宽度、道路宽度、道路施工中线。超高加宽，拆迁房屋征地范围、桥梁、立交平面布置，相交道路规划中线、红线宽度、道路宽度、过街设施（含天桥和地道）及公交车站等设施，主要杆管线和附属构筑物的位置等。

5.1.8 纵断面设计图

比例纵向 1∶50～1∶200，横向 1∶500～1∶2000，包括道路高程控制点及初步确定纵断线形及相应参数，立交主要部位的高程，新建桥梁、隧道、主要附属构筑物和重要交叉管线位置及高程，立交应包括相交道路和匝道初步确定的纵断，如设有辅路或非机动车道应一并考虑。

5.1.9 典型横断面设计图

比例 1∶100～1∶200，包括规划横断面图、设计横断面图、现状横断面图及相互之间的关系，现况或规划地上、地下杆管线位置、两侧重要建筑，比选横断面图。

5.1.10 交叉设计图

比例 1∶200～1∶500，包括主要尺寸、形式布置、公交车站、过街设施、渠化设计图、立交设计图及立交比选方案设计图。

5.1.11 无障碍设计图

包括路段、路口、公交站、过街设施等位置的无障碍设计，主要尺寸、数量等。

5.1.12 路面结构设计图

比例 1∶10～1∶100，包括路面结构材料与厚度等，以及路面边部结构大样图。

5.1.13 特殊路基设计图

比例 1∶100～1∶500，需要大规模处理的特殊路基应绘制处理方案设计图及比选方案设计图。

5.1.14 路基防护与支挡设计图

比例 1∶50～1∶200，包括路基边坡防护、加固、支挡（挡墙）的一般设计图。

5.1.15 道路附属工程设计图

包括台阶、坡道、树池、阻车桩等设施主要尺寸、材料等，以及人行道面层铺装设计。

5.1.16 交通安全设施及交通管理设施设计图

包括交通标志、标线、防护设施布置图，以及信号灯、监控设施等交通管理设施布置图。

智能交通设计图。

5.1.17 工程特殊部位技术处理图

5.1.18 其他工程设计图

包括桥梁、隧道、涵洞、排水、监控、通信、供电、照明、绿化景观等主要图纸。

5.1.19 环境保护设计图

包括隔声降噪相关图纸。

5.1.20 海绵设施设计图

包括海绵设施服务范围图、设施平面布置图、设施构造示意图等。

5.1.21 交通导改设计图

5.2 广场、公共停车场工程

5.2.1 工程地理位置图

5.2.2 效果图

5.2.3 主要技术经济指标表

5.2.4 平面设计图

5.2.5 交通组织设计图

5.2.6 竖向设计图

5.2.7 路基路面设计图

5.2.8 交通安全设施及交通管理设施设计图

5.2.9 建筑工程设计图

5.2.10 其他工程设计图

5.3 快速公交（BRT）工程

5.3.1 工程地理位置图

5.3.2 效果图

包括重要节点、车站建筑、管养或控制中心建筑、车辆等效果图。

5.3.3 平纵面缩图

5.3.4 主要技术经济指标表

5.3.5 平面总体设计图

比例 1∶2000～1∶10000，包括快速公交在城市道路网中的位置，沿线规划布局和现状，车站及停车场位置、重要建筑物、单位、文物古迹、立交、桥梁、隧道及主要相交道路和附近道路系统。

5.3.6 道路工程设计图（参见本章"5.1 道路工程"）

包括平面设计图、纵断面设计图、横断面设计图，交叉设计图，路基、路面结构设计图，相关道路附属设施等设计图。

5.3.7 公交车站、停车场（含保养基地及运营中心）设计图

1）建筑工程设计图

2）附属工程设计图

包括管线、绿化、监控、电气照明等。

5.3.8 调度与控制系统

包括运营调度、信号控制、乘客信息服务、车辆定位等系统。给出主要工程设计数量表。

5.3.9 运营设备系统

包括供配电、通信、站台屏蔽门、自动售检票系统及其他设备等。给出主要设备工程数量表。

5.3.10 其他工程设计图

5.3.11 环境保护设计图

5.3.12 海绵设施设计图

5.3.13 交通导改设计图

5.4 城市综合客运交通枢纽道路交通工程

5.4.1 工程地理位置图

5.4.2 枢纽总体布置图

包括枢纽工程范围、总体布局、交通设施布局，区域内重要交通设施（铁路、轨道、公路、城市道路），现状重要建筑物、单位、文物古迹等。

5.4.3 效果图

包括枢纽总体布置、道路及主要立交节点等效果图（如有）。

5.4.4 枢纽交通组织图

5.4.5 主要技术经济指标表

5.4.6 平面布置图

比例1：500～1：2000，包括枢纽内主要建筑物的位置、各类交通配套设施的平面布置、进出场道路、落客平台、公交（出租车、网约车等）上下客区域、停蓄车场，与枢纽外围的集疏运系统的衔接等。

5.4.7 道路工程设计图（参见本章"5.1 道路工程"）

5.4.8 其他工程设计图

5.4.9 环境保护设计图

5.4.10 海绵设施设计图

5.4.11 交通导改设计图

第三章　道路交通工程施工图设计文件编制深度

1　设计说明书

1.1　设计依据
包括初步设计批复、相关意见、专项评估报告、勘察测量等依据文件。

1.2　上阶段批复的执行情况
如有改变上阶段批复的内容，需说明改变部分的内容、原因和依据，以及落实改变的可行性。

1.3　主要规范标准及技术指标
1.3.1　主要规范标准

包括采用的设计、施工规范、标准、规程、规定和工程验收标准。

1.3.2　设计技术指标

道路工程包括道路等级、设计速度、红线宽度、荷载等级、净空、平面、纵断面、横断面、防灾标准等技术指标，主要验收指标。

广场、公共停车场工程包括类型、规模、面积、净空、绿化覆盖率，以及总停车位、无障碍停车位、电动车停车位数量与比例等。

快速公交（BRT）工程还应包括系统级别、运送能力、行车速度，BRT车道宽度及布置形式，站台长度、停靠方式、售票方式，车辆选配及编组、发车间距等。

城市综合客运交通枢纽道路交通工程主要技术标准同道路工程，停蓄车场技术标准同公共停车场工程。

1.4　设计概要
1.4.1　总体设计

包括工程范围、工程规模、主要工程内容、测量勘察及施工标段划分情况。

城市综合客运交通枢纽道路交通工程还应包括外围集疏运系统、配套设施和车道边设置等。

1.4.2　平面、纵断面设计

1.4.3　横断面设计

包括横断面形式（布置、组成及宽度）与地上杆线、地下管线的配合关系。

快速公交（BRT）工程非专用路还应说明BRT车道布置形式、与社会车辆车道的配合关系。

1.4.4 交叉设计

1.4.5 行人和非机动车交通设计

包括行人交通设施设计、非机动车道设计等基本尺寸和主要设计参数。

1.4.6 无障碍设计

包括路段、路口、公交站、过街设施等位置的无障碍设计。

1.4.7 公共交通设施设计

1）道路工程

包括常规公交专用车道（如有）、常规公交车站等设计。

2）快速公交（BRT）工程

快速公交专用车道设计包括布置方式、设计速度、单车道宽度、长度等。

快速公交车站设计包括布置方式、站台宽度、站台长度、停车道宽度、停车道长度、乘客过街方式等。

停保场（保养基地、运营中心）设计包括总体布置、出入口、交通流线、相关附属工程等。

3）城市综合客运交通枢纽

公共交通站、场、厂，包括用地规模、平面布局、竖向布置、出入口、交通流线、相关附属工程等。

1.4.8 路基、路面工程设计

1）路基设计标准及一般路基、挡墙、边沟、护坡、特殊路基设计。

2）路面结构设计包括设计工作年限、标准轴载、设计年限内累计轴载、交通等级、路基回弹模量、设计弯沉值、路面抗滑性能、结构组合形式、路缘石、结构材料要求及采取的技术措施（含主、辅路、非机动车道及人行步道）。

3）公交站和路口路面结构设计。

4）旧路利用设计。

1.4.9 道路附属工程设计

包括台阶、树池、坡道、阻车桩等设施及人行道面层铺装设计。

1.4.10 交通安全设施设计

1.4.11 交通管理设施设计

根据项目需要，包含智能交通设计内容。

1.4.12 排水工程设计

包括雨水口布置及道路路面、路基排水（边沟、急流槽等）、盲沟、降水等措施。

1.4.13 照明工程设计

包括功能性照明的设计范围、设计依据、设计标准、电源负荷等级、电源及供配电方式、照明光源及照明方式、路灯控制方式、节能措施、电缆敷设及防雷接地等。

1.4.14 绿化景观工程设计

1.4.15 环境保护设计

包括隔声降噪、水土保持设计等。

1.4.16 低碳节能设计

包括低碳节能材料、固废资源化利用、工艺技术等。

1.4.17 海绵设施设计

包括设计概述（设计范围、目标及原则）、控制要求、设计方案及相关设施设计、监测设计和验收。

1.4.18 危大工程（如有）

包括设计概述（"危大工程"具体范围及内容、列出"危大工程"清单）、编制依据，详述涉及"危大工程"的重点部位和环节，提出保障工程周边环境安全和工程施工安全的意见（必要时进行专项设计）、"危大工程"监测（如有）。

1.4.19 施工导改方案（如有）

1.4.20 其他设计情况

防灾减灾、抵御自然灾害和抗震设防的设计内容。

1.4.21 采用新技术、新材料、新设备及新工艺等情况

1.4.22 需要特殊说明的问题

1.5　施工注意事项

1）施工前准备工作，包括拆迁、征地、迁移障碍物等；

2）管线升降、挪移、加固、预埋与其他市政管线的协调配合；

3）新技术、新材料等的施工方法及特殊路段或构筑物的做法和要求；

4）重要或有危险性的现况地下管线（电力、电信、燃气等应有准确位置和高程），施工时应注意的事项；

5）对施工的特殊要求。

2　施工图预算

见本规定"投资估算、经济评价和概预算"相关章节。

3　材料用量表

4 设计图表

4.1 道路工程

4.1.1 工程地理位置示意图

4.1.2 平面总体设计图

比例 1：2000～1：10000，内容同初步设计要求。

4.1.3 工程数量汇总表

4.1.4 定线设计图，直线、曲线及转角表

4.1.5 逐桩坐标表（可省略）

4.1.6 平面设计图

比例 1：500～1：1000，包括规划道路中线与施工中线坐标、平曲线要素、机动车道、辅路（非机动车道）、人行道（路肩）及道路各部分尺寸、超高加宽、公共汽车停靠站、快速公交专用道、快速公交车站、人行通道或人行天桥位置尺寸，道路与沿线相交道路及建筑进出口的处理方式，桥隧、立交的平面布置与尺寸，各种杆、管线和附属构筑物的位置和尺寸，拆迁房屋、挪移杆线、征地范围等。

4.1.7 纵断面设计图

比例纵向 1：50～1：100，横向 1：500～1：1000，包括设计路面高程，交叉道路、新建桥隧中线位置及高程，边沟纵断面设计线、坡度及变坡点高程，有关交叉管线位置、尺寸及高程、竖曲线及其参数等，立交设计应绘制匝道纵断面设计图。

4.1.8 横断面设计图

比例 1：100～1：200，应示出规划道路横断面图、设计横断面图（路口、不同路段和立交各部分）、现状路横断面图及相互关系，大填大挖方路基设计，地上杆线、地下管线位置，特殊横断面及边沟设计、路拱曲线大样图等。

4.1.9 交叉设计图

设计平面（地形）大样图比例 1：200～1：500，标示出平面各部详细尺寸，设计等高线及方格点高程，公交车站和停车场位置，中央岛、方向岛、绿化、雨水口和各种管线、交通设施（附属用房、照明灯杆、护栏、标志牌等）的位置及尺寸、附属构筑物的位置和尺寸，人行道铺装范围和路面结构（标示出新建、加固、刨除的范围），拆迁、征地范围，立交相应的服务设施等。

4.1.10 行人和非机动车交通设计图

包括行人交通设施设计、过街设施设计、非机动车道及专用路设计。

4.1.11 无障碍设计图

包括路段、路口、公交站、快速公交车站等位置的主要尺寸、数量等。

4.1.12 公交车站设计图（如有）

包括公交车站的站台长度、宽度、加减速段长度等主要尺寸。

4.1.13 路面结构设计图

包括路面结构组合（含公交站、路口等）、路缘石等大样，构造大样及分块大样，新老路面衔接设计等。

4.1.14 路面工程数量表

包括机动车道、非机动车道、人行步道或公共停车场、广场各结构层数量及路缘石数量等。

4.1.15 路基设计图

比例 1∶100～1∶500，包括一般路基和特殊路基。

特殊路基包括位于特殊岩土地段、不良地质地段或高填、深挖或其性能受自然因素影响强烈的路基，与相邻路基存在显著刚度差异、桥涵台背、桥梁承台周边、路基填挖交界、新旧路基衔接等特殊位置的路基，需要进行处理，绘制处理方案设计图。

4.1.16 特殊路基设计工程数量表

包括设计范围、深度、处理措施及数量。

4.1.17 路基防护与支挡设计图

包括路基边坡防护、加固、支挡（挡墙）的一般设计图，比例 1∶50～1∶200。

4.1.18 路基防护与支挡设计工程数量表

包括按不同高度、坡率等列出每延米工程、材料数量表。

4.1.19 道路附属设施设计图

包括台阶、树池边框、坡道、阻车桩等及人行步道铺装设计图。

4.1.20 交通安全设施及交通管理设施设计图

包括交通标志、标线、防护设施（护栏、分隔设施）等设计图，信号灯、监控设施布置图，智能交通设计图等。

4.1.21 排水及海绵设施设计图

1）雨水口布置及雨水管涵设计图（中小桥、排水泵站另行设计）。

2）海绵设施服务范围图、设施平面布置图、设施构造图等。

4.1.22 其他有关标准图、通用图等

4.1.23 照明工程设计图

包括道路照明平面图、照明横断面图、供配电系统图等。

4.1.24 桥隧、绿化景观等工程详见有关专业设计图

4.1.25 "危大工程"处置图（如有）

包含"危大工程"平面布置图、周边环境平面（剖面）图、节点详图、措施布置图等。

4.1.26 施工交通导改图

4.2 广场、公共停车场工程

4.2.1 工程地理位置示意图

4.2.2 工程数量汇总表

4.2.3 平面设计图

4.2.4 交通组织设计图

4.2.5 竖向设计图

4.2.6 路基路面设计图

4.2.7 交通安全设施及交通管理设施设计图

4.2.8 其他工程详见有关专业设计图

4.3 快速公交（BRT）工程

4.3.1 工程地理位置示意图

4.3.2 平面总体设计图

比例 1：2000～1：10000，内容同初步设计要求。

4.3.3 工程数量汇总表

4.3.4 道路工程设计图（参见本章"4.1 道路工程中 4.1.4～4.1.23"）

4.3.5 公交车站设计图

包括公交车站的站台长度、站台宽度、停车道宽度、停车道长度等主要尺寸。

4.3.6 停车场（含保养基地及运营中心）设计

包括总体布置、出入口、交通流线、相关附属工程等，主要工程设计数量表。

4.3.7 电气工程设计图

1）智能及监控系统工程设计

包括运营调度、乘客信息服务、路口公交优先信号申请、车站安全门、自动收费、数字广播、图像监控、运营安全与服务管理等，给出主要工程设计数量表。

2）系统供配电设计

包括系统供配电设计图、主要设备工程量等。

3）调度与控制系统

包括运营调度、信号控制、乘客信息服务、车辆定位等系统，给出主要工程设计数量表。

4）运营设备系统

包括供配电、通信、站台屏蔽门、自动售检票系统及其他设备，给出主要设备工程数量表。

4.3.8 桥隧、绿化景观等其他工程详见有关专业设计图

4.3.9 "危大工程"处置图（如有）

4.3.10 施工交通导改图（如有）

4.4 城市综合客运交通枢纽道路交通工程

4.4.1 地理位置示意图

4.4.2 平面总体布置图

4.4.3 工程数量汇总表

4.4.4 道路交通系统布置图

比例 1：500～1：1000，枢纽核心区各类交通配套设施的平面布置、中线、边线详细尺寸、施工放样坐标，包括进出场道路、匝道布置、落客平台、公交、出租车上下客区域，以及停、蓄车场进出道路等核心区地面道路等；与枢纽外围的集疏运系统的衔接，包括外围高快速道路、立交节点、主要干线道路等交通设施，以及相关轨道交通、捷运、中运量等；枢纽内主要建（构）筑物位置等。

4.4.5 道路工程设计图（参照本章"4.1 道路工程中 4.1.4～4.1.23"）

4.4.6 其他工程设计图

包括建筑、桥梁、隧道、排水、照明、绿化景观等。

4.4.7 "危大工程"处置图（如有）

4.4.8 施工交通导改图（如有）

第四篇 桥梁工程

第一章 桥梁工程可行性研究报告文件编制深度

说明： 本章节适用于独立立项的新建和改扩建桥梁建设项目。对于非独立立项的桥梁建设项目，编制办法按本规定"道路交通工程"章节执行，其中的桥梁工程内容按本章执行。

1 概述

简述工程建设项目的内容、提出的背景、建设的必要性、技术可行性、实施可行性和项目建设的经济意义，简述研究的工作过程。

1.1 项目概况

项目全称及简称。概述项目建设目标和任务、建设地点、建设内容和规模、建设工期、投资规模、资金来源及性质、建设模式、主要技术经济指标、绩效目标等。

1.2 项目单位概况

简述项目单位基本情况。拟新组建项目法人的，简述项目法人组建方案。对于政府资本金注入项目，简述项目法人基本信息、投资人（或者股东）构成及政府出资人代表等情况。

1.3 编制依据

1.3.1 工程建设主管部门批准的项目建议书（预可行性研究）及有关文件

1.3.2 工程项目的委托合同书

1.3.3 城市总体规划及相关的专业系统规划

相关的专业系统包括道路、城市轨道交通线网、航道、水利、防洪、环保、重要管线等。

1.4 主要研究内容和研究过程

1.4.1 研究范围及内容

1.4.2 研究过程

1.5 对项目建议书（预可行性研究）批复的执行情况

1.6 主要研究结论

1.6.1 交通量预测

1.6.2 技术标准

1.6.3 总体方案

包括路线起终点、线位走向、主要控制点、建设规模、工程设计方案等。

1.6.4 投资估算、资金筹措及工期安排

1.6.5 经济评价

1.6.6 土地利用、工程环境、节能及社会影响评价等

1.7 问题与建议

2 项目建设背景和必要性

2.1 项目建设背景

简述项目立项背景、项目用地预审和规划选址等行政审批手续办理和其他前期工作进展。

2.2 规划政策符合性

阐述项目与经济社会发展规划、区域规划、专项规划、国土空间规划等重大规划的衔接性，与扩大内需、共同富裕、乡村振兴、科技创新、节能减排、碳达峰碳中和、国家安全和应急管理等重大政策目标的符合性。

2.3 项目建设必要性

从重大战略和规划、产业政策、经济社会发展等层面，综合论证项目建设的必要性和建设时机的适当性。

3 项目需求分析与产出

3.1 需求分析

主要包括现状交通调查与分析、交通预测方法、交通预测内容及结论。

3.2 功能定位

在项目需求分析基础上，研究提出拟建项目功能定位。

3.3 建设内容和规模

结合项目建设目标和功能定位，论证拟建项目总体布局、主要建设内容及规模、确定建设标准。

3.4　项目产出方案

主要包括项目近期和远期应达到的服务能力及其服务水平评价。

4　项目选址与要素保障

4.1　项目选址或选线

包括建设项目起终点论证及线位方案比选。

4.2　项目建设条件

4.2.1　自然环境条件

包括地形地貌、工程地质、气候、水文、地震、航道、泥沙、防洪等。

4.2.2　交通运输条件

主要包括铁路、公路、港口、机场、管道等。

4.2.3　公用工程条件

主要包括周边市政道路、水、电、气、热、消防和通信等。

4.2.4　施工条件、生活配套设施条件和公共服务依托条件

简述工程建设相关施工条件、生活配套设施条件和公共服务依托条件等。

4.2.5　现有工程适用状况条件

对于改扩建项目，应对现有工程适用状况进行调查、分析和评价。

4.3　要素保障分析

4.3.1　土地要素保障

分析拟建项目相关的国土空间规划、土地利用年度计划、建设用地指标等土地要素保障条件，评价用地规模和功能分区的合理性；说明拟建项目总体用地情况；涉及耕地、园地、林地、草地等农用地转为建设用地的情况，应说明转用指标落实、转用审批手续办理安排及耕地占补平衡的落实情况；涉及占用永久基本农田的情况，应说明永久基本农田占用补划情况；含地质灾害危险性评价、建设项目压覆重要矿产资源评估、水土保持方案、涉及生态保护红线等。

4.3.2　资源环境要素保障

分析拟建项目水资源、能源、大气环境、生态等承载能力及其保障条件；含自然保护区、水源保护区、文物保护、树木保护、节能评估、环境影响评价、通航条件影响评价、穿越重要设施或邻近建（构）筑物安全论证等。

4.3.3　其他要素保障

主要包括社会稳定风险分析和评估、防洪影响评价等。

5 项目建设方案

5.1 工程方案

5.1.1 技术标准

1）设计标准、规范和规程

2）主要技术标准

拟采用的道路等级、设计基准期、设计工作年限、设计速度、车道数及路基宽度、桥梁宽度、道路净空、荷载标准、设计安全等级、抗震设防标准、抗风设防标准、通航标准、设计洪水频率等。

对于改扩建工程，应明确新旧结构设计标准。

5.1.2 总体设计思路与原则

5.1.3 总体设计

1）桥梁总体布置

2）桥梁横断面布置

3）桥梁纵断面设计

5.1.4 桥型方案设计

1）主桥

对于特大桥和特殊结构桥梁，应综合考虑建设条件、环境影响、经济性、土地占用、景观、结构性能、施工等方面因素，进行多方案同深度比选。

2）引桥、匝道、高架桥

对于工程量大的项目应进行多方案同深度比选，对于中、小桥梁可进行定性比选。

3）改扩建桥梁

对于改扩建桥梁应根据技术状况评定成果，进行保留、利用、拆除、新建等多方案比选。

4）桥梁建筑及景观设计

根据项目需求结合环境、地方文化等开展桥梁建筑及景观方案比选。

5）耐久性设计

5.1.5 道路工程

参见本规定"道路交通工程"相关要求。

5.1.6 附属工程

包括照明、排水、交通安全、景观绿化、驳岸工程、防撞设施、供电、消防、监控、通信设施等。

5.2　工程项目筹划及交通组织

提出项目建设工期、项目建设主要时间节点的时序性安排，提出建设期交通组织方案。

5.3　桥梁的养护与管理

根据不同地区条件、不同结构形式和作业空间提出相应的养护与管理策略。

5.4　拟开展的主要科研项目

5.5　数字化方案

参见本规定"总则"第5条。

5.6　建设管理方案

对于确定了执行主体的建设项目，结合项目执行主体的需求，提出项目建设管理方案。参见本规定"总则"第5条。

6　项目运营方案

参见本规定"总则"第5条。

其中关键绩效目标和评价指标体系参照表4-1执行。

关键绩效目标和评价指标体系 表4-1

总体目标				
	一级指标	二级指标	三级指标	指标值
绩效指标	产出指标	数量指标	机动车交通量（远期）	
			建设规模	
			主线车速	
		质量指标	建设标准	
		时效指标	建设周期	
			服务年限	
	效益指标	社会效益指标	通行效率	
		生态效益指标	缩短绕行距离	
			缩短绕行时间	
	满意度指标	服务对象满意度指标	工程实施必要性	
			工程实施性价比	
			路段服务水平	

7 项目投融资与财务方案

7.1 投资估算

见本规定"投资估算、经济评价和概预算"的相关章节。

7.2 融资方案（如有）

研究提出项目拟采用的融资方案，包括权益性融资和债务性融资，分析融资结构和资金成本。

7.3 债务清偿能力分析（如有）

对于使用债务融资的项目，明确债务清偿测算依据和还本付息资金来源，分析利息备付率、偿债备付率等指标，评价项目债务清偿能力，以及是否增加当地政府财政支出负担、引发地方政府隐性债务风险等情况。

7.4 财务可持续性分析（如有）

对于政府资本金注入项目，编制财务计划现金流量表，计算各年净现金流量和累计盈余资金，判断拟建项目是否有足够的净现金流量维持正常运营。

8 项目影响效果分析

参见本规定"总则"第 5 条。

9 项目风险管控方案

9.1 风险识别与评价

9.2 风险管控方案

9.3 风险应急预案

10 研究结论及建议

10.1 主要研究结论

从建设必要性、要素保障性、工程可行性、运营有效性、财务合理性、影响可持续性、风险可控性等维度分别简述项目可行性研究结论，评价项目在经济、社会、环境等各方面的效果和风险，提出项目是否可行的研究结论。

10.2 问题与建议

针对项目需要重点关注和进一步研究解决的问题，提出相关建议。

11　附件和附图

11.1　附件

项目审批需要的各类批件和附件。如相关审查意见、会议纪要、地方意见、部门意见等。

11.2　附图

11.2.1　地理位置图

11.2.2　路线平、纵缩图

11.2.3　路线纵断面图

11.2.4　桥位平面图

11.2.5　总体布置图

应示出立面图、平面图、横断面图。

11.2.6　结构方案图

对于单孔跨径大于150m的特大桥、缆索承重桥梁及其他特殊结构桥梁应给出结构方案图。

11.2.7　施工工艺示意图

特大桥、复杂结构及复杂建设条件下的桥梁应给出施工工艺示意图。

11.2.8　设计委托或合同要求的效果图等

第二章　桥梁工程初步设计文件编制深度

说明：本章节适用于独立立项的新建和改扩建桥梁建设项目。对于非独立立项的桥梁建设项目，编制办法按本规定"道路交通工程"章节执行，其中的桥梁工程内容按本章执行。

1　设计说明书

1.1　项目地理位置图

1.2　概述

1.2.1　设计依据

包括委托设计合同、工程可行性研究报告及批复、与工程相关的专项研究报告（防洪、通航、环境、水利、地震评价等）及批复，以及其他相关文件。

1.2.2　工程概况

1）工程位置、范围和规模

2）对可行性研究报告评审及批复意见的执行情况

如标准、规模有重大变化，应予以论证并履行报批手续。

3）测设经过及设计过程简述

4）工程建设的计划安排

1.2.3　建设条件及基础资料

1）设计基础资料的采集情况

2）项目区域内城镇及路网的现状、规划情况

3）地形、地貌

4）气象

5）水文及河床稳定性分析与评价

6）工程地质和水文地质

7）地震

8）航运

9）航空限高

10）防洪

11）工程沿线环境敏感区（点）重要设施的分布及项目建设的影响

包括自然生态、水资源、文物等保护区，电力、通信、学校、医院、军用设施等。

12）项目区域内公路、铁路、轨道交通、市政道路、航空、码头、管道管线、其他建筑物等情况及对项目的影响

13）建筑材料供应、运输情况等

14）现状桥梁的技术状况调查与评价分析

针对改扩建桥梁，应遵循客观、科学的原则，对工程范围内的道路桥梁技术状况进行全面准确的调查、检测与评价。

1.3　设计标准

1.3.1　设计标准、规范和规程

1.3.2　主要技术标准

分专业论述技术标准，包括道路等级、设计速度、设计基准期、设计工作年限、道路线形标准、桥梁净空、桥梁横断面、设计荷载、设计洪水频率及水位、设计通航标准、抗震设防标准、抗风设计标准、船舶撞击力标准等，必要时应说明选用标准的依据和理由。

1.4　专题研究

1）概述开展的专题研究工作项目、承担单位等情况。包括与建设条件相关的专题

研究，以及结构性能和关键节点研究、结构抗风研究、结构抗震研究等。

2）简述各项专题研究工作的研究目的、主要研究内容、结论性成果及其在设计中的应用情况。

1.5　总体方案设计

1）设计指导思想及总体设计原则

根据对项目建设条件及主要控制因素的综合分析，阐述项目设计指导思想及设计原则，体现全寿命周期建设理念。

2）桥位路线、起终点

3）平面总体设计方案

4）纵断面总体设计方案

5）桥梁及路基横断面总体设计方案

6）桥跨布置与桥型方案总体构思

1.6　桥梁工程设计

1.6.1　专业设计原则

1.6.2　主桥

1）桥型方案

不同桥型方案的主要特点，通航孔布置、桥墩位置及对建设条件的适应性和影响分析；全桥结构支承（约束）体系、总体设计计算参数、各部分总体结构形式及构造尺寸、结构总体受力性能、抗震性能、抗风稳定性、施工技术可行性、经济性等方面的构思。

2）结构设计

桥梁总体布置。

主梁采用的主要材料，结构形式及纵、横向布置，整体构造尺寸，各部结构设计方案及主要构造尺寸等。

主塔采用的主要材料，塔身整体结构形式及造型，基础结构设计方案，整体构造尺寸，各部分结构设计方案及主要构造尺寸等。

悬索桥锚碇或自锚式悬索桥的主缆锚固区采用的材料，整体结构形式及造型，整体构造尺寸，各部分结构设计方案及主要构造尺寸等；悬索桥主缆、吊索及索夹、主索鞍座、散索鞍座、散索夹、中央扣等采用的主要材料，吊索索距，各部分结构形式及类型，各部分主要构造尺寸，主缆索股锚固结构设计方案及主要构造尺寸，吊索两端锚固结构设计方案及主要构造尺寸，吊索减振措施等；主缆及吊索等的防腐设计。

斜拉桥斜拉索采用的主要材料、索距、结构形式及类型、构造尺寸、两端锚固结构设计方案和主要构造尺寸、减振措施等。

拱桥拱肋采用的主要材料、结构形式、整体构造尺寸、各部分结构设计方案及主要构造尺寸等；拱桥吊索、系杆等采用的主要材料，吊索索距，各部分结构形式及类型，各部分主要构造尺寸，吊索两端锚固结构设计方案及主要构造尺寸，吊索减振措施等。

过渡墩、辅助墩、边墩等墩身及基础的结构设计方案及主要构造尺寸。

3）结构计算分析

桥梁总体静力分析、抗风抗震分析、防船撞分析、稳定性分析等。主要受力构件初步验算，列出主要计算结果和分析结论。

4）桥型方案比较

对建设条件的适应性、建设规模、方案可行性、技术成熟性、抗风稳定性、抗震安全性、结构受力性能、景观、环保、安全风险性、施工方案、工期、耐久性、管理养护、全寿命周期成本等方面进行综合分析比较，提出推荐方案。

1.6.3 引桥、匝道、高架桥

1）桥型方案

不同桥型方案的主要特点，对建设条件的适应性和影响分析；结构体系及整体构造尺寸、结构受力、施工方案、经济性等方面的论述。

2）结构设计

结构体系，主要材料，结构形式及纵、横向布置，桥面系，总体构造尺寸，各部分结构设计方案及主要构造尺寸等。

对于中小跨径桥梁可仅针对推荐方案开展结构设计。

3）结构计算分析

主要受力构件初步验算，列出主要计算结果和分析结论。

4）桥型方案比较

对建设条件的适应性、结构受力、景观、环保、耐久性、管理养护、风险、施工、工期、全寿命周期成本等方面进行综合分析比较，提出推荐方案。对于改扩建桥梁还应增加加固维修及耐久性设计方案等比较。

1.6.4 结构耐久性设计

1.6.5 桥梁抗震、抗风设计

根据项目的实际情况和需要开展。

1.6.6 桥梁附属结构设计

包括桥梁伸缩缝、支座、护栏、桥面排水、铺装等。

1.7 引道工程设计

1.7.1 引道工程的设计范围

1.7.2　引道工程的平、纵、横设计

1.7.3　路基、路面结构设计

1.7.4　挡土墙设计

1.7.5　地基处理

1.8　附属工程设计

1.8.1　安全设施设计

包括防眩设施、防护网、防雷设施、航空警示设施、桥墩防撞及导航设施等。

1.8.2　排水工程设计

1.8.3　驳岸工程设计

1.8.4　电气工程设计

1.8.5　监控工程设计

1）道路监控

2）桥梁健康监测

按需进行结构健康监测的桥梁。

1.8.6　景观工程设计

1.8.7　梯坡道及无障碍系统设计

1.8.8　过桥管位设计

1.8.9　管理与服务设施设计

1.9　指导性施工方案

说明实施方案的指导性施工组织设计、施工工艺、施工监控、进度安排等。

1.10　桥梁的养护与管理

根据不同地区条件、不同结构形式提出相应的养护与管理方案。

1.11　安全风险评估

应结合建设条件、结构方案、施工方案及设备、运营管理等方面内容进行安全风险评估。

1.12　环境保护与节能

1.13　新技术、新材料、新设备、新工艺的应用

1.14　工程实施拟开展的相关科研项目

1.15　问题与建议

2 设计概算

参见本规定"投资估算、经济评价和概预算"的相关要求。

3 主要工程数量、材料及设备表

4 附件

4.1 重要的设计依据文件及相关协议和纪要

4.2 主要基础资料及专题研究成果

4.2.1 平面控制测量、高程控制测量资料

4.2.2 地质初步勘察资料

4.2.3 水文调查及计算与试验等资料

4.2.4 原有桥涵检测与评价等资料

4.2.5 地震安全性评价报告

4.2.6 抗震性能研究报告

4.2.7 抗风性能研究报告

4.2.8 环境影响评价报告

4.2.9 水土保持方案报告

4.2.10 其他专题研究成果资料

以上各项根据项目的实际情况和需要开展。

5 设计图纸

5.1 桥位地理位置图

5.2 全桥平、纵缩图

5.3 桥位平面图

5.4 桥位工程地质平面图、纵断面图

标示出钻孔位置、深度及各层土分界线（适用于地质特殊复杂的大桥）。可将地质剖面图及平面图与桥型布置图结合绘制。

5.5 桥型布置图

1）给出推荐方案与比较方案的立面、平面、横断面。

2）标示出工程范围道路或河床断面、地质分界线、特征水位、道路净高、通航净

空、墩台基础等埋置深度、桩号、控制点坐标、主要调治构筑物和防护工程、桥面纵横坡等。

3）当为弯桥或斜桥时，应标示出桥轴线半径、水流方向及斜交角度。

5.6　支承体系布置

特大桥、复杂结构桥梁应绘制支承体系布置图。

5.7　主要结构构造图

1）标示出桥梁各主要结构的布置及构造尺寸，并列出材料数量。

2）对于建设条件复杂、结构复杂、对全桥技术经济影响较大的主要结构，应进行多方案同深度设计，相应标示出构造尺寸，并列出材料数量。

3）对于配置预应力钢束的结构，标示出主要结构的预应力布置及尺寸，并列出相应材料数量。

4）钢筋混凝土结构，标示出主要构件配筋断面图，并列出相应材料数量。

5）钢结构应标示出主要结构布置及关键截面布置及尺寸，并列出相应材料数量。

5.8　桥梁附属结构

防船撞设施结构图、护栏结构图等。

5.9　指导性施工方案

特大桥、复杂结构及复杂建设条件下的桥梁应绘制施工流程示意图。复杂建设条件下给出施工期间交通组织方案图。

第三章　桥梁工程施工图设计文件编制深度

1　桥梁工程设计说明书

1.1　概述

1.1.1　项目地理位置及主要功能

1.1.2　主要测设经过

1.1.3　初步设计评审及批复意见的执行情况

1.2　设计依据、范围及内容

1.2.1　设计依据

1.2.2　设计范围

1.2.3 设计内容

1.2.4 设计文件组成

1.3 设计标准、规范和规程

1.4 主要技术标准

1.5 建设条件及基础资料

1.6 主要材料

1.7 主要计算参数选取

1.8 结构设计

1.8.1 上部结构设计

1.8.2 下部结构设计

1.8.3 附属结构设计

1.9 耐久性设计

1.9.1 混凝土结构

1.9.2 钢结构

1.9.3 附属及维护设施

1.10 新技术、新材料、新设备、新工艺应用

1.11 施工要求

1.12 危险性较大的分部分项工程

明确涉及"危大工程"的重点部位和环节，给出保障周边环境与构筑物安全和工程施工安全的意见。必要时进行专项设计，提出监测要求。

1.13 施工监控要求

根据项目的实际情况和需要开展。

1.14 施工质量验收标准

1.15 运营期管理养护与监测要求

2 施工图预算

参见本规定"投资估算、经济评价和概预算"的相关要求。

3 工程数量和材料用量表

4 设计图纸

4.1 桥位平面图

包括桥梁平面布置、桥位附件地形、河流流向、桥头接线、调治构筑物、相关管线、防护工程等。注明尺寸单位、中线桩号、高程系统、坐标系统等。

4.2 桥位工程地质平面图、纵断面图

示出钻孔位置、深度及各层土分界线（适用于地质特殊复杂的大桥）。可将地质剖面图及平面图与桥型总体布置图结合绘制。

4.3 桥型总体布置图

包括立面、平面、横断面，标示出桥梁主要结构控制尺寸（桥梁全长、跨度、桥宽、桥高、基础、墩台、梁等），各主要部位标高（基础底、顶面、墩台的顶面、河道位置梁底、设计道路中心线或桥面中心等处），坡度（桥面纵坡、车行道、人行道的横坡），河床断面、水流方向、冲刷深度、特征水位、地质剖面，弯桥、斜桥应标示出桥梁轴线半径、斜交角度，注明尺寸单位、中线桩号、水准基点（必要时）、高程系统、坐标系统、荷载等级、航道标准、地震烈度。

4.4 上部结构设计图

1）对于预应力结构（构件），在结构一般构造轮廓图中绘出预应力布置的立面、平面、横断面图，线形较复杂的应给出预应力线形参数及坐标表，并示出预应力编号、规格、张拉次序，列出单根长度、数量及质量、预应力管道规格及尺寸等。标示出预应力配套构造（锚固、定位、防护，对体外束还包括转束、减振、防腐等）的详细构造及尺寸，并列出相应材料数量。主要预应力结构（构件）包括：预应力梁、悬索桥主缆预应力锚固系统、索塔预应力横梁、索塔预应力锚固及其他预应力构件等。

2）对于钢筋混凝土结构（构件），绘出钢筋布置及构造图，标示出钢筋编号、规格、布置间距及根数，在钢筋明细表中列出钢筋编号、规格、每根长、根数、总长、质量。在数量表中按照种类与不同规格给出主要材料的小计与合计数量。

3）对于钢结构（构件），标示出钢结构构造，包括整体结构布置、连接细部（如焊缝、螺栓连接）、板件人样图等。整体结构布置包括结构物立面、平面、侧面图，图

中应标示出各板件的编号、名称、尺寸标注。标示出连接细部构造，包括焊缝类型及尺寸，并绘出主要工艺要求、螺栓的规格等，板件大样图应给出板厚、尺寸、质量等。材料明细表中给出编号、规格、件数、单件质量、总质量等。

4）此外必要时应给出结构（构件）的成桥线形图和预拱度。

4.5 下部结构设计图

包括墩柱、桥台及基础的平面、立面布置图，构造尺寸图及配筋图、大样图，并附工程数量表。各类型结构（构件）具体要求同上部结构。

4.6 全桥约束系统布置图

4.7 指导性施工流程示意图

根据项目的实际情况和需要绘制。

4.8 附属结构构造图

标示出主桥附属结构的布置及详细构造尺寸，并列出相应材料数量。主要包括：支座、桥面排水系统、栏杆及防撞护栏、人行道、人行梯道、声屏障、各种过桥管线布置及养护维修设施、阻尼装置、限位装置、伸缩装置、桥墩防撞、桥梁相关无障碍设施等。

4.9 道路、电气、绿化景观、排水等工程详见有关专业设计图

5 主要基础资料

5.1 地质详细勘察资料

5.2 专题研究成果等其他资料

第五篇　隧道工程

第一章　隧道工程可行性研究报告文件编制深度

说明：本章节适用于独立立项的新建和改扩建隧道建设项目。对于非独立立项的隧道建设项目，编制办法按本规定"道路交通工程"章节执行，其中的"隧道工程"内容按本章执行。

1　概述

1.1　项目概况

主要包括项目全称及简称，项目建设目标和任务、建设地点，建设内容和规模、建设工期、投资规模和资金来源、建设模式、主要技术经济指标等。

1.2　项目单位概况

简述项目单位基本情况。拟新组建项目法人的，简述项目法人组建方案。对于政府资本金注入项目，简述项目法人基本信息、投资人（或者股东）构成及政府出资人代表等情况。

1.3　编制依据

主要包括项目建议书（或项目建设规划）及其批复文件、国家和地方有关支持性规划（国土空间、生态系统保护、农业空间、历史文化保护、公共服务设施、综合交通、市政基础设施、矿产资源、土地使用、道路交通、综合防灾减灾、地下空间、水运、水利、环保、重要管线、限建区等规划文件）、产业政策和行业准入条件、主要标准规范、专题研究成果及其他依据。

1.4　项目建议书（或项目建设规划）批复意见及执行情况

1.5　主要结论和建议

简述项目可行性研究的主要结论和建议。

2 项目建设背景和必要性

2.1 项目建设背景

简述项目背景、建设项目用地预审与选址、环境影响评价、文物保护、矿产压覆、水土保持、地震安全性评价、地质灾害评价等行政审批手续办理和其他前期工作进展。

2.2 规划政策符合性

主要包括项目与研究区域社会经济发展规划、区域规划、区域道路交通规划、国土空间规划、综合防灾减灾及其他重大设施规划（包括路网、铁路、轨道交通、水运、重大市政管线等基础设施、地块开发等）的衔接性，与扩大内需、科技创新、节能减排等重大政策目标的符合性。

2.3 项目建设必要性

从重大战略和规划、产业政策、经济社会发展等层面，综合论证项目建设的必要性和建设时机的适当性。

3 项目需求分析

3.1 需求分析

主要包括现状交通调查与分析、交通预测方法、交通预测内容及结论。

3.2 功能定位

在项目需求分析基础上，研究提出拟建项目功能定位。

3.3 建设内容和规模

结合项目建设目标和功能定位，论证拟建项目总体布局、主要建设内容及规模，确定建设标准。

3.4 项目产出方案

主要包括项目近期和远期应达到的服务能力及其服务水平评价。

4 项目选址与要素保障

4.1 项目选址或选线

多方案比较，选择项目场址或线路方案，确定拟建项目场址或线路的土地权属、供地方式、土地利用状况、矿产压覆、占用耕地和永久基本农田、涉及生态保护红线、地质灾害危险性评估等情况。

4.2　项目建设条件

4.2.1　自然环境条件

主要包括地形、地貌、气象、水文及河势演变（如有）、工程地质和水文地质、地震等。

4.2.2　交通运输条件

主要包括铁路、公路、港口、机场、管道等。

4.2.3　公用工程条件

主要包括周边市政道路、水、电、气、热、消防和通信等。

4.2.4　施工条件、生活配套设施条件和公共服务依托条件

简述工程建设相关施工条件、生活配套设施条件和公共服务依托条件等。

4.2.5　改扩建和利用方案（如有）

分析道路现状条件，提出改扩建和利用方案。

4.3　要素保障分析

4.3.1　土地要素保障

参见本规定"总则"第 5 条。

4.3.2　资源环境要素保障

分析拟建项目水资源、能源、大气环境、生态等承载能力及其保障条件；含工程沿线建（构）筑物情况、航道、航运、水工和岸线建筑、自然保护区、水源保护区、文物保护、树木保护、节能评估、环境影响评价、通航条件影响评价（如有）、穿越重要设施或邻近建（构）筑物安全论证等。

4.3.3　其他要素保障（如有）

主要包括社会稳定风险分析和评估、防洪影响评价等。

5　项目建设方案

5.1　总体方案

结合工程建设条件，对项目线路方案、接线方案、总体布置、实施工法作分析比较；包括路线交叉和疏解、交通组织和评价。

5.2　设备方案

提出所需主要设备［施工机械设备或营运阶段所需特殊机电设备（如有）］的规格、数量、性能参数、来源和价格，论述设备与技术的匹配性和可靠性、设备对工程方案的设计技术需求，提出关键设备推荐方案。

5.3 工程方案

5.3.1 主要技术标准

主要包括道路等级、设计速度、隧道线形指标、隧道建筑限界、设计荷载、抗震设防、建筑防火、防灾、人防、结构设计工作年限、结构抗浮、防水、耐久性、通风、给水排水、消防、照明与供配电、绿色、无障碍等设计标准及主要的标准选用说明。

5.3.2 工程总体布置

主要包括推荐方案的总体线位，平面、纵面及断面布置，总体布置方案，人行、车行横洞（如有）等相关内容。

5.3.3 隧道线路、道路

主要包括控制因素分析，线路平面、纵断面设计。

5.3.4 隧道建筑

主要包括隧道建筑总体布置、建筑限界、隧道横断面设计、隧道设备用房设计（包括变电所、消防泵房、雨水泵房、废水泵房、风机房等）、附属建（构）筑物设计（包括光过渡、风井、出入口、声屏障）等。

5.3.5 隧道结构

主要包括结构设计方案、结构设计参数、结构计算及抗浮验算等。如：盾构法隧道应包括衬砌环类型、衬砌分块、接缝构造、环宽等；顶管法隧道应包括管节类型、接缝构造、环宽等；沉管法隧道应包括管节长度、管节（或节段）划分、管节结构形式、管节（或节段）接头、基槽开挖、基础处理与回填覆盖、干坞和岸壁保护结构等；矿山法隧道应包括初期支护、二次衬砌、辅助性施工技术措施等；明挖法（围堰）隧道应包括支护结构、隧道结构、临时围堰（如有）等。

5.3.6 结构防水与耐久性

主要包括结构防水设计、混凝土结构耐久性设计技术要求和技术措施等。

5.3.7 隧道设备系统

1）通风系统主要包括设计参数选用、通风量计算、通风防排烟方式比选、通风排烟系统设计、主要设备材料表等。

2）给水排水和消防主要包括设计参数选用、给水系统、排水系统、消防系统、管材选用、主要设备材料表等。

3）照明系统主要包括光源与灯具选择、照明负荷统计、照明供配电系统、照明布置方式、电线电缆选择和敷设、主要设备材料表等。

4）供电系统主要包括设计范围、电气负荷分类及供电方案、主要设备材料表等。

5）监控系统主要包括系统组成、各分系统功能和构成方案、主要设备材料表等。

5.3.8　隧道路面

主要包括路面面层和基层结构设计。

5.3.9　沿线关键节点处理（如有）

主要包括与相邻工程节点平面、竖向位置关系，相应的设计方案及分析评估。

5.3.10　人防设计（如有）

主要包括建筑设计、结构设计、机电设备系统设计、平战功能转换设计。

5.3.11　接线道路工程

主要包括隧道两端接线道路和地面道路工程所涉及的道路、排水、桥梁、照明、电气和管线等工程，包括既有道路或桥梁改建或拆除重建等（如有）。参见本规定"道路交通工程"的相关章节。

5.3.12　附属工程

主要包括隧道营运和管理设施、隧道交通安全与管理设施等。

5.3.13　隧道防灾

主要包括交通安全设施、交通监控、灾害报警、通风排烟、安全疏散与救援、防灾供电与应急照明、消防给水与灭火、防淹防涝、应急通信等。

5.3.14　景观工程

主要包括隧道装修设计、隧道附属建（构）筑物景观设计、地面道路景观设计等。

5.4　用地用海征收补偿（安置）方案

参见本规定"总则"第5条。

5.5　数字化方案

参见本规定"总则"第5条。

5.6　建设管理方案

参见本规定"总则"第5条。

6　项目运营方案

6.1　运营模式选择

研究提出项目运营模式，确定自主运营管理还是委托第三方运营管理。

6.2　运营组织方案

说明项目组织机构设置方案和人力资源配置方案等。

6.3 安全保障方案

分析项目运营管理中存在的风险因素及危害程度，建立安全管理体系，提出劳动安全与卫生防范措施，制定项目安全应急管理预案。

6.4 绩效管理方案

简述项目绩效考核方案、奖惩机制等。绩效考核方案可参照城市道路管理条例、相关隧道运营养护管理手册及隧道养护技术规范等制定，包括日常运营管理、应急响应与处置、运营服务质量等评价指标。

7 项目投融资与财务方案

见本规定"投资估算、经济评价和概预算"的相关章节。

8 项目影响效果分析

8.1 经济影响分析

参见本规定"总则"第 5 条。

8.2 社会影响分析

参见本规定"总则"第 5 条。

8.3 生态环境影响分析

参见本规定"总则"第 5 条。

8.4 资源和能源利用效果分析

参见本规定"总则"第 5 条。

8.5 碳达峰碳中和分析

参见本规定"总则"第 5 条。

9 项目风险管控方案

9.1 风险识别与评价

识别项目全生命周期的主要风险因素，包括需求、建设、运营融资、财务、经济、社会、环境、网络与数据安全等方面，分析各风险发生的可能性、损失程度，以及风险承担主体的韧性或脆弱性，判断各风险后果的严重程度，研究确定项目面临的主要风险。

9.2　风险管控方案

结合项目特点和风险评价，有针对性地提出项目主要风险的防范和化解措施。

9.3　风险应急预案

对拟建项目可能发生的风险，研究制定重大风险应急预案，明确应急处置及应急演练要求等。

10　研究结论及建议

10.1　主要研究结论

从建设必要性、要素保障性、工程可行性、运营有效性、财务合理性、影响可持续性、风险可控性等维度分别简述项目可行性研究结论，评价项目在经济、社会、环境等各方面的效果和风险，提出项目是否可行的研究结论。

10.2　问题与建议

针对项目需要重点关注和进一步研究解决的问题，提出相关建议。

11　附件和附图

11.1　附件

项目审批需要的各类批件和附件。如项目建议书（或项目建设规划）及其批复文件、相关行政审批手续的批复文件及相关单位征求意见复函等。

11.2　附图

11.2.1　线路、总体

主要包括：工程地理位置图、隧道线位方案图、工程总体布置图、隧道平面设计图、隧道纵断面设计图、隧道标准横断面图、地面道路平面设计图、地面道路纵断面设计图、交通组织设计图等。

11.2.2　隧道建筑

主要包括：建筑总平面图，隧道横断面图，工作井平面、剖面图（如有），管理中心总平面图（如有）等。

11.2.3　隧道结构

1）盾构法隧道主要包括：衬砌圆环构造图，圆隧道内部结构图，工作井支护结构平面、剖面图，暗埋段、敞开段支护结构横剖面图，暗埋段、敞开段内部结构横剖面图等。

2）沉管法隧道主要包括：管节平面图，纵剖面图，横断面图，基槽浚挖平面、剖面图，基础横断面图，回填防护横断面图，岸壁保护平面、剖面图，干坞平面图，暗埋段、敞开段支护结构横剖面图，暗埋段、敞开段内部结构横剖面图等。

3）顶管法隧道主要包括：顶管段平面布置图、顶管段纵断面布置图、顶管管节模板图，工作井支护结构平面、剖面图，暗埋段、敞开段支护结构横剖面图，暗埋段、敞开段内部结构横剖面图等。

4）明挖法（围堰）隧道主要包括：暗埋段、敞开段支护结构横剖面图，暗埋段、敞开段内部结构横剖面图，围堰总平面图、围堰平面布置图、围堰剖面布置（如有）等。

5）矿山法隧道主要包括：衬砌断面图、洞门设计图、施工工艺图等。

11.2.4 机电系统

主要包括：隧道通风系统原理图，隧道通风平面、剖面图，隧道给水排水及消防总体布置示意图，供电系统主接线图，照明供电系统图（工程复杂或系统较大时），监控系统各分系统构成图。

第二章 隧道工程初步设计文件编制深度

说明：本章节适用于独立立项的新建和改扩建隧道建设项目；对于非独立立项的隧道建设项目，编制办法按本规定"道路交通工程"章节执行，其中的"隧道工程"内容按本章执行。

1 设计说明书

1.1 项目地理位置图

1.2 概述

1.2.1 设计依据

主要包括工程可行性研究报告及其批复文件、综合规划条件、与工程相关的专题研究报告等。

1.2.2 工程范围和设计内容

根据合同要求，结合上位规划与工程建设条件，简述工程设计范围和主要设计内容。

1.2.3 设计研究过程

主要包括初步设计研究过程中与规划、相关单位或部门协调研究的回顾。

1.2.4 对可行性研究报告批复意见和审查或评估意见的执行情况

若建设标准、规模有重大调整，应予以论证说明。

1.2.5　工程初步设计概述

主要包括设计方案、工程建设计划安排、投资概算和经济指标、问题与建议等。

1.3　工程建设条件

1.3.1　工程位置及自然条件

主要包括地形、地貌、周围景观环境、气象和水文等。

1.3.2　区域现状和规划

主要包括区域土地使用现状与规划，区域路网、区域道路交通现状与规划，周边相关工程（包括铁路、轨道交通、水运、重大市政管线等基础设施、地块开发）建设与规划情况等。

1.3.3　工程建设、环境条件

主要包括工程沿线建（构）筑物情况，工程地质和水文地质，建设场地及周边区域历史变化资料，场地地震效应，江河湖海水文和河势演变，航道、航运、水工和岸线建筑，防洪现状及规划，自然保护区、水源保护区，基本农田，文物保护，树木保护，河道、水系，与工程相关的路网、轨道交通等其他设施，管线及地下障碍物，建筑材料及运输条件等。

1.3.4　专题研究、评估意见及执行情况

主要包括如场地地震安全性评价、地质灾害危险性评价、防洪影响评价、通航条件影响评价（如有）；其余如社会稳定风险分析和评估、节能评估、环境影响评价、建设项目压覆重要矿产资源评估、文物保护评估、水土保持方案、穿越重要设施或邻近建（构）筑物的安全论证等专题（如有）。

1.4　设计原则、规范和主要技术标准

1.4.1　设计原则

包括各专业采用的主要设计原则。

1.4.2　采用的主要设计规范和标准

包括各专业采用的主要设计规范、规程和标准。

1.4.3　主要技术指标

主要包括道路等级、设计速度、隧道线形指标、隧道建筑限界、设计荷载、抗震设防、建筑防火、防灾、人防、结构设计工作年限、结构抗浮、防水、耐久性、通风、给水排水、消防、照明与供配电、绿色、无障碍等设计标准及主要的标准选用说明。

1.5 工程总体设计

1.5.1 工程方案比选

主要包括总体设计原则，综合各项技术条件进行方案比较，含线位方案比较、关键节点方案比较、隧道出入口与路线交叉方案比较等；通过技术经济论证，提出推荐方案。

1.5.2 推荐方案工程总体布置

主要包括推荐方案的总体线位、平纵及断面布置、总体布置方案。

1.5.3 交通组织设计与评价

主要包括区域交通组织、沿线主要交叉口布置及服务水平评价。

1.6 工程设计

1.6.1 隧道线路、道路设计

主要包括控制因素分析，线路平面、纵断面设计。

1.6.2 隧道建筑设计

主要包括隧道建筑总体布置、建筑限界、隧道横断面设计、盾构法（顶管法）隧道工作井设计或沉管法隧道衔接段设计、隧道设备用房设计（包括变电所、消防泵房、雨水泵房、废水泵房、风机房等）、隧道附属建（构）筑物（包括光过渡、风井、出入口、声屏障等）、隧道及其附属建（构）筑物装修设计。

1.6.3 隧道结构设计

主要包括结构设计方案及比选、结构设计参数、结构计算及抗浮验算、关键构造、结构抗震设计等。如：盾构法隧道应包括衬砌环类型、衬砌分块、接缝构造、拼装方式、环宽等；顶管法隧道应包括管节类型、接缝构造、拼装方式、环宽等；沉管法隧道应包括管节长度、管节（或节段）划分、管节结构形式、管节（或节段）接头、基槽开挖、基础处理与回填覆盖、最终接头、干坞和岸壁保护结构等；矿山法隧道应包括初期支护、二次衬砌、辅助性施工技术措施等；明挖法（围堰）隧道应包括支护结构、隧道结构、临时围堰（如有）等。

1.6.4 沿线关键节点处理

主要包括与相邻工程或重要建（构）筑物平面、竖向位置关系，相应的设计方案及影响分析评估，应采取的主要保护性技术措施及监测方案等。

1.6.5 结构防水、耐久性设计

主要包括结构防水设计、混凝土结构耐久性设计技术要求和技术措施等。

1.6.6 隧道通风设计

主要包括通风量计算，通风、防排烟方式比选，设备配置选型，电缆通道与安全通

道通风设计，系统控制及运行，通风节能与环保，主要设备材料表等。

1.6.7　隧道给水、排水和消防设计

主要包括隧道给水系统，废水、雨水系统，消防系统，消防设备控制要求，主要设备材料表等。

1.6.8　隧道照明设计

主要包括光源与灯具选择、照明负荷统计、照明供配电系统（含应急照明）、照明布置方式、照明控制、接地、电线电缆选择和敷设、照明节能、主要设备材料表等。

1.6.9　隧道供电设计

主要包括设计范围、电气负荷分级、电源及供电方案、变配电系统、设备控制及选择、变电所继电保护和信号、接地与防雷、负荷统计、电气节能与环保、主要设备材料表等。

1.6.10　隧道监控设计

主要包括系统组成、各分系统功能和构成方案、设备布置方案、监控机房设置方案、系统主要设计指标、主要设备材料表等。

1.6.11　隧道路面设计

主要包括路面面层和基层结构设计。

1.6.12　人防设计（如有）

主要包括建筑设计、结构设计、机电设备系统设计、平战功能转换设计。

1.7　接线道路工程

主要包括隧道两端接线道路和地面道路工程所涉及的道路、排水、桥涵、照明、电气和管线等工程，包括既有道路或桥梁改建或拆除重建等（如有）。参见本规定"道路交通工程"的相关章节。

1.8　附属工程设计

1.8.1　运营和管理设施

主要包括建筑、结构、供电、照明、通风空调、给水排水和消防、监控系统设计。

1.8.2　交通安全与管理设施

主要包括交通标志、标线、安全设施和道口检查设施等。

1.9　防洪设计（如有）

主要包括堤防工程及其他水利设施情况、水利规划及实施安排、防洪影响的防治措施等。

1.10 隧道防灾设计

主要包括交通安全设施、交通监控、灾害报警、通风排烟、安全疏散与救援、防灾供电与应急照明、消防给水与灭火、防淹防涝、应急通信等。

1.11 工程安全风险分析

主要包括风险分析步骤及方法、施工阶段和运营阶段的风险识别与评价、项目潜在主要风险及对策等。

1.12 隧道施工方案及施工组织设计

主要包括施工方法、关键工机具选型、主要施工场地选址与使用条件分析、施工组织方案及关键线路分析、施工工艺与流程、工程进度计划、施工期间管线搬迁与临时交通组织方案、大临设施、施工弃土处理等。

1.13 环保与节能

1.13.1 环保

根据《建设项目环境保护管理条例》，结合环评报告及其评审和批复意见、其他相关法律法规要求，进行针对性环境保护和控制措施（如对地下水、生态环境、噪声、振动污染、环境空气污染、水环境污染和固体废弃物等控制措施）。

1.13.2 节能

主要包括对隧道通风、给水排水、照明、供电、监控等系统节能及采取的措施和交通节能等进行分析。

1.14 新技术、新材料、新设备、新工艺应用

主要包括新技术、新材料、新设备、新工艺必要性和可行性分析，低碳、绿色、智慧隧道应用等。

1.15 问题与建议

简述存在应进一步协调解决的问题及建议。

1.16 附件

项目审批需要的各类批件和附件。如工程可行性研究报告及其批复文件、相关行政审批手续的批复文件、重要的设计依据文件及有关协议和纪要等。

2 工程概算

见本规定"投资估算、经济评价和概预算"的相关章节。

3　设计图纸

3.1　线路、总体

主要包括：工程地理位置图、隧道线位方案图、工程总体布置图、隧道平面设计图、隧道纵断面设计图、隧道标准横断面图、地面道路平面设计图、地面道路纵断面设计图、交通组织设计图等。

3.2　隧道建筑

主要包括：隧道建筑总平面图［包括隧道设备用房、附属建（构）筑物、运营管理设施等］、隧道横断面图（不同道路规模、结构形式或设施布置），附属设备区平、剖面图，工作井平面、剖面图（如有），雨、废水泵房平面、剖面图，隧道洞口平面、剖面图（含光过渡）等。

3.3　隧道结构

3.3.1　盾构法隧道

主要包括：设计说明、圆隧道总平面图、圆隧道纵断面布置图、主要风险源与圆隧道关系图、盾构进出洞地基加固图、盾构进出洞连接构造图、标准衬砌圆环构造图、衬砌结构分块模板图、标准衬砌圆环分块配筋图、特殊衬砌结构圆环图、内部结构标准横断面模板图、内部结构标准横断面配筋图、内部结构主要构件结构图（如"口"形件等）、特殊段内部结构横断面模板图、泵房平纵断面布置图、连接通道平面、剖面图（如有）、连接通道土体加固图、连接通道模板图、连接通道配筋图等，工作井和明挖段参见本章"3.3.4 明挖法（围堰）隧道"内容。

3.3.2　沉管法隧道

主要包括：设计说明，干坞总平面图，干坞平、纵、横剖面图，管节平面图、纵剖面图、横断面图，管节横断面配筋图，管节接头构造图，剪力键布置图，最终接头设计图，管顶舾装件平面布置图，端封门结构图，基槽浚挖平面、剖面图，回填防护横断面图，基础横断面图，岸壁保护总平面布置图、岸壁保护平面、剖面图，岸壁保护结构配筋图等，明挖段参见本章"3.3.4 明挖法（围堰）隧道"内容。

3.3.3　顶管法隧道

主要包括：设计说明、顶管段平面布置图、顶管段纵断面布置图、主要风险源与顶管隧道关系图、顶管进出洞地基加固图、顶管进出洞连接构造图、顶管管节模板图、管节间接口详图、顶管管节配筋图、特殊管节结构图等，工作井和明挖段参见本章"3.3.4 明挖法（围堰）隧道"内容。

3.3.4 明挖法（围堰）隧道

主要包括：设计说明，总平面图，各道支撑平面布置图，地基加固平面图，围护结构纵剖面图、横剖面图，支护结构配筋图，内部结构平面图、纵剖面图、横剖面图，内部结构配筋图，邻近建（构）筑物或重大管线的保护措施图（如有）等，围堰总平面图、围堰平面布置图、围堰剖面布置图等（如有）。

3.3.5 矿山法隧道

主要包括：设计说明、矿山法隧道总平面图、平面图、纵断面图、洞门及开挖防护设计图、套拱结构设计及超前管棚设计图、衬砌断面图、超前小导管设计图、钢拱架设计图、全（半）断面注浆设计图、衬砌背后注浆设计图、二衬结构配筋图、施工工艺设计图、超前地质预报系统设计图、隧道监控量测设计图等。

3.4 结构防水及耐久性

3.4.1 盾构法隧道

主要包括：衬砌接缝防水构造图，嵌缝、手孔封堵及排水沟防水构造图，连接通道防水构造图（如有）等，工作井和明挖段参见本章"3.4.4 明挖法（围堰）隧道"内容。

3.4.2 沉管法隧道

主要包括：管节接头防水构造图、管节接头 GINA 止水带固定装置装配图、管节接头 OMEGA 止水带装配图、管节施工缝防水构造图（如有）、节段接头防水构造图（如有）等，明挖段参见本章"3.4.4 明挖法（围堰）隧道"内容。

3.4.3 顶管法隧道

主要包括：管节接缝防水构造图、进出洞防水装置图等，工作井和明挖段参见本章"3.4.4 明挖法（围堰）隧道"内容。

3.4.4 明挖法（围堰）隧道

主要包括：暗埋段内部结构标准断面防水图、暗埋段内部结构施工缝防水图、暗埋段内部结构变形缝防水图、敞开段内部结构标准断面防水图、敞开段内部结构施工缝防水图、敞开段内部结构变形缝防水图等。

3.4.5 矿山法隧道

主要包括：内部结构标准断面防水图、内部结构施工缝防水图、内部结构变形缝防水图、联络通道防水构造图等。

3.5 隧道通风

主要包括：总平面图，隧道通风排烟、降温（如有）系统原理图，隧道通风剖面图，通风、降温（如有）机房平剖面图，安全通道、电缆通道通风平面、剖面图，设备管理用房通风空调平面、剖面图等。

3.6 隧道给水排水、消防

主要包括：隧道给水排水及消防平面布置示意图、隧道消防系统示意图、隧道断面布置图、消防泵房大样图、雨水泵房大样图、废水泵房大样图、附属设备用房给水排水及消防平面布置图、工作井给水排水及消防平面布置图（如有）等。

3.7 隧道供电

主要包括：供电系统主接线图、变电所高低压开关柜配置图、变电所设备布置图等。

3.8 隧道照明

主要包括：照明供电系统图、照明开关柜配置图、疏散照明系统示意图、照明平面布置示意图、照明配电间设备布置图、照明灯具横断面布置图等。

3.9 隧道监控

主要包括：各分系统构成图，设备平面、断面布置图，机房布置图等。

3.10 附属工程

主要包括但不限于：隧道管理中心，单体建筑按现行《建筑工程设计文件编制深度规定》要求执行。

第三章 隧道工程施工图设计文件编制深度

说明：隧道施工图设计文件一般是以专业独立成册，按隧道线路与道路、隧道建筑、隧道结构、隧道防水及耐久性、隧道通风、隧道给水排水及消防、隧道供电、隧道照明、隧道监控、交通工程、人防工程、景观绿化、管理中心分别要求。

1 隧道线路与道路

分隧道线路和接线道路，接线道路施工图设计文件编制办法按本规定"道路交通工程"要求执行。

1.1 设计说明

主要包括：工程概况，设计依据，设计规范、标准，初步设计审查与批复意见、施工图咨询或审查意见（如有）及执行情况，主要技术标准，道路线形设计，隧道路面设计，隧道路面铺装施工要求，隧道路面排水设计，安全施工注意事项等。

1.2 工程数量表

1.3 设计图纸

主要包括：工程地理位置图、线位平面图、平纵缩图、线路平面设计图、线路纵断面设计图（含地质剖面）、横断面设计图、直线曲线及转角表、纵坡竖曲线表、逐桩坐标表、超高段大样图、横坡过渡段大样图、竖向设计图、隧道路面铺装接缝处理设计图、隧道结构与沥青路面连接部设计图等。

2 隧道建筑

2.1 隧道建筑

2.1.1 设计说明

主要包括：工程概况，设计范围及内容，设计依据，设计规范、标准，初步设计审查与批复意见、施工图咨询或审查意见（如有）及执行情况，设计坐标、标高及单位，建筑设计，消防设计，建筑构造做法，装修装饰设计，施工技术要求，装饰面积统计表，门窗及设备箱孔选型及数量表，工程风险源及风险控制设计要求，环境保护、劳动安全与卫生要求，施工注意事项等。

2.1.2 设计图纸

主要包括：主体建筑如隧道建筑总平面图，设备综合平面布置图，纵断面图，横断面图，设备用房平面、剖面图，人行或车行横通道平面、剖面图（如有），废水泵房平面、剖面图，雨水泵房平面、剖面图（如有），敞开段光过渡平面、剖面图（如有）等；盾构法隧道或顶管法隧道工作井、矿山法隧道竖井或沉管法隧道衔接段的建筑平、剖面图，疏散楼梯平面、剖面图，出地面附属建筑如风塔、人员地面出入口、新风井、排风井、引道口班房等总平面图和各平面、剖面图及立面图、声屏障等（如有）等；侧墙装饰板图、标准段装饰板排版图、顶部防火内衬图、引道口装饰图、敞开段侧墙装饰图、光过渡装饰图、相应详图等。

3 隧道结构

3.1 盾构法隧道

本章节只针对盾构隧道结构设计，工作井和明挖段参见本章"3.4 明挖法（围堰）隧道"要求执行。

3.1.1 设计说明

主要包括：工程概况，设计范围及内容，设计依据，设计规范、标准，初步设计审查与批复意见、施工图咨询或审查意见（如有）及执行情况，基础资料，衬砌结构形式、工程材料及混凝土保护层厚度要求、钢筋混凝土管片制作要求、衬砌结构耐久性设计要求、钢筋加工技术要求、管片检验要求、管片连接件、预埋件防腐要求、各类预埋件技术性能指标要求、管片堆放与吊装及运输要求，衬砌结构设计、盾构施工技术要求、盾构施工质量控制标准、盾构施工监控量测技术要求，内部结构设计与构造要求、工程材料及混凝土保护层厚度要求、施工技术要求与施工质量控制标准、监测要求，连接通道（如有）施工方法及施工步骤、结构设计与构造要求、工程材料及混凝土保护层厚度要求、施工技术要求与施工质量控制标准，工程风险源及风险控制设计要求，危险性较大分部分项工程管理要求，环境保护、劳动安全与卫生要求，其他施工注意事项等。

3.1.2　主要工程数量表

3.1.3　设计图纸

主要包括但不限于（可根据需要）：衬砌圆环构造图，衬砌结构分块模板图，接缝构造图，衬砌结构连接件图，预埋件图，各类衬砌圆环结构图，各类衬砌结构分块配筋图，进、出洞衬砌环构造图，各类特殊衬砌结构图等；圆隧道平、纵断面布置图（含各类衬砌圆环布置等内容），主要风险源与圆隧道关系图，盾构进、出洞地基加固图，盾构进、出洞预埋钢环图，盾构进、出洞连接构造图，监测方案图等；内部结构标准横断面模板图，内部结构标准横断面配筋图，梁、板、墙、柱、基座等构件配筋图，"口"形件结构及布置图，车道板结构及布置图，烟道板结构及布置图（如有），楼梯结构及布置图，泵房结构及布置图，特殊段内部结构横断面模板图，特殊段内部结构横断面配筋图，变形缝详图，内部结构预留孔洞图，预留孔洞加强钢筋布置图，内部结构预留埋件、预埋管线布置图，沉降观测图等；连接通道（如有）平面、剖面图，连接通道土体加固图，连接通道模板图，连接通道配筋图，变形缝详图，预埋管线布置图，沉降观测图等。

3.2　沉管法隧道

本章节只针对沉管隧道结构设计，明挖段参见本章"3.4 明挖法（围堰）隧道"要求执行。

3.2.1　设计说明

主要包括：工程概况，设计范围及内容，设计依据，设计规范、标准，初步设计审查与批复意见、施工图咨询或审查意见（如有）及执行情况，基础资料，干坞设计，管节结构设计与构造要求，舾装件结构设计与防腐要求，基槽开挖设计，回填设计，基础及地基加固设计，岸壁保护结构设计，工程材料及混凝土保护层厚度要求，施工技术要求与施工质量控制标准，监测要求，风险源及风险控制设计要求，危险性较大分部分项工程管理要求，环境保护、劳动安全与卫生要求，其他施工注意事项等。

3.2.2 主要工程数量表

3.2.3 设计图纸

主要包括但不限于（可根据需要）：干坞总平面图，干坞平面、纵面、横剖面图，坞底基础平面、剖面布置图，边坡结构图，防汛平面布置图，排水布置图，边沟及排水井结构图，节点详图，降水图，防汛墙结构图，监测方案图等；管节平面图，纵剖面图（含地质断面），横断面图，管节配筋图，管节接头（节段接头）详图，接头拉索布置及构造图（如有），剪力键布置及配筋图，端钢壳结构图，预留孔洞图，预留孔洞加强钢筋布置图，管顶人孔封井结构图，施工缝详图，预留埋件、预埋管线布置图，最终接头设计图，压舱混凝土分块平、纵剖面图，沉降观测图等；混凝土端封门或钢端封门结构图，封门人孔结构图，进、排水管及进气孔结构图，管内压舱水箱平面、剖面布置及结构图，垂直千斤顶结构图，管顶舾装件平面布置图，管顶吊点、系缆柱、人孔与测量塔、拉合台座结构图，导向装置结构图，GINA 止水带保护罩结构图等；基槽浚挖平面、剖面图，临时航道平面、剖面图（如有）、回填防护平面、剖面图等；基础纵断面图、基础横断面图，对应基础形式的结构内预留、预埋图，相应地基加固平面、剖面布置图及详图等（根据基础形式确定）；岸壁保护总平面布置图、岸壁保护平面及剖面图、岸壁保护结构配筋图、节点详图及地基加固图、监测方案图等。

3.3 顶管法隧道

本章节只针对顶管隧道结构设计，工作井和明挖段参见本章"3.4 明挖法（围堰）隧道"要求执行。

3.3.1 设计说明

主要包括：工程概况，设计范围及内容，设计依据，设计规范、标准，初步设计审查与批复意见、施工图咨询或审查意见（如有）及执行情况，基础资料，衬砌结构形式，工程材料及混凝土保护层厚度要求，钢筋混凝土管节制作要求，结构耐久性设计要求，顶管施工技术要求，顶管施工质量控制标准，顶管施工监控量测技术要求，监测要求，风险源及风险控制设计要求，危险性较大分部分项工程管理要求，环境保护、劳动安全与卫生要求，其他施工注意事项等。

3.3.2 主要工程数量表

3.3.3 设计图纸

主要包括但不限于（可根据需要）：顶管段平、纵断面布置图，顶管隧道与邻近建（构）筑物、地下管线相对关系图，顶管进、出洞地基加固图，顶管进、出洞连接构造图，顶管管节模板图，顶管管节配筋图，特殊管节结构图，管节间接口详图，预留孔洞图，预留孔洞加强钢筋布置图，预留埋件、预埋管线布置图，施工监测图，沉降观测图等。

3.4　明挖法（围堰）隧道

3.4.1　设计说明

主要包括：工程概况，设计范围及内容，设计依据，设计规范、标准，初步设计审查与批复意见、施工图咨询或审查意见（如有）及执行情况，基础资料，围护结构设计，围堰结构设计与构造（如有），内部结构设计与构造要求，工程材料及混凝土保护层厚度要求，施工技术要求与施工质量控制标准，监测要求，工程风险源及风险控制设计要求，危险性较大分部分项工程管理要求，环境保护、劳动安全与卫生要求，其他施工注意事项等。

3.4.2　主要工程数量表

3.4.3　设计图纸

主要包括但不限于（可根据需要）：总平面、管线迁改图、各道支撑平面布置图、地基加固平面图（含桩基）、纵剖面图（含地质纵剖面）、横剖面图、支护结构配筋图（含支撑、冠梁、围檩、围护结构）、钢支撑及钢围檩结构图、格构柱详图、立柱桩配筋图、节点详图、施工工序图、风险专项设计、基坑降水图、基坑监测方案图、对邻近建（构）筑物或重大管线的保护措施图（如有）等；围堰（如有）总平面图、围堰平面布置图、围堰剖面布置图（含地质断面）、围堰施工工序图、节点详图、监测布置图等；内部结构平面图，纵剖面图，横剖面图，内部结构配筋图，内部结构梁、板、柱等节点详图，变形缝、施工缝详图，预留孔洞图，预留孔洞加强钢筋布置图，预留埋件、预埋管线布置图，沉降观测图，堤岸恢复图（如有）等。

3.5　矿山法隧道

3.5.1　设计说明

主要包括：工程概况，设计范围及内容，设计依据，设计规范、标准，初步设计审查与批复意见、施工图咨询或审查意见（如有）及执行情况，基础资料，竖井及横通道设计，主体结构设计与构造要求，连接通道设计与构造要求，工程材料及混凝土保护层厚度要求，施工技术要求与施工质量控制标准，特殊地质条件下隧道方案及应急预案，监测要求，工程风险源及风险控制设计要求，危险性较大分部分项工程管理要求，环境保护、劳动安全与卫生要求，其他施工注意事项等。

3.5.2　主要工程数量表

3.5.3　设计图纸

主要包括但不限于（可根据需要）：施工竖井及横通道（或斜井）平、纵断面设计图，施工竖井及横通道（或斜井）初支钢架图，施工竖井马头门设计图，施工通道与正洞相交处配筋图，超前支护措施设计图，其他辅助措施设计图，施工通道端头封堵结构图，施工竖井（或斜井）封堵及回填结构图，施工工序图，监控量测设计图等；主体总平面图、地质纵断面图、洞门设计图、套拱结构设计及大管棚超前支护图、衬砌断面图、侧壁（中导洞）支护图、超前小导管设计图、钢拱架设计图、全（半）断面注浆设计图、衬砌背后注浆设计图、二衬结构配筋图、施工工艺设计图、超前地质预报系统设计图、主要风险源与隧道关系图、隧道监控量测设计图等；连接通道总平面图、地质纵断面图、衬砌断面图、超前管棚（小导管）设计图、钢拱架设计图、全（半）断面注浆设计图、衬砌背后注浆设计图、连接通道二衬结构配筋图、施工工艺设计图、连接通道监控量测设计图等。

3.6 光过渡结构

3.6.1 设计说明

主要包括：工程概况，设计范围及内容，设计依据，设计规范、标准，初步设计审查与批复意见、施工图咨询或审查意见（如有）及执行情况，基础资料，工程材料要求，防腐要求，施工技术要求与施工质量控制标准，工程风险源及风险控制设计要求，危险性较大分部分项工程管理要求，环境保护、劳动安全与卫生要求，其他施工注意事项等。

3.6.2 工程数量表

3.6.3 设计图纸

主要包括：光过渡平面、立面、剖面图，构件详图及节点详图等。

3.7 附属结构

3.7.1 设计说明

主要包括：工程概况，设计范围及内容，设计依据，设计规范、标准，初步设计审查与批复意见、施工图咨询或审查意见（如有）及执行情况，附属结构设计，工程材料及混凝土保护层厚度要求，施工技术要求与施工质量控制标准，工程风险源及风险控制设计要求，危险性较大分部分项工程管理要求，环境保护、劳动安全与卫生要求，其他施工注意事项等。

3.7.2 主要工程数量表

3.7.3 设计图纸

主要包括但不限于：附属结构平面、剖面布置图，设备洞室结构图，防撞侧石结构图，防撞护栏结构图，检修道结构图，边沟结构图，横截沟结构图，钢格栅板结构图、相关详图等。

4　隧道防水及耐久性

4.1　盾构法隧道

本章节只针对盾构隧道防水设计，工作井和明挖段参见本章"4.4 明挖法（围堰）隧道"要求执行。

4.1.1　设计说明

主要包括：工程概况，设计范围及内容，设计依据，设计规范、标准，初步设计审查与批复意见、施工图咨询或审查意见（如有）及执行情况，防水设计［防水等级标准、混凝土结构自防水、管片接缝防水、管片与工作井接头防水、管片外防水层（如有）、连接通道（如有）、各类防水材料性能指标］，耐久性设计（环境类别与环境作用等级、耐久性设计要求）等。

4.1.2　工程数量表

4.1.3　设计图纸

主要包括：衬砌接缝防水构造图，衬砌变形缝防水构造图，环（纵）向螺孔防水构造图，进、出洞防水装置图，特殊衬砌圆环开洞衬砌接缝防水构造图，盾构进、出洞处防水构造图；嵌缝、手孔封堵及排水沟防水构造图，江中泵房防水构造图，连接通道防水构造图（如有），连接通道变形缝防水细部构造详图，连接通道与衬砌接缝防水构造图，连接通道外包防水层构造图等。

4.2　沉管法隧道

本章节只针对沉管隧道防水设计，明挖段参见本章"4.4 明挖法（围堰）隧道"要求执行。

4.2.1　设计说明

主要包括：工程概况，设计范围及内容，设计依据，设计规范、标准，初步设计审查与批复意见、施工图咨询或审查意见（如有）及执行情况，防水设计［防水等级标准、混凝土结构自防水、管节接头防水、整体式管节施工缝防水（根据管节形式选用）、节段式管节变形缝防水（根据管节形式选用）、管节外防水层、各类防水材料性能指标］，耐久性设计（环境类别与环境作用等级、耐久性设计要求）等。

4.2.2　工程数量表

4.2.3　设计图纸

采用整体式管节方案时，主要包括：管节施工缝防水构造图，施工缝防水细部构造详图，管节外包防水层构造图，外包防水层细部构造详图；管节接头防水构造图，管节接头 GINA 止水带固定装置装配图，管节接头 GINA 止水带构造图，管节接头 GINA 止水带压件布置与压件构造图，管节接头 OMEGA 止水带装配图，管节接头 OMEGA 止水带构造图，管节接头 OMEGA 止水带压件布置与压件构造图，管节接头 OMEGA 止水带检漏用预埋水管构造图，端钢壳防水构造图，端钢壳牺牲阳极块布置图（如有）等。

采用节段式管节方案时，除整体式管节方案设计图纸外，还应包括：节段接头防水构造图，节段接头 OMEGA 止水带装配图，节段接头 OMEGA 止水带构造图，节段接头 OMEGA 止水带压件布置与压件构造图，节段接头 OMEGA 止水带检漏用预埋水管构造图，节段接头底板牺牲阳极块布置图（如有）等。

4.3 顶管法隧道

本章节只针对顶管隧道防水设计，工作井和明挖段参见本章"4.4 明挖法（围堰）隧道"要求执行。

4.3.1 设计说明

主要包括：工程概况，设计范围及内容，设计依据，设计规范、标准，初步设计审查与批复意见、施工图咨询或审查意见（如有）及执行情况，防水设计［防水等级标准、混凝土结构自防水、管节接头防水、管节与工作井接头防水、管节外防水层（如有）、各类防水材料性能指标］，耐久性设计（环境类别与环境作用等级、耐久性设计要求）等。

4.3.2 工程数量表

4.3.3 设计图纸

主要包括：管节接缝防水构造图，进、出洞防水装置图，顶管进、出洞处防水构造图等。

4.4 明挖法（围堰）隧道

4.4.1 设计说明

主要包括：工程概况，设计范围及内容，设计依据，设计规范、标准，初步设计审查与批复意见、施工图咨询或审查意见（如有）及执行情况，防水设计（防水等级标准、混凝土结构自防水、接缝防水、外防水层、各类防水材料性能指标），耐久性设计（环境类别与环境作用等级、耐久性设计要求）等。

4.4.2 工程数量表

4.4.3 设计图纸

主要包括：暗埋段（工作井）内部结构标准断面防水图，暗埋段（工作井）内部结构施工缝防水图，暗埋段内部结构变形缝防水图，敞开段内部结构标准断面防水图，敞开段内部结构施工缝防水图，敞开段内部结构变形缝防水图，变形缝防水细部构造详图，施工缝防水细部构造详图，外包防水层细部构造详图等。

4.5　矿山法隧道

4.5.1　设计说明

主要包括：工程概况，设计范围及内容，设计依据，设计规范、标准，初步设计审查与批复意见、施工图咨询或审查意见（如有）及执行情况，防水设计（防水等级标准、混凝土结构自防水、接缝防水、防水层、各类防水材料性能指标），耐久性设计（环境类别与环境作用等级、耐久性设计要求）等。

4.5.2　工程数量表

4.5.3　设计图纸

主要包括：内部结构断面防水图、内部结构施工缝防水图、内部结构变形缝防水图、变形缝防水细部构造详图、施工缝防水细部构造详图、外包防水层细部构造详图、连接通道防水构造图等。

5　隧道通风

5.1　设计说明

主要包括：工程概况，设计范围及内容，设计依据，设计规范、标准，初步设计审查与批复意见、施工图咨询或审查意见（如有）及执行情况，主要设计参数，通风、空调及防排烟设计标准，隧道通风系统设计，隧道降温系统设计（如有），隧道附属用房通风空调及防排烟系统设计，系统控制及运行模式，节能及环保措施，施工技术要求和注意事项等。

5.2　设备材料表

5.3　设计图纸

主要包括：总平面图，隧道通风排烟、降温（如有）系统原理图，隧道通风剖面图，通风、降温（如有）机房平面剖面图，安全通道、电缆通道通风平面剖面图，通风排烟、降温（如有）系统控制工艺图，设备管理用房通风空调平面剖面图，设备管理用房通风空调系统原理图及控制工艺图，风机、风阀等设备安装详图等。

6　隧道给水排水及消防

6.1　设计说明

主要包括：工程概况，设计范围及内容及接口，设计依据，设计规范、标准，初步设计审查与批复意见、施工图咨询或审查意见（如有）及执行情况，消防系统，给水系统，排水系统，控制方式和要求，节能及环保措施，施工技术要求和注意事项等。

6.2 设备材料表

6.3 设计图纸

主要包括：隧道给水排水及消防平面布置示意图、洞口室外消防给水平面布置图、隧道消防系统示意图、隧道断面布置图、消防设备箱布置里程表、消防泵房大样图、雨水泵房大样图、废水泵房大样图、消防设备箱大样图（如有）、附属设备用房给水排水及消防平面布置图、附属设备用房消防系统图、附属设备用房给水系统图、风井及局部排水布置大样图、工作井给水排水及消防平面布置图（如有）、工作井消防系统图（如有）等。

7 隧道供电

7.1 设计说明

主要包括：工程概况，设计范围、内容及接口，设计依据，设计规范、标准，初步设计审查与批复意见、施工图咨询或审查意见（如有）及执行情况，负荷分级，动力配电，电缆选型及敷设，防雷、接地及安全措施，节能及环保措施，施工技术要求和注意事项等。

7.2 设备材料表

7.3 设计图纸

主要包括：供电系统主接线图，变电所高低压开关柜配置图，变电所设备布置图，继电保护及信号原理图，隧道配电系统图，动力配电箱（或控制箱）系统图，设备用房配电平面布置图，设备控制原理图，防雷、接地及安全设计图，电缆清册等。

8 隧道照明

8.1 设计说明

主要包括：工程概况，设计范围、内容及接口，设计依据，设计规范、标准，初步设计审查与批复意见、施工图咨询或审查意见（如有）及执行情况，照明配电，光源选择、灯具布置及照明控制，照明标准［含亮（照）度、均匀度及炫光等指标］，设备安装，电缆选择与敷设，节能措施，施工技术要求和注意事项等。

8.2 设备材料表

8.3 设计图纸

主要包括：照明供电系统示意图、照明开关柜配置图、照明配电间布置图、照明配电箱（或控制箱）系统图、消防疏散照明和疏散指示系统构架图、应急照明系统图、隧道照明平面布置图、设备用房照明平面布置图、照明控制原理图、电缆清册等。

9 隧道监控

9.1 设计说明

主要包括：工程概况，设计依据，设计规范、标准，初步设计审查与批复意见、施工图咨询或审查意见（如有）及执行情况，设计范围及界面，设计内容（含系统组成、系统功能、系统主要技术指标、设备和管线安装要求、防雷接地要求等），施工技术要求和注意事项等。

9.2 设备材料表

9.3 设计图纸

主要包括：系统图，设备和管线平面、断面布置图，监控机房平面布置图，监控信息点数表，必要的设备安装详图和线缆清册等。

10 交通工程

10.1 设计说明

主要包括：工程概况，设计范围及内容，设计依据，设计规范、标准，初步设计审查与批复意见、施工图咨询或审查意见（如有）及执行情况，交通标志、交通标线、其他附属设施（涉水警戒线等），结构设计、工程材料及混凝土保护层厚度要求，监控设计范围及界面、设计内容（含系统组成、系统功能、系统主要技术指标、设备和管线安装要求、防雷接地要求等），施工技术要求与施工质量控制标准，工程风险源及风险控制设计要求，危险性较大分部分项工程管理要求，环境保护、劳动安全与卫生要求，其他施工注意事项等。

10.2 工程数量表

10.3 设计图纸

主要包括但不限于：地面道路标志标线平面图、隧道标志标线平面图、标线设计图、标志设计图、杆件设计图、安全设施设计图、交通灯杆件大样图、隔离栅等；电子警察悬臂杆件基础图，引导牌基础图，龙门架平面、立面、剖面图，构件及节点详图，交通工程杆件图、详图等；监控系统图、设备和管线平面布置图、设备安装示意图等。

11 人防工程（如有）

11.1 设计说明

主要包括：工程概况，设计范围及内容，设计依据，设计规范、标准，初步设计审查与批复意见、施工图咨询或审查意见（如有）及执行情况，人防建筑设计、人防门统计，设计荷载、人防门结构设计与构造要求、工程材料及混凝土保护层厚度要求，人防通风设计，人防给水排水设计，人防电气设计，施工技术要求与施工质量控制标准，其他施工注意事项等。

11.2 工程数量表

11.3 设计图纸

主要包括但不限于（可根据需要）：人防段总平面图，人防段纵断面图，隧道人防门平面图，隧道人防门剖面图，隧道顶板人防结构布置图，隧道设备层板人防结构布置图，风塔处人防平面布置图，风塔处人防剖面图，风塔处人防结构配筋图，设备段楼梯人防详图，设备段防爆电缆井人防详图，工作井顶板人防结构布置图（如有），工作井消防电梯、风井人防平面、剖面图（如有），工作井风井处人防结构配筋图（如有），工作井楼梯人防详图（如有），临空墙、风口人防布置图等；车行通道人防门库平面、剖面图，人行通道人防门库平面剖面图，通风井人防设施平面、剖面图，人防预埋管相关位置图等；人防给水排水平面图、人防给水排水原理图、人防电气平面图、人防穿墙管埋管详图、人防通风平面、剖面图、人防通风系统原理图等。

12 景观绿化

12.1 设计说明

主要包括：工程概况，设计范围及内容，设计依据，设计规范、标准，初步设计审查与批复意见、施工图咨询或审查意见（如有）及执行情况，主要技术标准，放线设计，竖向设计，硬景铺装小品设计，屋面种植设计（如有），临时绿化设计，场地土壤填方，苗木要求与种植，施工安全养护管理，结构设计（如有），给水排水设计（如有），照明电气设计（如有），其他施工注意事项等。

12.2 工程数量表

12.3 设计图纸

主要包括但不限于（可根据需要）：地面道路绿化总平面图、竖向图、定位放样图、植物种植设计图、硬质小品节点详图、苗木表等，相关结构、给水排水及电气图（如有）等。

13 管理中心

单体建筑按现行《建筑工程设计文件编制深度规定》要求执行。

第六篇 防洪工程

第一章 防洪工程可行性研究报告文件编制深度

1 概述

1.1 项目概况

1.1.1 概述项目全称及简称。

1.1.2 概述项目建设目标和任务、建设地点、建设内容和规模、建设工期、投资规模和资金来源、建设模式、主要技术经济指标、绩效目标等。

1.2 项目单位概况

简述项目单位基本情况。拟新组建项目法人的，简述项目法人组建方案。对于政府资本金注入项目，简述项目法人基本信息、投资人（或者股东）构成及政府出资人代表等情况。

1.3 编制依据

1.3.1 项目单位的委托书、中标通知书及有关合同、协议书等。

1.3.2 上级主管部门或行业主管部门批准的项目建议书（或项目建设规划）及其批复文件。

1.3.3 国家和地方有关政策性依据文件。

1.3.4 采用的规范和标准。

1.3.5 区域总体规划、国土空间规划、控制性详细规划等与防洪（潮）、治涝相关的规划；区域防洪工程设计资料。

1.3.6 工程地质资料、地震资料、气象资料等。

1.3.7 其他相关的设计资料。

1.4 主要结论和建议

简述项目可行性研究的主要结论和建议。主要结论包括：项目建设地点、建设内容和规模、建设工期、工程总投资及资金来源、主要技术经济指标、绩效目标等。

2 项目建设背景和必要性

2.1 项目建设背景

2.1.1 简述项目建议书主要结论、审查、审批意见及存在问题落实情况。

2.1.2 简述项目立项背景、项目用地预审和规划选址等行政审批手续办理和其他前期工作进展。

2.2 规划政策符合性

2.2.1 项目与重大规划的衔接性

概述城市国土空间规划、供水专项规划及其他相关专业的专项规划内容，阐述项目与经济社会发展规划、区域规划、专项规划、国土空间规划等重大规划的衔接性。

2.2.2 项目与重大政策的符合性

阐述项目与扩大内需、共同富裕、乡村振兴、科技创新、节能减排、碳达峰碳中和、国家安全和应急管理等重大政策目标的符合性。

2.3 项目建设必要性

2.3.1 城市国土空间规划、城市总体规划、产业政策等实施提出的要求。

2.3.2 国家、地区或城市社会经济、城市防洪突出问题或发展提出的要求等。

2.3.3 历史洪涝灾害情况及影响分析，现有防洪工程设施情况及存在的问题。

2.3.4 防洪工程规划要求。

2.3.5 工程预期效益及防灾减灾作用。

2.3.6 项目建设时机的适当性。

3 项目建设方案

3.1 区域概况及现状自然条件

3.1.1 城镇地理位置、行政区划、城市性质、经济社会现状、人口及社会经济发展情况。

3.1.2 城镇地形地貌、水系、湖泊、气象等情况。

3.2 相关规划情况

3.2.1 流域和城镇防洪规划情况。

3.2.2 国土空间规划情况（规划年限、面积、人口、用地等）。

3.2.3 排水防涝规划情况。

3.2.4 相关的市政基础设施规划、风景园林规划情况等。

3.3　工程现状情况

3.3.1　防洪工程应说明洪水地区组成、防洪体系现状、洪灾情况、存在问题等。

3.3.2　治涝工程应说明治涝设施现状、涝水特性、涝灾情况、存在问题等。

3.3.3　河道及河口整治工程应说明上下游治理情况、存在问题等。

3.3.4　除险加固工程应说明原设计情况、工程沿革、存在问题、鉴定评估结论等。

3.3.5　改建、扩建工程应说明工程原设计规模及运行中存在的问题。

3.4　水文

3.4.1　概述

1）简述工程所在流域概况、河流特征、地形地貌和土壤植被情况。

2）简述流域和工程邻近地区气象台、站分布与观测情况，说明气象要素特征值。

3）说明流域内水文（潮汐）站分布情况，对水文基本资料的可靠性进行评价。

3.4.2　洪水分析

1）简述流域暴雨、洪水特性。

2）说明已批复的城市防洪规划和相关工程的设计洪（涝、潮）水成果。

3）根据流量资料计算设计洪水时，应说明洪水系列年限及确定设计洪水成果。

4）根据暴雨资料推算设计洪水时，应说明设计暴雨及产汇流计算方法、检查其成果的合理性，确定设计洪水成果。

5）基本确定分期洪水计算成果。

3.4.3　涝水分析

1）确定治涝范围和治涝分区。

2）计算设计排涝流量或者根据所在区域排水防涝规划成果确定设计排涝流量，并进行合理性分析。

3.4.4　潮水分析

1）说明工程所在地区潮水规律、特征水位，评价潮水位资料的可靠性和系列的一致性、代表性、趋势性，确定设计潮水位成果。

2）海堤工程应分析风浪的破坏作用，基本确定设计浪高。

3.4.5　洪水、涝水、潮水遭遇分析

对兼受洪、涝、潮威胁的城镇，应进行洪水、涝水和潮水遭遇分析，分析可能出现的不利组合情况，基本确定洪水、涝水与潮水遭遇组合情况。

3.5　工程地质和水文地质

3.5.1　简述区域工程地质和水文地质概况。

3.5.2　简述工程地质条件。

3.5.3 确定地震基本烈度。

3.5.4 基本确定岩土体物理力学和水文地质参数。

3.5.5 分析地基和边坡稳定性情况。

3.5.6 分析主要工程地质问题，提出评价意见及对策。

3.6 工程任务及规模

3.6.1 确定工程任务及主要建设内容。

3.6.2 结合现有防洪工程存在问题提出治理方案，通过技术经济综合比选确定工程规模和总体布置。

3.7 项目选址及选线

3.7.1 说明比选原则，通过多方案比较，基本确定工程选址或选线方案。

3.7.2 明确拟建项目选址或线路的土地权属、供地方式、土地利用状况、占用耕地和永久基本农田、涉及生态保护红线、地质灾害危险性评估等情况。

4 工程设计

4.1 工程等级和设计标准

4.1.1 确定工程等别、建筑物级别和相应洪水设计标准。

4.1.2 确定工程及各建（构）筑物合理使用年限。

4.1.3 确定与航运、道路、公路、铁路、市政管线等行业设施交叉的建（构）筑物设计标准。

4.1.4 说明地震基本烈度、设计烈度。

4.1.5 除险加固工程应说明原设计标准、加固后设计标准。

4.2 堤防工程

4.2.1 结合河势和地形地物分析，基本确定堤线长度和堤防结构形式、堤基处理方案，与铁路、公路、港口、码头、轨道交通等有关联的要交代连接方式。

4.2.2 基本确定各类穿（跨）堤建（构）筑物的平面布置、连接形式、结构形式，提出各穿（跨）堤建筑物数量和控制指标。

4.2.3 基本确定堤防筑堤材料和填筑标准，基本确定堤顶标高、堤顶宽度、防汛路面结构形式及坡面防护范围与形式，基本确定堤防防渗和堤基处理措施。

4.2.4 基本确定工程范围内的地下（上）管线保护或迁改方案。

4.3 河道治理及护岸

4.3.1 根据城市国土空间规划、防洪工程规划，结合河道现状，基本确定河道治导线、桥梁、渡槽、管线等跨河建筑物位置，基本确定工程总体布置。

4.3.2　根据河流和岸线特性、河岸地质、城市景观、施工条件等因素，基本确定堤防及护岸形式。

4.3.3　涉及河道清淤的，初步确定清淤深度并对清淤方式进行比选，推荐清淤方式；基本确定淤泥处置方式。

4.3.4　基本确定生态护岸形式、植物种植的品种和数量。

4.3.5　基本确定景观方案。

4.3.6　基本确定工程范围内的地下（上）管线保护或者迁改方案。

4.4　防洪（潮）闸、泵站

4.4.1　基本确定闸的形式、闸底板或者闸坎高程。

4.4.2　基本确定泵站设计流量、特征水位、特征扬程、总体布置等。

4.4.3　基本确定闸门，拦污栅、阀，启闭设备的布置、形式、数量和主要技术参数。

4.4.4　基本确定水泵形式、主要技术参数、装机台数、装机容量等。

4.5　山洪防治

4.5.1　根据山洪沟所在的地形、地质、植被等条件，基本确定山洪防治总体布局。

4.5.2　确定山洪设计洪峰流量，并进行合理性分析。

4.5.3　确定调蓄水库（设施）的容积和设计洪水标准。

4.5.4　基本确定截洪沟、排洪渠道、撇洪沟等的工程位置、平面布置、断面形式、护坡形式、结构形式、水位特征值及构筑物的主要尺寸等。

4.5.5　基本确定陡坡、跌水、谷坊、沉沙池等建（构）筑物设计标准、平面布置、连接方式、结构形式、地质条件等。

4.6　除险加固

4.6.1　说明除险加固工程安全鉴定主要结论。说明历年险情、前期加固措施及运行情况。

4.6.2　通过复核和方案比选，基本确定工程除险加固设计方案和主要建筑物除险加固措施。

4.6.3　基本确定建筑物地基处理或围岩处理措施以及新旧结构连接处理措施。

4.7　电气设计

4.7.1　说明设计依据及原则。

4.7.2　说明设计范围，确定负荷等级、运行方式、电压等级，提出用电负荷估算。

4.7.3　基本确定供电电源、电压等级。

4.7.4　基本确定电气主接线方案、主要电气设备选型。

4.7.5　基本确定主要设备驱动控制、保护方式。

4.7.6　基本确定计量、补偿设计方案。

4.7.7　基本确定照明、节能设计方案。

4.7.8　基本确定主要机械设备驱动控制方式。

4.7.9　基本确定防雷保护、接地与防爆等设计方案。

4.8　自控、仪表、通信设计

4.8.1　基本确定控制系统功能层次、控制系统工作方式、控制系统硬件配置、数据通信网络类型、控制站功能。

4.8.2　基本确定仪表的类型、设置位置、作用等。

4.8.3　基本确定通信系统设计方案。

4.8.4　基本确定安防系统设计方案。

4.9　附属建（构）筑物设计

基本确定主要建（构）筑物的布置、结构形式、主要尺寸、地基处理方案等。

4.10　供暖、通风与空气调节设计

4.10.1　编制依据、气象资料等。

4.10.2　确定设计范围、设计参数、原则和标准等。

4.10.3　供暖：基本确定供暖热源、热负荷、供暖系统形式等。

4.10.4　通风：根据建（构）筑物使用功能、需求基本确定通风设计，阐述通风系统的形式和换热次数等。

4.10.5　空调：基本确定冷负荷、冷源选择、负荷估算、系统形式等。

4.11　消防设计

4.11.1　说明消防工程设计依据和原则。

4.11.2　确定消防设计范围，基本确定消防总体布置，根据建（构）筑物的火灾危险性分类和耐火等级，选定安全防火间距、疏散通道布置等措施。

4.11.3　基本选定事故通风设施、防排烟方式和设施。

4.11.4　基本确定消防水源、供水系统设计方案。

4.11.5　基本确定消防配电设计方案和火灾自动报警系统。

4.12　工程数字化方案

参见本规定"总则"第 5 条。

5　施工组织设计

1）说明工程所在地施工条件、场地条件、水文气象条件等。

2）说明主要建筑材料来源。

3）基本确定施工总布置，进行土方平衡分析，基本确定弃土（渣）场址。

4）确定导流标准、施工导流方式、导流建（构）筑物级别、结构形式等。

5）提出主要建（构）筑物施工方法、主要机械设备安装、重要管线保护措施等。

6）提出施工期间交通疏解方案。

7）基本确定施工进度安排和施工总工期。

6　征地拆迁

1）初步确定工程建设区永久征地和临时用地范围。

2）初步确定征地范围内的各类实物、拆迁量等。

7　环境影响分析

参见本规定"总则"第 5 条。

8　水土保持

1）简述设计依据和原则。

2）说明工程所在区水土流失及防治现状。

3）确定水土流失防治责任范围、防治目标。

4）工程可能造成的水土流失预测及危害分析。

5）初步确定水土流失分区防治措施设计。

6）初步提出水土保持监测与管理方案。

9　劳动安全与工业卫生

1）简述设计依据和原则。

2）初步确定在工程建设和运行中影响劳动安全与工业卫生的主要危险和有害因素以及危害程度。

3）初步提出防机械伤害、电气伤害、坠落伤害、雷击伤害、洪水淹没伤害、火灾伤害等的要求和设计原则，初步确定防护措施。

4）初步提出防噪声与振动、电磁辐射、尘埃与污物等有害因素以及工作场所采光与照明、通风、温度与湿度控制、防水与防潮的要求和设计原则，初步确定保障措施。

10　节能

1）简述设计依据和原则。

2）初步明确项目应遵循的用能标准。

3）初步提出工程建设期及运行期能源消耗情况及主要能耗指标。

4）基本确定工程建设期和运行期的节能措施。

11　建设管理方案

参见本规定"总则"第 5 条。

12　项目运营方案

参见本规定"总则"第 5 条。

13　项目投融资与财务方案

见本规定"投资估算、经济评价和概预算"的相关章节。

14　项目实施效果分析

14.1　经济影响分析

参见本规定"总则"第 5 条。

14.2　社会影响分析

参见本规定"总则"第 5 条。

14.3　生态环境影响分析

参见本规定"总则"第 5 条。

14.4　资源和能源利用效果分析

参见本规定"总则"第 5 条。

14.5　碳达峰碳中和分析

参见本规定"总则"第 5 条。

15 项目风险管控方案

参见本规定"总则"第 5 条。

16 研究结论及建议

16.1 主要研究结论

从建设必要性、要素保障性、工程可行性、运营有效性、财务合理性、影响可持续性、风险可控性等维度分别简述项目可行性研究结论，评价项目在经济、社会、环境等各方面的效果和风险，提出项目是否可行的研究结论。

16.2 新技术应用及建议科研项目

16.2.1 采用新技术、新材料、新设备、新工艺推动高质量建设的技术措施。

16.2.2 关键技术与知识产权分析

项目若涉及专利或者关键核心技术，应分析其取得方式的可靠性、知识产权保护、技术标准和自主可控性等。

16.3 问题与建议

针对项目需要重点关注和进一步研究解决的问题，提出相关建议。

17 附表、附件和附图

17.1 附表

17.1.1 主要建（构）筑物表

17.1.2 主要机械设备材料表

17.1.3 主要电气设备材料表

17.1.4 主要自控设备表

17.1.5 主要自控仪表

17.1.6 主要暖通设备表

17.1.7 投资估算表

17.1.8 经济专业评价表

17.1.9 其他必要的附表

17.2 附件

项目审批需要的各类批件和附件。如业主的委托书、中标通知书或者有关的合同、协议书，项目建议书批复文件，项目用地预审与选址意见书，用电协议，相关防洪工程规划批复文件，其他必要的附件，等等。

17.3 附图

17.3.1 防洪工程区位图

1）流域（区域）水系图

2）工程地理位置示意图

3）工程所在河流（河段）规划图

17.3.2 工程总体布置及建筑物

1）工程总体布局图

2）河道、堤防、护岸等设计纵断面图和典型设计断面图

3）主要建（构）筑物平面布置图及主剖面图

4）景观总平面示意图及重要节点示意图

5）主要机械设备平面布置图及主剖面图

6）门槽设计图

7）闸门总图

8）泵站机组纵、横剖面设计图

17.3.3 电气设计图

1）电力主接线图

2）监控系统结构图

3）控制系统结构图

17.3.4 施工组织设计

1）施工导截流方案布置图

2）施工总布置图

17.3.5 征地与拆迁、环境保护、水土保持

1）征地拆迁范围示意图

2）环境保护措施总体布置图

3）水土流失防治措施总体布局图

第二章　防洪工程初步设计文件编制深度

1　设计说明书

1.1　概述

1.1.1　设计依据

1）设计委托书、中标通知书或者设计合同。

2）上级主管部门批准的可行性研究报告及批复文件（注明批准机关、文号、日期、批准的主要内容）。

3）环境影响评价、水土保持、征地拆迁及相应批复文件。

4）与项目单位及有关单位签定的协议书和有关文件。

5）采用的主要规范和标准。

6）其他相关批准文件、协议等。

1.1.2　法律法规

1）工程建设相关法律法规。

2）城镇防洪相关法律法规。

1.1.3　主要设计资料

1）区域总体规划、国土空间规划、控制性详细规划等与防洪（潮）、治涝相关的规划。

2）其他相关专业规划成果。

3）区域原有防洪工程设计资料。

4）地形图资料。

5）河道（山洪沟）规划岸线、河床纵横断面资料、水位断面资料、沿岸活载与恒载（堆货要求）资料。

6）模型试验资料（如有）。

7）地质资料：包括水文地质资料和工程地质钻探资料，应着重说明场地特殊地质条件。

8）地震资料。

9）气象资料。

10）加固工程原设计、竣工图资料、检测报告等。

11）相关的人防工程设施、市政基础设施资料。

12）地面沉降资料。

13）其他相关的设计资料。

1.1.4　相关批复、评审意见执行情况

1）对可行性研究报告批复意见的执行情况。

2）对初步设计评审意见回复情况。

1.1.5　主要结论和建议

项目工程名称、工程地点、工程规模、主要建设内容、工程投资及资金来源等。

1.2　水文

1.2.1　概述

1）简述工程所在流域概况、河流特征、地形地貌和土壤植被情况。

2）简述流域和工程邻近地区气象台、站分布与观测情况，复核气象要素特征值。

3）说明水文测站分布情况，分析评价水文基本资料的可靠性、一致性、代表性。

1.2.2　洪水

1）概述流域暴雨、洪水特性。

2）说明已批复防洪规划、有关工程设计的设计洪水成果。

3）说明增加资料后设计洪水复核成果，并与可行性研究阶段成果进行比较，确定采用成果。

1.2.3　涝水

1）确定治涝范围、治涝分区和治涝标准。

2）说明增加资料后设计排涝流量复核成果，与可行性研究阶段成果进行比较，并确定采用成果。

1.2.4　潮水

1）说明项目所在地区潮水规律、特征潮位，说明设计潮水位统计及计算方法。

2）说明增加资料后设计潮位复核成果，并与可行性研究阶段成果比较，并确定采用成果。

1.2.5　洪水、涝水、潮水遭遇分析

对兼受洪、涝、潮威胁的城市，应进行洪水、涝水和潮水遭遇分析，分析各种不利组合情况，确定洪水、涝水与潮水遭遇组合成果。

1.3　工程地质

1.3.1　说明勘察工作过程、主要勘察工作量、主要勘察成果及结论。

1.3.2　根据岩土工程勘察报告，简述区域地质概况。

1.3.3　评价工程地质条件、水文地质条件，确定主要岩土体物理力学参数。

1.3.4　评价区域构造稳定性，确定地震动参数和基本地震烈度。

1.3.5　评价水文地质条件。

1.3.6　说明工程所需天然建筑材料的种类、数量、来源。

1.4　工程任务和规模

1.4.1　说明工程所在地区自然地理、人口、社会经济状况。

1.4.2　说明现状防洪设施标准、运转使用情况，分析现状存在问题。

1.4.3　简述项目区域相关规划情况、城市总体规划、用地规划、流域（或城市）防洪排涝规划等。

1.4.4　确定工程任务，说明修建本工程对地区经济社会发展的必要性。

1.4.5　确定防洪保护范围、保护对象及防洪标准，简述工程总体布局、确定建设内容、工程规模。

1.4.6　确定项目的土地权属、占用耕地和永久基本农田、生态保护红线、供地方式等情况。

1.4.7　对初步设计与可行性研究报告批复建设内容和规模进行对比，内容和规模不一致时，应说明依据和原因，并进行充分论证，如内容、规模有重大变化应履行报批手续。

1.5　工程设计

1.5.1　设计范围和主要设计依据

1.5.2　工程等级和设计标准

1）复核工程等别、建筑物级别及设计标准。

2）复核建（构）筑物合理使用年限。

3）复核与航运、道路、公路、铁路、市政管线等行业设施交叉的建（构）筑物设计标准。

4）复核地震动参数的设计采用值及相应抗震设计烈度。

5）除险加固工程应说明原设计标准、复核加固后设计标准。

1.5.3　堤防工程

1）确定江、河、海岸线、堤线或者排洪渠道、山洪沟、堤岸线布置，确定各类穿（跨）堤建筑物的位置和结构形式。

2）确定堤防筑堤材料和筑堤标准，确定堤顶标高、堤顶宽度、防汛路面结构形式及坡面防护形式，确定堤防防渗和堤基处理措施；堤防工程应进行抗滑、抗倾覆、渗透稳定、边坡整体稳定验算及沉降计算。

3）对已建堤防（防洪墙）进行加高加固时，进行抗滑稳定、渗透稳定、抗倾覆稳定，以及地基承载力、结构强度等验算和复核。

4）对新旧堤结合部位、穿堤建筑物、管线与堤身连接的部位、不同形式堤防渐变衔接部位加固措施进行说明。

5）确定工程范围内的地下（上）管线保护或者迁改方案。

1.5.4　河道治理及护岸

1）确定河道治导线、桥梁、渡槽、管线等跨河建筑物位置，确定工程总体布置。

2）确定堤防及护岸结构形式，进行水力、冲刷计算，以及必要的稳定、应力、变形、渗流及结构等计算。

3）涉及河道清淤的，应确定清淤深度和清淤方式，确定淤泥处置方式。

4）确定生态护岸形式、植物种植的品种和数量。

5）确定景观工程设计方案。

6）确定工程范围内的地下（上）管线保护或者迁改方案。

1.5.5　防洪（潮）闸、泵站

1）从地形地质条件、环境影响、水流流态、施工、投资及运行条件等方面综合分析比选确定建（构）筑物布置方案。

2）确定闸、泵站等建筑物主要控制高程、结构形式和结构尺寸等，确定与岸坡或其他建筑物的连接方式和结构，以及建（构）筑物构造设计。

3）闸、泵站应进行过流能力、消能防冲等水力计算，确定上下游特征水位、特征扬程及水头损失等参数。

4）确定闸门、拦污栅、阀、启闭设备的布置、形式、数量和主要技术参数，确定水泵形式、主要技术参数、装机台数、装机容量、布置等。

5）闸室、岸墙、翼墙、泵等建筑物应进行强度、稳定、应力、变形、渗流计算。

6）根据地基地质条件，明确地基开挖要求，基本选定地基防渗与排水的布置及地基加固处理措施。

1.5.6　山洪防治

1）根据山洪沟所在的地形、地质、植被等条件，确定山洪防治总体布局。

2）确定山洪设计流量，与可行性研究阶段成果比较，并确定采用成果。

3）确定截洪沟、排洪渠道、撇洪沟等的工程位置、平面布置、断面形式、护坡形式、结构形式、水位特征值及构筑物的主要尺寸等。

4）确定陡坡、跌水、谷坊、沉沙池等建（构）筑物设计标准、平面布置、连接方式、结构形式、进出口布置、地质条件等。

1.5.7　工程安全监测

1）说明工程安全监测设计原则、目的、范围，确定安全监测系统总体方案。

2）基本确定建（构）筑物监测项目、监测点布置、仪器设备选型等。

1.5.8 电气设计

1）说明设计依据及原则。

2）说明设计范围、确定负荷等级、运行方式、确定用电负荷统计成果。

3）确定供电电源、电压等级、备用电源情况。

4）确定变电所布置及变压器选择。

5）确定电气主接线方案、主要电气设备选型。

6）确定主要设备驱动控制、保护方式。

7）计量、补偿设计。

8）照明、节能、抗震设计。

9）防雷、接地与防爆等。

1.5.9 自控、仪表、通信设计

1）简述自控系统、仪表的设计原则和标准。

2）确定控制系统功能层次、控制系统工作方式、各系统的数据采集、控制系统硬件配置、数据通信网络类型、控制站功能。

3）确定仪表的类型、设置位置、作用等。

4）确定主要自控设备、仪表的选型等。

5）确定通信方式、调度系统。

6）确定安防系统。

7）主要设备材料表。

1.5.10 供暖、通风与空气调节

1）编制依据、气象资料等。

2）确定设计范围、设计参数、原则和标准等。

3）供暖：确定供暖热源、热负荷、供暖系统形式等。

4）通风：根据建（构）筑物使用功能、需求确定通风设计，阐述通风系统的形式和换热次数等。

5）空调：阐述冷负荷、冷源选择、负荷估算、系统形式等。

1.5.11 消防设计

1）说明消防设计依据和原则。

2）确定消防设计范围，确定消防总体布置，根据建（构）筑物的火灾危险性分类和耐火等级，选定安全防火间距、疏散通道布置等措施。

3）确定消防水源、供水系统设计方案、通风和防排烟方式和设施。

4）选定消防配电设计方案和火灾自动报警系统。

1.5.12　工程信息化设计

1）简述设计依据、工程信息化建设目标、任务、原则及建设方案；

2）改扩建工程应说明工程信息化现状；

3）根据工程建设任务、规模、建筑物特点及工程运用方式，确定系统信息化需求；

4）确定系统总体架构方案；

5）确定各系统的功能、设计方案及主要软、硬件配置；

6）对于具备条件的项目，研究提出拟建项目数字化应用方案。

1.6　施工组织设计

1.6.1　说明工程所在地施工条件，提出导流建（构）筑物级别，确定施工总布置、施工导流时段、导流标准及导流方式、各导流建（构）筑物的布置、结构形式等。

1.6.2　确定土石方挖填平衡方案、选定弃土（渣）场址。

1.6.3　确定主要建（构）筑物施工方法、重要管线保护措施等。

1.6.4　提出"危大工程"施工方案（如有）。

1.6.5　确定施工期间交通疏解方案。

1.6.6　确定施工进度安排和施工总工期。

1.7　征地拆迁

1.7.1　确定工程建设区永久征地和临时用地范围、征地性质。

1.7.2　确定征地范围内的各类实物及拆迁量。

1.8　环境保护设计

1.8.1　说明工程地点环境现状。

1.8.2　分析工程建设对环境的影响及应对措施。

1.8.3　分析施工期污废水、工程排水、废气、噪声、固体废物、清淤对受纳水体、大气环境、声环境、地下水等的影响及应对措施。

1.8.4　涉及特有陆生植物和古树名木的，应提出保护措施。

1.9　水土保持设计

1.9.1　简述设计依据和原则。

1.9.2　说明工程所在区水土流失及防治现状。

1.9.3　确定水土流失防治责任范围、防治目标。

1.9.4　复核工程可能造成的水土流失预测及危害分析。

1.9.5　确定水土流失分区防治措施设计。

1.9.6　提出水土保持监测与管理方案。

1.10　劳动安全与工业卫生

1.10.1　简述设计依据。

1.10.2　确定在工程建设和运行中影响劳动安全与工业卫生的主要危险和有害因素以及危害程度。

1.10.3　提出防机械伤害、电气伤害、坠落伤害、雷击伤害、洪水淹没伤害、火灾伤害等的要求和设计原则，确定防护措施。

1.10.4　提出防噪声与振动、电磁辐射、尘埃与污物等有害因素以及工作场所采光与照明、通风、温度与湿度控制、防水与防潮的要求和设计原则，确定保障措施。

1.11　节能设计

1.11.1　说明设计依据和原则。

1.11.2　确定工程应遵循的用能标准及节能设计规范。

1.11.3　确定工程建设期及运行期能源消耗情况及主要能耗指标。

1.11.4　确定工程建设期和运行期的节能措施。

1.12　运营管理

1.12.1　简述工程功能和任务，确定工程运行维护主体、管理任务，明确管理机构设置及人员编制。

1.12.2　确定工程管理范围和保护范围。

1.12.3　明确日常维护、安全监测、调度运行等方面的管理要求、技术要点。

1.12.4　明确运行管理所需的预报预警、决策支持、巡查巡检等信息化设施设备的建设内容。

1.12.5　提出超标洪水应对措施及应急预案。

1.13　结论与建议

1.13.1　综述本工程初设报告主要结论。

1.13.2　提出施工图设计阶段需要补充的资料和工作建议。

1.13.3　计划采用的新技术、新材料、新设备、新工艺及计划开展的科研项目。

1.14　附件

1.14.1　项目单位的委托书、中标通知书或者有关合同、协议书。

1.14.2　可行性研究报告批复文件。

1.14.3　项目用地预审与选址意见书。

1.14.4　用电协议。

1.14.5　相关防洪工程规划批复文件。

1.14.6 其他必要的附件。

2 工程概算书

见本规定"投资估算、经济评价和概预算"的相关章节。

3 主要工程量、主要设备材料表

列出全部工程及分期建设的工程量，需要的主要设备材料的名称、规格（型号）、数量等（以表格方式列出清单），包括：

1）主要建（构）筑物表；

2）主要机械设备材料表；

3）主要电气设备材料表；

4）主要自控设备表；

5）主要自控仪表表；

6）主要暖通设备表；

7）其他必要的附表。

4 初步设计图纸

4.1 总体布置图

4.1.1 工程位置图

4.1.2 总平面布置图

比例一般采用 1：500～1：10000，图上应注明采用的坐标系统及高程系统。图上表示出地形、地貌、地物、河流及其流向、风玫瑰图，现有的和设计的防洪工程，工程边界和河道管理范围；现有的和设计的防洪工程、堤防、护岸、渠道、海堤、山洪沟、泥石流沟等应表示出位置、长度、走向；工程特性表和坐标控制表。

4.1.3 平面布置图

比例一般采用 1：500～1：5000；标示出分幅索引图，标示关键节点坐标、必要的文字说明（如图中计量单位、坐标系和高程基准等），与工程相关的管线平面布置图、管线迁改图。

4.1.4 纵断面图

比例一般采用：水平 1：200～1：2000，垂直 1：100～1：500，图上应表示出原地面高程、设计河（渠、沟）底和堤（岸）顶标高、设计水面线、各种交叉构筑物位置等。

4.1.5 横断面图

比例一般采用 1∶100～1∶200，一般按照 100～200m 编制，图中应表示出设计河（渠、沟）底标高、堤（岸）顶标高、设计水位、断面设计尺寸、结构型式、基础做法和建筑材料等。

4.2 枢纽工程或单体工程图

4.2.1 平面布置图

比例一般采用 1∶100～1∶1000；图上应表示出坐标轴线、等高线、指北针、图例、河流及其流向、构筑物的主要结构形式、平面尺寸、建筑材料、高程、特征水位、河道管理范围边界等内容；图上应列出构筑物一览表、主要设备名称、数量、设计参数等。

4.2.2 结构图

图上应表示出构造形式、地质剖面、断面尺寸、各部位标高关系、设计水位、基础形式等。

4.2.3 工程监测图

说明监测项目，表示出监测范围、监测点布置，列出主要监测仪器设备参数及数量。

4.2.4 电气设计图

1）高、低压配电系统图：应包括变电、配电、用电启动和保护等设备型号、规格和编号，列出主要设备材料表，应说明工作原理、主要技术数据和要求等。

2）变电所、配电间、操作控制间等电气设备布置图，供电控制线路敷设图、接地装置图，列出主要设备材料表等。

3）电气设备安装图：应列出材料明细表、制作或安装说明。

4）电气总平面图：应表示出各构筑物的布置、架空和电缆配电线路、照明布置等。

5）自控仪表图：应表示出控制系统配置图、仪表检测流程图、安防系统配置图、控制室平面图、自控仪表平面布置图，列出主要设备材料表等。

6）自控系统框图、带检测点的流程图、控制点数表。

4.2.5 非标设备设计图

4.2.6 工程信息化图

有信息化、智能化要求的工程应进行信息化、智能化设计。

4.2.7 原有工程保护、恢复设计图

对原有工程需要保护的应进行保护设计，对原有工程破坏的应进行恢复设计。

4.2.8 附属建（构）筑物设计图

附属建（构）筑物的建筑、结构、供电、仪表及自控、供暖通风设计图。

4.2.9 施工组织设计图

施工总体布置图、施工进度横道图、施工导流工程布置图、导流构筑物结构布置图。

4.2.10 水土保持设计图

1）防护及坡面种植设计平面图，表示出植物名称、间距、位置、范围和数量。

2）植物材料表，表示出植物的名称、规格、数量。

4.2.11 环境保护设计图

环境保护措施总体布局图。

第三章 防洪工程施工图设计文件编制深度规定

1 设计说明

1.1 设计依据

1.1.1 简述初步设计文件批准的机关、文号、日期及主要审批内容。

1.1.2 初步设计文件主要批复意见。

1.1.3 设计资料。

1.1.4 采用的设计规范和标准。

1.2 施工图设计说明

1.2.1 设计概述

1）工程主要建设内容、工程规模、工程等级、设计标准、工程合理使用年限、工程总体布置。

2）设计图中采用的坐标系统、高程系统。

3）设计图中坐标、标高、结构尺寸采用的单位。

4）结构抗震设防烈度、抗震措施。

5）不良地基的地质情况、不良地基的处理措施、回填土的技术要求、抗液化措施及要求说明。

6）结构用材的品种、规格、型号、强度等级、钢筋类别、钢筋保护层厚度、钢筋连接和锚固要求等。

7）对加固工程，说明工程检测情况、主要鉴定结论、工程的主要病害及加固工程内容。

8）采用的计算软件及参数。

9）地下管线迁移、保护措施及要求。

10）与其他市政工程和专业配合的设计工作的协调说明。

11）新技术采用情况及选择依据的说明。

1.2.2　施工、安装及质量验收

1）施工方法及技术要求说明，安装注意事项。

2）质量验收要求。

3）涉及"危险性较大的分部分项工程"及"超过一定规模的危险性较大的分部分项工程"，应当在设计文件中注明涉及"危大工程"的重点部位和环节，提出保障工程周边环境安全和工程施工安全的措施。

4）汛期施工要点。

5）防洪度汛及超标准洪水应急预案。

6）劳动安全与保障措施。

1.2.3　运行管理

1）工程运行管理要点。

2）数字化应用的工程，提出数据运维、网络与数据安全保障等要点。

1.3　与初步设计对比情况

说明与初步设计对比情况，如有调整，应说明调整内容、原因、论证及批复情况；对上一阶段技术审查主要意见的响应。

2　设计图纸

2.1　总体布置图

1）工程位置示意图。

2）总平面布置图比例采用 1：500～1：5000。

3）平面布置图应表示出各构筑物的相对位置及坐标、征地红线（包括永久征地和临时占地）、管理范围线、弃土（渣）区，图上应表示出地形、地貌、地物、河流及其流向、风玫瑰图，现有的和设计的防洪工程、堤防、护岸、渠道、海堤、山洪沟等应表示出平面定位、长度、走向。

4）列出工程项目表、工程特性表、坐标控制表、图例等，注明各构筑物设计规模、等级等。

5）纵断面图比例采用：水平 1：200～1：2000，垂直 1：100～1：500，图上应标注原地面标高、设计堤（沟）顶标高、设计水位标高、设计堤（沟）底标高、坡度、间

距、桩号等，表示出水工建筑物及交叉构筑物。

6）横断面图比例一般采用 1：100～1：200，一般按 20～100m 间距绘制，特殊地形段或者河道较短时应适当加密，图上应标注设计河（沟）底标高、堤（岸）顶标高、设计水位、断面设计尺寸、结构形式、基础做法和建筑材料等。

2.2 枢纽工程或单体工程图

1）平面图比例一般采用 1：100～1：500。

2）图中应表示出坐标轴线、等高线、指北针、图例、河流（沟）及其流向，构筑物的主要结构形式、平面尺寸、建筑材料、高程、特征水位、河道管理范围边界等内容。

3）列出构筑物一览表、主要设备名称、数量、设计参数等。

4）结构图中应表示出构造形式、地质剖面、断面尺寸、各部位标高、设计水位、基础形式、基础处理等。

5）形状特殊、开孔或连接较复杂的节点应有细部设计图或者大样图。

2.3 钢筋图

1）平面图中标示出钢筋型号、直径、间距（或根数）、长度、截断点位置、排列方式等。

2）剖面图中表示出主筋和分布筋的内外次序、拉结筋的布置、钢筋型号、直径、间距（或根数）、长度、截断点位置等，预制构件应反映加强筋的布置等。

3）钢筋布置较复杂的部位应绘制钢筋大样图，注明钢筋型号、直径、形状等，并在平面图或剖面图中作相应标注。

4）钢筋表应注明编号、型号、直径、形状、尺寸、数量、重量等。

2.4 工程监测图

说明监测项目，表示出监测范围、监测点布置，列出主要监测仪器设备参数及数量。

2.5 电气设计图

1）高、低压配电系统图和一、二次回路接线原理图。应包括变电、配电、用电启动和保护等设备型号、规格和编号，列出主要设备材料表，说明工作原理、主要技术数据和要求等。

2）各构筑物平面、剖面图。应包括变电所、配电间、操作控制间等电气设备位置，供电控制线路敷设、接地装置、设备材料明细表、施工说明及注意事项等。

3）各种保护和控制原理图、接线图。应包括系统布置原理图，引出或引入的接线端子排编号、符号和设备一览表，以及动作原理说明等。

4）电气设备安装图。应包括材料明细表、制作或安装说明等。

5）室内外线路照明平面图。应包括各构筑物的布置、架空和电缆配电线路、控制线路及照明布置。

6）自控仪表图。应包括控制系统配置图、仪表检测流程图、安防系统配置图、控制室平面图、自控仪表平面图及剖面图、主要设备材料表等。

7）自控系统框图、带检测点的流程图、控制点数表、配置图。

8）控制室布置图、仪表安装大样图。

9）各建（构）筑物防雷接地图。

2.6　非标设备设计图

1）非标准闸门等设备总装图。应注明机械构造部件组装位置、技术要求、设备性能、使用须知及注意事项，附主要部件一览表。

2）部件图。应注明装配精度和必要的技术措施。

3）零件图。应注明工作加工详细尺寸、精度等级、技术指标和措施。

2.7　附属建（构）筑物设计图

附属建（构）筑物的建筑、结构、供电、仪表及自控、供暖通风设计图、消防设计图。

2.8　原有工程保护、恢复设计图

对原有工程需要保护的应进行保护设计，对原有工程破坏的应进行恢复设计。

2.9　工程信息化图

有信息化、智能化要求的工程应进行信息化、智能化设计。

2.10　施工组织设计图

表示出施工场地布置、基坑开挖、施工降排水、施工导流、施工围堰等。

2.11　水土保持设计图

坡面种植设计平面图，图中应表示出植物名称、间距、位置、范围和数量；植物材料表应表示出植物的名称、规格、数量。

2.12　环境保护设计图

标明环境保护措施总体布局。

第七篇　燃气工程

第一章　燃气工程可行性研究报告文件编制深度

说明：本规定提出了燃气工程可行性研究报告的编制深度要求，适用于企业投资项目。政府投资项目可行性研究报告应按照《政府投资项目可行性研究报告编写通用大纲》（2023年版）编制。

1　概述

1.1　项目概况

简述项目全称及简称。概述项目建设目标和任务、建设地点、建设内容和规模、建设工期、投资规模和资金来源、建设模式、主要技术经济指标等。

1.2　项目单位概况

简述项目单位基本信息、发展现状、财务状况、类似项目情况、企业信用和总体能力，有关政府批复和金融机构支持等情况。分析企业综合能力与拟建项目的匹配性。属于国有控股企业的，应说明其上级控股单位的主责主业，以及拟建项目与其主责主业的符合性。

1.3　项目条件

项目所在地的地理位置、人口规模、社会经济发展水平、自然条件。市政基础设施（重点是与城市燃气的使用、发展有关）的状况、能源供应及消费状况、大气环境状况等。

1.4　燃气供应现状与规划

简要介绍城市燃气的专业规划，说明项目在当地燃气规划中的位置和作用。当无燃气专业规划时，简要介绍城市总体规划中有关燃气专业方面的内容。结合项目实际，介绍燃气工程现状及存在的问题。

1.5　项目建设的必要性

从发挥城市功能、改善地区环境状况、促进生产、节约能源、保证安全稳定供气、社会经济效益和提高城市人民生活质量等方面论述项目建设的必要性。

1.6　项目建设的可行性

从项目的政策符合性、规划符合性、资源保障程度、市场需求情况及项目技术的成熟情况、项目的经济性等方面论述本项目建设的可行性。

1.7　编制依据

1.7.1　业主的委托书及有关的合同、协议书。

1.7.2　项目建议书及批复文件。

1.7.3　城市总体规划和燃气专业规划。

1.7.4　与上游的供气协议或意向书。

1.7.5　主要法规、规范、标准、政策文件。

1.7.6　用地现状测绘地形图。

1.7.7　规划用地条件图。

1.7.8　行业政策和行业准入条件。

1.7.9　专题研究成果（如有）。

1.8　研究范围

说明本研究报告的研究范围、内容和要求以及说明在本阶段单独要求委托其他单位专门研究的项目或有关专题研究项目。

1.9　工程内容概述

1.10　主要结论和建议

简述项目可行性研究的主要结论和建议。

2　供气规模及气化范围

2.1　燃气市场需求调查与分析

2.2　城市燃气的供气原则、气化范围及气化率

2.3　各类用户用气负荷的分类与计算

2.4　气量平衡计算

2.5　各类用户小时计算流量

2.6　供气规模的确定

2.7　储气调峰量的计算

2.8 应急储备量的计算

3 项目选址与要素保障

3.1 项目选址或选线

通过多方案比较，选择项目最佳或合理的场址或线路方案，明确拟建项目场址的土地权属、供地方式、土地利用状况，场址或线路方案是否涉及矿产压覆、占用耕地和永久基本农田，是否涉及生态保护红线、地质灾害危险性评估等情况。

3.2 项目建设条件

分析拟建项目所在区域的自然环境、交通运输、公用工程等建设条件，其中公用工程条件包括周边市政道路、水、电、气、热、消防和通信等。

3.3 要素保障分析

3.3.1 土地要素保障

说明拟建项目用地总体情况，包括地上（下）建（构）筑物情况等。

3.3.2 资源环境要素保障

分析拟建项目水资源、能源、大气环境及其保障条件，以及取水总量、能耗、碳排放强度和污染减排指标控制要求等。

4 工程方案

4.1 气源工程

阐述本地区燃气气源供应现状、存在问题及发展规划。说明本项目可利用气源情况、气源条件（包括供气压力、供气温度、供气量、气源质量及调峰情况）和发展规划等。

4.2 输配系统方案

本部分应对项目输配系统整体进行论述，宜进行多方案分析比较。

4.2.1 输配系统的组成及压力级制的比选与确定。

4.2.2 储气方案比较与选择。

4.2.3 管网布置及水力工况分析。

4.2.4 门站、储配站数量、位置及通过能力的确定。

4.2.5 调压站数量、位置及通过能力的确定。

4.3 厂站工程

4.3.1 项目选址及建设条件

说明厂址自然条件、水文地质条件、工程地质条件、外部条件（供水、供电、排污、消防、防洪、交通等）、运输方式（水路、公路、铁路）的方案比较及推荐意见。

4.3.2 厂区总平面布置

说明分区布置情况、厂前区布置、运输装卸设施情况、辅助设施情况、总占地面积、建筑面积、绿化覆盖率及扩建设想等。场站站内建（构）筑物、工艺装置与站区内外相邻其他设施的设计间距的要求，含设计距离和规范要求间距比对数据。

4.3.3 工艺

1）阐述各类工艺路线，给出设计原则、设计规模、生产方法及工艺流程的方案比较及推荐意见。

2）阐述主要设备选型计算、配置及相关说明。

3）说明气源质量情况，重要原料、燃料的品质要求、来源、供应方式及可靠性，废弃物的数量及去向，并阐述化工产品销售去向及状况预测。

4.3.4 公用工程

包括给水、排水、污水、暖通、空调、供电、自控仪表、通信等系统和土建工程。该部分只要求一般性简要描述，重点说明有特殊要求或需采用新工艺、新设备的部位。

4.4 燃气管道工程

4.4.1 确定燃气主要干线管道的布局、走向，管径及管道长度，调压站（箱）的设置。

4.4.2 确定管材、阀门（或阀室）及管道腐蚀控制措施。

4.4.3 确定特殊地段（如重要的穿、跨越工程等）的设计方案。宜进行多方案分析比较。

4.4.4 老旧燃气管网工程（如有）。

应分析评估老旧燃气管网存在的隐患及改造原因。确定改造范围及改造方案，对改造前后的厂站、管道通过能力进行计算分析，制定管道的腐蚀控制措施，并提出改造期间用户安全用气的保障措施。

4.5 监控系统及智慧燃气工程

4.5.1 计算机监控系统的拓扑结构、系统类型。

4.5.2 测控中心及各级测控站的功能描述。

4.5.3 通信方式及联网通信站点选择。

4.5.4 测控中心主要硬件设备的配置方案。

4.5.5 网络安全配置方案。

4.5.6 智慧燃气配置及功能描述（如有）。

4.6 安防系统描述（如有）

4.7 用地征收补偿（安置）方案（如有）

涉及土地征收的项目，应根据有关法律法规政策规定，确定征收补偿（安置）方案，包括征收范围、土地现状、征收目的、补偿方式和标准、安置对象、安置方式、社会保障等内容。

4.8 建设管理方案

提出项目建设组织模式、控制性工期和分期实施方案，确定项目建设是否满足投资管理合规性和施工安全管理要求。如果涉及招标，明确招标范围、招标组织形式和招标方式等。提出项目进度计划。

5 主要工程量及主要设备材料

5.1 厂站及管网工程量

包括厂站的规模及数量，各种管线及附属设施，主要设备材料的规格及数量。项目中有需要进口的特殊设备时，应特殊说明。

5.2 监控系统及智慧燃气工程量

5.3 安防系统工程量（如有）

6 环境保护

6.1 执行的环境保护标准

6.2 说明用气或建厂地区的环境现状

6.3 项目产生的废气、废水、灰渣排放量及噪声的估算

6.4 项目采取的污染防治措施及专项投资估算

6.5 环境影响初步分析（根据环境影响评价结论说明项目实施后对环境质量的改善程度）

7 节能

说明项目中主要耗能的部位、能源种类以及采取的相应节能措施。计算项目能源投入产出比，并应符合国家有关规定。

8　消防

8.1　应遵循的消防规程和标准

8.2　说明重点防火部位、采取的消防措施及投资估算

9　劳动安全与工业卫生

9.1　应遵循的劳动安全卫生规程和标准

9.2　简述生产中可能产生的职业危害以及造成危害的因素

9.3　采取的劳动安全和工业卫生措施

10　项目运营方案

10.1　生产经营方案

简要介绍企业实施和运行、管理项目的能力。说明项目建成后的组织机构模式及各岗位人员配置数量，并说明配套设施和维护、抢修设备。除说明厂、站工程项目已包含的办公、管理用房之外，还需另外说明单独配置的办公、管理、营业用房的建筑面积，为维护、抢修需配置的车辆、机泵等设备。对上述配置作出费用估计。

10.2　安全保障方案

分析项目运营管理中存在的危险因素及其危害程度，提出安全生产责任制、设置安全管理机构、建立安全管理体系的建议，指出安全措施，为制定项目安全应急管理预案提供保障。

10.3　运营管理方案

简述拟建项目的运营机构设置方案，明确项目运营模式和治理结构要求，简述项目绩效考核方案、奖惩机制等，绩效考核方案可从工程建设（规划执行情况、燃气设施建设程序合法合规性等）、气源供应保障能力（气源合同落实、储气调峰能力、燃气质量等）、服务质量（安全检查、用户投诉处理、用户安全教育等）、安全生产管理及应急救援能力等维度制定评价指标体系。

11　投资估算、资金筹措及经济评价

见本规定"投资估算、经济评价和概预算"相关章节。

12 项目影响效果分析

12.1 经济影响分析

对于具有明显经济外部效应的企业投资项目，论证项目费用效益或效果，以及重大项目可能对宏观经济、产业经济、区域经济等产生的影响，评价拟建项目的经济合理性。项目较小时，可适当删减。

12.2 社会影响分析

通过社会调查和公众参与，识别项目主要社会影响因素和关键利益相关者，分析不同目标群体的诉求及其对项目的支持程度，评价项目在带动当地就业、促进企业员工发展、社区发展和社会发展等方面的社会责任，提出减缓负面社会影响的措施或方案。项目不涉及的可删减。

12.3 资源和能源利用效果分析

对于煤制气项目，分析项目所需消耗的资源品种、数量、来源情况，以及非常规水源和污水资源化利用情况，提出资源综合利用方案和资源节约措施，计算采取资源节约和资源化利用措施后的资源消耗总量及强度。

计算采取节能措施后的全口径能源消耗总量、原料用能消耗量、可再生能源消耗量等指标，评价项目能效水平。常规燃气输配项目不涉及能源利用的可不进行。

12.4 碳达峰碳中和分析

对于高耗能、高排放的煤制气项目，在项目能源资源利用分析基础上，预测并核算项目年度碳排放总量、主要产品碳排放强度，提出项目碳排放控制方案，明确拟采取减少碳排放的路径与方式，分析项目对所在地区碳达峰碳中和目标实现的影响。常规燃气输配项目仅作标准煤替代减排二氧化碳分析。

13 项目风险管控方案

13.1 风险识别与评价

识别项目市场需求、关键技术、工程建设、运营管理、投融资、财务效益、生态环境、社会影响、网络与数据安全等方面的风险，分析各风险发生的可能性、损失程度，以及风险承担主体的韧性或脆弱性，判断各风险后果的严重程度，研究确定项目面临的主要风险。

13.2 风险管控方案

结合项目特点和风险评价，有针对性地提出项目主要风险的防范和化解措施。重大项目应当对社会稳定风险进行调查分析，查找并列出风险点、风险发生的可能性及影响程度，提出防范和化解风险的方案措施，提出采取相关措施后的社会稳定风险等级建议。对可能引发"邻避"问题的，应提出综合管控方案，保证影响社会稳定的风险在采取措施后处于低风险且可控状态。项目较小时，可适当删减。

13.3 风险应急预案

对于拟建项目可能存在的风险，研究提出重大风险应急预案编制原则，明确应急处置及应急演练要求等。

14 结论和存在问题

14.1 结论及建议

在技术、经济、效益、环境等方面论证的基础上，提出项目的总评价和各项建议。

14.2 存在问题

说明有待进一步研究解决的主要问题。

15 附件

项目审批需要的各类批件和附件。如上级主管部门对项目建议书的审查意见和批复文件，当地规划管理部门对本项目厂址用地、管网布局认可的文件，有关外部市政配套（水、电、暖等）条件，原料及燃料、上游供气部门的意向性协议文件，其他与项目有关的文件，环境评价报告，等等。

16 附图

1）项目区域位置图。

2）气源厂、储配站、液化石油气供应基地的总平面图。

3）各厂站的工艺流程图。

4）燃气管网（含调压站、箱）平面布置图。

5）燃气管网水力计算简图。

6）计算机监控系统拓扑结构示意图。

7）其他必要的图纸。

第二章　燃气工程初步设计文件编制深度

1　设计说明书

1.1　概述

1.1.1　设计依据

1）设计委托书；

2）项目前期文件及上级主管部门对项目的批复文件；

3）资源（气源）文件、环境影响评价报告、安全评价报告、地质灾害评价报告（如有）、防洪评价报告（如有）、社会稳定风险评价报告（如有）；

4）原料质量或上游气质资料；

5）供气（汽）、供水、供电、排水、防洪、铁路接轨、消防、通信等各种外部设计条件的协议；

6）岩土工程勘察报告、地震设防烈度资料；

7）当地规划部门对本工程选址、管线路由等的批复文件；

8）用地现状测绘地形图（测绘比例应为以下三种之一：1∶500；1∶1000；1∶2000）；

9）采用的国家有关行业政策、设计规范、规程及标准；

10）其他有关资料。

1.1.2　工程概况

1）阐述工程建设规模、主要工程内容、工程投资；

2）说明与本项目有关的现状厂站、管网等供气设施的状况及存在的问题，对于和项目有关联的事项应予详细说明；

3）说明初步设计阶段与可行性研究报告批复工程量对比情况（如有）。

1.1.3　项目概况及自然条件

1）阐述项目所在的地理位置、行政区划、城市或区域现状和发展规划；

2）说明地形、地貌、工程水文地质、地震烈度、气象、环境污染等有关情况。

1.1.4　设计原则

1.2　输配系统

1.2.1　阐述输配系统的组成及压力级制

1.2.2　说明储气方案

1.3 厂站工程

1.3.1 总图运输

1）说明厂址及周边环境状况、厂区地形地貌、气象及水文地质条件；

2）说明供水、供电、给水、排水、消防、环境以及铁路接轨等外部条件落实情况；

3）对总平面布置原则及布置的简要说明，包括：分区布置情况、各区（生产区、生产辅助区和生活区）内部布置、扩建设想、消防安全措施等；

4）说明厂区竖向布置，包括土石方量的计算、填挖方量的平衡等、厂区排水及厂站防洪方案等；

5）说明技术经济指标，列出总占地面积、建（构）筑物占地面积、建筑系数、土石方量、铁路长度、道路面积及绿地覆盖率等有关数据。

1.3.2 工艺系统

1）阐述设计原则、设计规模、工艺流程、生产方法、车间组成及主要工艺设备布置；

2）说明原料、燃料和辅助材料、成品、废弃物的数量、规格及去向；

3）说明主要操作指标和能源消耗指标；

4）说明主要设备的选择和配置，工艺设备选型计算，工艺设备最大尺寸要求（如有）；

5）针对工艺管道强度、柔性及抗震设计予以说明；

6）提出管道的腐蚀控制设计（含电保护）。

1.3.3 公用工程

1）土建（建筑、结构）设计，可包括：设计依据、设计范围；根据生产工艺要求或使用功能确定的建筑平面布置、开间、层数、层高和装饰；建筑物的生产类别、防爆、耐火等级以及对室内供暖、通风、消防、防爆泄压等特殊要求所采取的措施；建（构）筑物工程所在场地的工程地质及水文地质条件、抗震设计烈度、采用的地基处理方式、基础和结构、特殊结构类型，并列表表示；建筑抗震设防类别及抗震措施；对结构设计的特殊要求和主要结构材料的选用；采用新结构、新材料以及重要结构方案比较的说明；当为改扩建项目时，应说明原有房屋的可靠性鉴定结果、沉降观测资料、新老站房连接措施。

2）热力管道及暖通空调设计

简述各种管道系统单位负荷指标及总负荷计算，各种管道系统介质种类、介质参数的确定；说明各种管道系统的流程，废气、废液、废渣排放的种类、数量、浓度及处理措施和达到的标准；说明锅炉、制冷、空调、空压机组以及水处理、消声、消烟除尘等辅助设备的能力、选型，说明选定设备的规格、技术参数、台数；说明室外管道平面布置、敷设方式确定、水力工况计算，以及管道材质与保温、防腐措施。

3）给水、排水、消防设计

简述全厂生产、生活、消防用水部位及水量明细表与水量平衡方案；说明水源及取水方案的选择和确定，由城市供水时说明接管点位置、水压、水量；对生活用水、生产用水、消防用水、循环水、直流水和制冷水系统分别进行介绍，对消防用水量计算原则、消防水池及消防泵选择予以说明；说明室外给水管道的材质、水力工况计算、管网压力、管网平面布置的确定；说明室外排水（包括雨水）系统划分及管道平面布置，说明全厂污水量及其成分、性质，污水处理方案及流程、处理深度及达到的标准，污水处理的主要设备及构筑物的选择。

4）供配电设计

说明供配电设计依据、设计范围、外部电源情况及工程对电源的要求、负荷等级、备用电源的运行方式；说明供电负荷计算、电源电压、供电电压、供配电系统的确定及变电室设置情况；说明室外供配电线路布置、敷设方式选择、主要电气设备、线材的选型；说明防爆等级、防雷、防静电要求及措施；说明继电保护和功率因数补偿；说明照明电源、电压、容量、照度标准及配电系统形式；说明电气设备抗震措施。

5）自控仪表设计

说明仪表自动控制设计的原则和标准；控制方案选择、控制原理，各级测控站的功能描述；主要仪表和控制设备选型、防爆要求；采用的通信要求、通信方式、通信设计的范围和内容；网络安全配置方案（如有）；智慧燃气配置及功能描述（如有）。

6）安防系统设计（如有）

1.4 管网工程

按不同的燃气种类和压力等级分别介绍。

1.4.1 工艺专业设计

1）简述管网平面布置和主干线管道敷设位置、敷设方式的选择；

2）简述管网设计计算负荷的确定和水力计算；

3）说明管道材质、壁厚、阀门、附件及主要设备；

4）说明重要阀室的设置；

5）说明特殊穿（跨）越工程的方案比较及专项方案的说明。

1.4.2 腐蚀控制

管道防腐（含电保护）措施的选择与计算。

1.4.3 结构设计

1）管道敷设场地的水文地质条件，地基承载力；

2）架空管道支架，特殊重要阀室，穿（跨）越工程结构设计。

1.4.4 其他公用专业设计

根据涉及专业及功能要求，参照本章1.3.3节执行。

1.5 调压站（箱）工程

1.5.1 调压站的布置和选址，区域调压站、专用调压站一览表。

1.5.2 调压流程、主要设备选型计算和配置。

1.5.3 自控仪表设置。

1.5.4 典型调压站的总平面及主要设备平面布置。

1.5.5 调压站的建筑结构及公用工程等参照本章1.3.3节执行。

1.6 老旧燃气管道改造工程（如有）

1.6.1 现状老旧燃气管道供气、设施评估与分析。

1.6.2 包括管道腐蚀控制措施的工程改造技术方案。

1.7 监控及数据采集系统

1.7.1 监控中心功能描述，软硬件设备性能、配置数量的说明。

1.7.2 通信系统方案比选说明及选定通信方式的设备、技术参数说明。

1.7.3 各类测控点的功能描述及软硬件设备配置。

1.8 生产服务配套设施

1.8.1 生产服务配套设施配置的必要性。

1.8.2 配套设施的项目构成、标准、数量。

1.9 环境保护

1.9.1 概述有关污染物的排放标准、厂区环境、自然条件。

1.9.2 主要污染源及其控制措施、治理方法。

1.10 节能

1.10.1 概述耗能的主要部位、能耗情况。

1.10.2 采取的节能措施、预期的节能效果。

1.11 劳动安全与工业卫生

1.11.1 设计中采取的安全措施和改善职工劳动条件的措施。

1.11.2 施工过程中如涉及危险性较大的分部分项工程应采取的安全措施。

1.12 消防

1.12.1 厂站生产建（构）筑物的耐火等级、建（构）筑物间的防火间距、消防车道设置。

1.12.2 建筑火灾危险性分类、建筑灭火器设置。

1.12.3 建筑物的通风、防爆、消防设施等。

1.12.4 生产设施的消防水量计算及消防水池、消防泵房的设置。

1.13 社会稳定风险分析（如有）

1.13.1 工程项目的社会稳定风险分析。

1.13.2 应对社会稳定风险采取的措施。

1.14 安全运营管理（如有）

1.14.1 安全运营管理组织机构建议。

1.14.2 安全运营管理人员职责建议。

1.14.3 安全运营管理策略建议。

1.15 工程量汇总

1.15.1 各种管径的管线长度。

1.15.2 厂站规模、数量。

1.15.3 附属建筑物面积。

1.15.4 拆迁量统计。

1.16 目前存在的主要问题及建议

1.17 附件

1.17.1 设计依据原始文件的复印件。

1.17.2 外部设计条件协议书的复印件。

1.17.3 管网水力工况计算图表。

2 主要材料及设备表

1）全部工程及分期建设需用的管材及主要设备的名称、规格、数量等（以表格方式列出清单，并注明标准化设备、材料的执行标准，非标准化设备给定性能参数要求）。

2）运行管理及维护检修需要的设备、车辆等。

3　工程概算书

见本规定"投资估算、经济评价和概预算"相关章节。

4　设计图纸

初步设计图纸一般应包括下列内容，根据具体情况可予增减。

4.1　厂址方位图和总体布置图

表示项目中各个厂（站）、各种压力等级的主干线（低压管网不要求）所在城市中的地理位置，标明它们之间以及与现有燃气设施间的地理位置关系。当项目为单一的厂站工程或管线工程时，则为工程方位图，仅表示工程所处城市中的方位。

4.2　厂（站）总平面布置图

4.3　厂（站）室外管线综合布置图

4.4　厂（站）工艺流程图

4.5　带测控点的工艺流程图

4.6　供配电系统图

4.7　工艺车间、水泵房、风机室、变配电室、控制中心、锅炉房等各专业主要设备平面布置图

4.8　主要建筑物的平面、立面、剖面图

4.9　主干管线、调压站平面布置图

4.10　特殊穿（跨）越地段设计图

4.11　监控系统图纸

4.12　其他必要的图纸

第三章 燃气工程施工图设计文件编制深度

1 设计说明书

1.1 设计依据

1.1.1 设计合同或委托书。

1.1.2 初步设计及批复文件。

1.1.3 规划部门审批意见。

1.1.4 特殊工程及外部设计条件协议。

1.1.5 采用的主要规范、标准。

1.1.6 工程范围现状地形测绘图（测绘比例不低于 1∶500）。

1.1.7 工程地质详勘报告及其他需要的资料。

1.2 工程概况

1.2.1 工程地理位置、总体工程规模。

1.2.2 本次设计的主要内容及工程规模。

1.2.3 如与初步设计内容有较大变化时，应阐明原因、依据，并说明更改的主要内容。

1.3 工程设计

1.3.1 工艺设计

1）厂站工程应说明主要设计参数、管道设计工作年限、主要设备及工艺管道的设计功能、各种工艺管道与外部配套设施的关系。

2）管道工程应说明管道平面及纵断面位置、管材及接口、管道附件、阀室设置、管道防腐、管道穿（跨）越方式及特殊处理措施等，并提出管道设计工作年限要求。

3）老旧燃气管道改造工程（如有），应对现状老旧燃气管道供气设施进行评估与分析，并提出包括改造期间用户安全用气的保障措施的改造技术方案。

1.3.2 建筑结构设计

参照现行《建筑工程设计文件编制深度规定》执行。

1.3.3 其他专业设计

1.4 施工安装及验收要求

1.4.1 施工中注意事项及技术要求。

1.4.2 施工验收标准，说明压力试验要求、焊接检验要求等。

1.5 施工安全要求

初步分析施工期间是否涉及危险性较大的分部分项工程作业，并提出保障工程周边环境安全和工程施工安全的意见，必要时进行专项设计。

1.6 其他有关必要的论述

2 施工图概算书（必要时）

见本规定"投资估算、经济评价和概预算"相关章节。

3 主要材料设备表

1）管材应标注种类、外径、壁厚、材质、防腐种类以及执行标准等。

2）说明设备及附件应标注公称管径、公称压力、性能参数（进出口压力、流量、功率、扬程、厚度等）以及执行标准。

3）注明标准化设备、材料的执行标准，非标准化设备给定性能参数要求。

4）涉及压力管道的设计项目，应按现行《压力管道监督检验规则》TSG D7006—2020 要求编制压力管道数据表。

4 设计图纸

4.1 总体布置图

与初步设计基本相同，但增加表示工程分项情况的内容。要求各分项用代码或符号表示所处的城市地理位置，通过列表示明各分项工程的名称和工程号。

4.2 厂站工程

4.2.1 总图

1）土方平衡和挡土墙图；

2）总平面图；

3）围墙大门图；

4）厂区道路图；

5）厂区室外管道综合平面图；

6）必要的各专业厂区室外管线的平面图、纵断面图、地沟或构筑物断面图、支吊架图；

7）竖向排水及防洪图；

8）厂区照明图；

9）铁路专用线场站平面图（如有）；

10）厂区绿化图。

4.2.2　单体建筑物（含室外装置区）设计图

根据工程分项情况确定，无分项可简化。

1）工艺专业

包括：工艺流程图，设备平面布置图，工艺管道平面布置图、系统图、剖面图、支吊架图，设备、管道安装连接详图，非标设备图。

2）腐蚀控制专业（项目较小时可与工艺专业合并出图）

包括：工艺平面图，设备安装图，必要的局部详图。

3）建筑专业

包括：建筑物的分层平面图、立面图、剖面图，各部分构造详图，室内地沟平面图。

4）结构专业

包括：基础平面图及基础详图，各层结构平面布置图，结构构件详图，留孔和预埋件位置及做法图，设备基础图。

5）热力、暖通专业

包括：流程图或系统透视图，锅炉房、空气压缩机房、空调机房、制冷站设备平面布置图，管道平面布置图，剖面图，必要的设备安装详图、支吊架、保温结构、风管、风口做法图。

6）给水排水专业

包括：水泵房、水池设备平面布置图，管道平面布置图，剖面图，管道支吊架图，用水设备、排水口安装图。

7）供配电专业

包括：供电总平面图，变配电室高低压一次接线图，变配电室平面布置图，动力线路平面图，电缆作业表，照明系统图及平面图，防雷及接地系统平面图，电力拖动和控制信号安装图，爆炸危险区域划分图。

8）　自控仪表及通信

包括：带测控点的工艺流程图，仪表盘、控制台、控制柜盘面布置图，控制设备平面布置图，电缆敷设平面布置图，供电系统图，继电箱图，信号及联锁原理图，仪表安装、连接图，控制设备安装图，电缆清册（必要时），通信及电视监控图，I/O 清册（必要时），安防设计图（必要时）。

4.3 管网工程

4.3.1 工艺专业

1）管网总平面图（必要时）；

2）管线平面布置图；

3）管线纵断面图；

4）阀室工艺图；

5）特殊穿（跨）越图；

6）必要的局部详图；

7）非标设备图。

4.3.2 腐蚀控制专业（项目较小时可与工艺专业合并出图）

1）腐蚀控制设计参数说明；

2）工艺平面图；

3）设备安装图；

4）必要的局部详图。

4.3.3 结构专业

1）阀室结构图；

2）特殊穿（跨）越工程结构图；

3）管道基础或设备基础图。

4.3.4 其他公用专业

根据工程涉及的专业和设计内容，参见本章 4.2.2 节要求绘制相应图

第八篇　热力工程

第一章　热力工程可行性研究报告文件编制深度

说明：可行性研究报告文件编制深度执行本规定，并结合《政府投资项目可行性研究报告编写通用大纲》（2023 年版，简称《通用大纲》）、《企业投资项目可行性研究报告编写参考大纲》（2023 年版，简称《参考大纲》）执行。

1　概述

1.1　项目概况

项目全称及简称。概述项目建设目标和任务、建设内容和规模、建设工期、投资规模和资金来源、建设模式（政府投资项目还包括绩效目标）等。

1.2　项目单位概况

政府投资项目简述项目单位基本情况。企业投资项目简述企业基本信息、发展现状、财务状况、类似项目情况、企业信用和总体能力，以及有关政府批复和金融机构支持等情况，分析企业综合能力与项目的匹配性。

1.3　项目所在地概况

1.3.1　行政区划、地理位置、人口规模、社会经济发展水平。

1.3.2　地形特点、河湖水系、气象条件、工程地质、水文地质、地震烈度等。

1.3.3　资源禀赋分析（电力、天然气、地热资源、水资源、太阳能等）。

1.3.4　工业与民用建筑情况、既有供热现状、环境状况。

1.4　供热规划

简要介绍项目所在地供热专项规划内容（无专项规划时介绍国土空间规划中有关供热方面的内容）及项目在供热规划中的地位。

1.5　编制依据

1.5.1　可行性研究的委托书（合同）。

1.5.2　项目建议书及批复文件。

1.5.3　供热专项规划、国土空间规划及国家和地方有关支持性规划、产业政策和行业准入条件。

1.5.4 水质分析资料，燃料分析资料，水文、地质资料等；必要时提供岩土工程勘察报告、地震安全性评价报告（或特殊设防时）、岩土热响应试验报告、地热水资源勘察报告、水资源水量及水温报告、地质灾害危险性评估报告等。

既有项目改扩建、使用功能改变等，必要时应提供建（构）筑物第三方检测鉴定报告。

1.5.5 供热企业供热协议（意向）书、地下资源利用协议（意向）书等。

1.5.6 法律法规、规章、规范、标准及国家、地方相关政策要求。

1.5.7 企业战略、专题研究成果及其他文件、技术资料。

1.6 编制范围

说明本研究报告的工作范围，委托其他单位专门研究的项目。

1.7 主要结论和建议

2 项目建设背景、必要性

2.1 项目背景

简述项目立项背景、项目审批手续办理和其他前期工作进展情况。

2.2 规划政策符合性

阐述项目与经济社会发展规划、区域规划、专项规划、国土空间规划等重大规划的衔接性。阐述项目与乡村振兴、科技创新、节能减排、碳达峰碳中和、国家安全和应急管理等重大政策目标以及产业政策、行业和市场准入标准等的符合性。

2.3 必要性分析

结合规划、产业政策（企业投资项目需结合企业发展战略需求、市场需求、商业模式）等论述项目建设必要性。

3 热负荷

3.1 热负荷指标

3.1.1 工业热负荷指标：生产工艺现状和规划热负荷的耗汽量指标，工业建筑的供暖、通风、空调及生活热负荷指标。应论述所采用数据的依据。

3.1.2 民用热负荷指标：各类建筑的供暖、通风、空调及生活热水热负荷指标。应论述所采用数据的依据。

3.2 热负荷计算

3.2.1 确定供热范围。

3.2.2 预测热负荷数值，应分别列出供暖期、非供暖期，近期、远期，最大、最小、平均热负荷和同时系数、凝结水回收率等。

3.3 年耗热量

绘制年热负荷延续时间图或采用软件模拟计算，计算年耗热量。

3.4 热负荷供需平衡

3.4.1 各热源的类型、位置、装机容量、设计参数、对外供热能力等。

3.4.2 近期和远期热源供热能力与热负荷平衡情况，各热源的运行方式及年供热量。

4 项目选址与要素保障

4.1 厂址选址、管线路由选择

通过方案比较确定最佳或合理方案。

4.2 建设条件

结合自然资源部门意见分析项目所在区域的自然环境、交通运输、公用工程、资源禀赋、燃料供应等建设条件。阐述施工条件、生活配套设施和公共服务依托条件等。改扩建工程应分析评估现有设施条件的容量和能力，提出设施改扩建和利用方案。

4.3 要素保障分析

进行土地要素保障分析、资源环境要素保障分析（具体内容参见《通用大纲》《参考大纲》）。

5 项目建设方案

5.1 总体供热方案

结合项目资源禀赋、负荷特点等对各种供热资源进行分析，研究其适用性，进行总体供热方案比选，确定主要技术原则、供热介质、供热参数、供热方式、实现路径、相应技术指标等。涉及重大技术问题的，还应阐述需要开展的专题论证工作。

5.2 热源工程方案

5.2.1 方案论证

热源供热规模、供热方案等必要时通过方案比较确定；主要设备的规格、数量和性

能参数等必要时比选确定，需要时对关键设备进行单台技术经济论证；改扩建项目要分析现有设备利用或改造情况。

5.2.2　厂区总平面布置

厂址位置、厂区总平面规划，包括用地范围、道路、主管网进出线、主要建（构）筑物位置、竖向布置、功能分区、交通运输、绿化、扩建设想、总图主要技术经济指标等。必要时通过方案比较确定。

5.2.3　工艺

1）区域锅炉房

建设规模、锅炉炉型及容量、配套主要设备选择。

工艺系统：热力、水处理、烟风、燃料输送、除灰渣、除尘、脱硫脱硝系统等；系统设计原则、工艺流程、主要设备布置方案。

2）其他能源站

建设规模、装机比例、供热量比例、运行策略；热泵等主要设备选择。

工艺系统：热力系统、水处理系统及地热集输、地埋管换热、太阳能集热、蓄热、再生水换热、地表水换热系统等；系统设计原则、工艺流程、主要设备布置方案；再生水、地表水取退水方案。

浅层地热地埋管换热系统应进行吸热、释热平衡计算，蓄热系统应确定蓄热与放热时间、明确运行模式与负荷分配。

5.2.4　建筑

设计依据，建筑设计平面、立面、剖面，建筑节能，建筑防火等。

5.2.5　结构

设计依据、设计数据与标准、结构类型、基础类型、基坑支护（如有）、抗震设防。

5.2.6　电气

现状电源情况、设计依据、负荷等级、电源电压等级、负荷计算、供配电系统方案、主要设备选型、电气照明、电气节能与安全、防雷及接地等。

5.2.7　热工检测与控制

设计依据、结构类型、通信方式、自控系统配置与功能，必要时控制策略、视频安防监控系统（如有）、网络安全方案简述、主要硬件设备及软件功能描述等。

5.2.8　给水排水

设计依据，生产、生活给水、消防水系统、雨污水系统总体设计方案。

5.2.9　供暖通风与空气调节

设计依据，设计参数，供暖负荷估算与系统形式，通风、空调系统形式等。

5.3 供热管网工程方案

5.3.1 方案比较

供热管网应进行多方案技术经济比较，推荐方案中实施的重点、难点必要时通过技术经济比较确定。

5.3.2 供热管网形式及敷设方式

供热管网形式、供热管网布置方案（包括特殊地段工程设计方案）、管道敷设方式、管道材质选择、管道补偿方式、管道防腐与保温。

5.3.3 水力计算与水压图

供热管网水力计算与水压图绘制，多热源供热系统应按投产顺序绘制各工况时的水压图；循环泵、中继泵的设置与参数；定压、补水装置的设置与参数。

5.3.4 既有供热管网改造工程（如有）

分析评估既有供热管网存在的隐患及改造原因，确定改造范围及改造方案。

5.3.5 供热调节

供热调节方式，多热源供热系统各热源的投产顺序、时间；热水管网水温、水量调节方式及调节曲线。

5.3.6 中继泵站、隔压站

站址选择及外部配套条件、厂区总平面布置、主要工艺方案与主要设备选型。

5.3.7 热力站

供热管网与热用户连接方式、热力站设置原则及数量、主要工艺方案与主要设备选型、需要时凝结水回收方式及保障措施。

5.3.8 建筑

建筑深度要求见本章5.2.4。

5.3.9 结构

管线敷设及沿线构筑物结构类型；站房结构深度要求见本章5.2.5。

5.3.10 电气、热工检测与控制、给水排水、供暖通风与空气调节

相关深度要求见本章5.2.6～5.2.9。

5.4 智能化供热

具备条件的项目，研究提出数字化应用方案，包括技术、设备、工程、建设管理和运维、网络与数据安全保障等方面内容。

5.5 用地用海征收补偿（安置）方案

涉及土地征收或用海海域征收的项目，应根据有关法律法规政策规定，确定征收补偿（安置）方案。

5.6 建设管理方案

5.6.1 通过方案比选提出外部运输方案、公用工程方案及其他配套设施方案，工程建设标准等。分期建设的项目，应阐述分期建设方案。项目建设质量、安全以及其他管理要求参见《通用大纲》《参考大纲》。

5.6.2 项目建设组织模式；对管理、运行、检修等人员编制的建议。

5.6.3 项目建设工期及建设进度计划。

5.6.4 涉及招标的项目，明确具体招标范围、招标组织形式、招标方式。

6 主要工程量及主要设备材料

6.1 热源工程量

热源规模，工艺及配套专业主要设备材料的规格和数量，各单体建（构）筑物工程量，总图相关工程量。

6.2 供热管网工程量

中继泵站、隔压站的规模（主要设备材料规格）和数量，热力站的规模和数量，各种管径的管线规格及管线长度。

6.3 监控中心及其配套工程量、其他运行管理附属建筑物工程量

6.4 占地、征地、拆迁、复原项目

7 环境保护

环境保护标准；废气（含碳排放）、废水、固废排放量计算、噪声危害等；环境影响减缓、生态修复和补偿等措施以及污染物减排措施；项目供热地区的环境现状，达产后的环境效益。

8 节约能源

项目供热地区供热能耗现状；节能措施；项目能源消费量计算，包括采取节能措施后的全口径能源消耗总量、可再生能源消耗量等；主要能耗指标及供热节能效益。

9 消防

建筑消防、消防设施、电气消防等。

10 劳动安全与职业卫生

生产中可能产生的职业危害及造成危害的因素，劳动安全和职业卫生措施。

11 项目运营方案

政府投资项目包括运营模式选择、运营组织方案、安全保障方案、绩效管理方案，企业投资项目包括生产经营方案、安全保障方案、运营管理方案（具体内容参见《通用大纲》《参考大纲》）。项目关键绩效指标和指标评价体系可参照现行国家标准《城镇供热系统评价标准》GB/T 50627、《市政公用设施建设项目经济评价方法与参数》、现行国家标准《供热系统节能改造技术规范》GB/T 50893 及其他相关规范、标准、政策等确定执行。

12 投融资与财务方案

参见本规定"投资估算、经济评价和概预算"相关章节。

13 项目影响效果分析

进行经济影响、社会影响、生态环境影响分析及资源和能源利用效果分析、碳达峰碳中和分析等（具体内容参见《通用大纲》《参考大纲》）。

14 项目风险管控方案

结合项目特点进行风险识别与评价，编制相应风险管控方案、风险应急方案等。

15 结论与建议

15.1 结论

15.1.1 提出项目是否可行的研究结论

15.1.2 推荐工程方案的主要内容

15.1.3 项目实施后的主要社会效益、环境效益

15.1.4 经济分析的主要结论

15.1.5 主要技术经济指标

1）主要技术指标

供热面积（万 m^2），供回水温度（℃），热源规模、热源总占地面积（m^2），建（构）筑物面积（m^2），全厂热效率（%），能源资源（水、电、气、燃料等）消耗量、供热标准煤耗率（g/GJ），供能比例（%），污染物排放量（含碳排放量）、最大管道直径、

管槽长度（km），中继泵站和隔压站、热力站数量及规模、定员（人）等。

2）主要经济指标

总投资（万元）、投资回收年限（年）、内部收益率等。

15.2　存在问题与建议

明确项目需要重点关注和进一步研究解决的问题，提出相关建议。

16　附件与附图

16.1　附件

项目审批需要的各类批件和附件。如上级主管部门对项目建议书等的审查意见和批复文件；有关部门对项目的规划许可文件；热源单位供热的意向性协议文件；有关外部条件的意向性协议文件，包括水、气、电、排污、市政道路、消防、通信等；其他与本项目有关的文件，必要时包括环境影响评价报告、防洪影响评价报告、文物调查和文物影响区域性评估报告，以及本章 1.5.4 所述内容等。

16.2　附图

可行性研究报告一般应包括下列附图，可根据工程具体情况适当增加图纸内容：

1）热负荷分布图；

2）热负荷延续时间图；

3）水温水量调节曲线图；

4）热源总平面图；

5）锅炉房热力系统、燃烧系统、风烟系统、水处理系统、燃料储运、灰渣系统等各系统图；

6）能源站供热系统流程图；

7）热源主厂房平面布置图；

8）热源电气主接线图；

9）热源水平衡图；

10）供热管网平面布置图；

11）供热管网主干线水压图；

12）中继泵站、隔压站、热力站工艺流程图；

13）中继泵站、隔压站总平面图；

14）中继泵站、隔压站主要设备平面布置图。

第二章　热力工程初步设计文件编制深度

1　设计说明书

1.1　概述

1.1.1　工程概况

供热范围、工程建设规模、既有供热现状、主要工程内容、工程投资。初步设计与批准的可行性研究内容对比有较大变化时，应阐明原因、依据，并说明更改的主要内容。

1.1.2　工程所在地概况及自然条件

行政区划、地理位置、现状及发展规划，资源条件、地形特点、河湖水系、工程地质、水文地质、地震烈度等，有关气象资料。

1.1.3　设计依据

1）设计任务书、设计委托书、可行性研究报告及批准文件、建设项目用地批准书；

2）水质分析资料、燃料分析资料、岩土工程勘察报告（初勘）、地震安全性评价报告（特殊设防时），必要时环境影响评价报告、岩土热响应试验报告、地热水资源勘察报告、水资源水量及水温报告、节能专篇审查意见、文物调查和文物影响区域性评估报告、防洪影响评价报告、项目社会稳定影响及风险评估报告、地质灾害危险性评估报告等及其批复文件；

既有项目改扩建、使用功能改变等必要时应提供建（构）筑物第三方检测鉴定报告；

3）供热协议、特殊工程及外部设计条件的协议（包括水、气、电、排污、市政道路、消防、通信等）；

4）工程选址、管线路由的规划文件；

5）主要设计规范、标准及其他有关文件、会议纪要。

1.1.4　设计范围

明确项目设计范围、与其他项目或其他设计单位的设计界限。

1.2　热负荷

1.2.1　工业热负荷：生产工艺用热情况，现状和规划热负荷的耗汽量统计，凝结水回收方式及回收率，工业建筑的供暖、通风、空调及生活热负荷统计。

1.2.2 民用热负荷：现状和规划建筑面积，各类民用建筑的供暖、通风、空调及生活热水热负荷统计。

1.2.3 热负荷计算统计表：工业、民用、供暖期、非供暖期、近期、远期热负荷，工业负荷的最大、最小和平均热负荷。

1.2.4 计算全年耗热量，绘制热负荷延续时间图。

1.2.5 热源能力和热负荷的平衡情况。

1.3 供热能源、供热方式及供热调节

1.3.1 能源选择、供热介质、供热参数。

1.3.2 供热调节：供热调节方式，多热源供热系统运行调节方式说明，运行策略；热水管网水温、水量调节数据，供热调节的温度曲线和水量曲线。

1.4 热源工程

1.4.1 热源介绍：各热源地理位置、装机容量、设计参数、对外供热能力等。

1.4.2 供热系统对热源的要求：系统配置、设计参数、运行方式、监控、联锁保护等。

1.4.3 厂区总平面布置：用地范围、道路、主管网进出线、主要建（构）筑物位置、功能分区、交通运输、绿化布置、竖向设计、总图主要技术经济指标等。

1.4.4 工艺

1）区域锅炉房

热力系统：主要工艺流程及设备技术参数、设施布置。

水处理系统：工艺流程及设备技术参数、设施布置。

烟风系统：鼓风、引风、除尘、脱硫、脱硝等系统工艺流程、设备技术参数及主要设备、设施布置，烟囱出口直径、高度确定。

燃料与灰渣系统：燃料输送及除灰渣流程、主要设备技术参数及布置。

2）其他能源站

热力系统：主要工艺流程、设计参数、运行策略、设备技术参数、装机比例、设施布置。

水处理系统：工艺流程及设备技术参数、设施布置。

水热型地热集输系统：地热井口装置选型、地热管道布置与敷设、管道及附件材料选择。

地埋管换热系统：地埋管方式、地埋管管材与传热介质选取、地埋孔设置、地埋孔监测。

取退水系统：取退水位置、设施布置、设备参数等。

太阳能集热器选择。

蓄能：蓄热系统、释热系统。

1.4.5　建筑

设计依据、设计范围、设计标准和主要做法；各主体建（构）筑物的分区和布局，简述平面和竖向布置、建筑单体间空间处理、风貌设计；建筑物立面造型、装修标准和材料、与周围环境的关系。除满足上述要求外，还应参照现行《建筑工程设计文件编制深度规定》执行。

1.4.6　结构

设计依据、基本设计数据、标准，各建（构）筑物的结构类型、基础形式、地基处理等；改扩建项目，应说明建（构）筑物的结构用途、结构使用荷载、使用环境等是否发生改变，发生改变时应说明设计复核结果及结构采取的措施。除满足上述要求外，还应参照现行《建筑工程设计文件编制深度规定》执行。

1.4.7　电气

设计依据、设计范围，现状电源情况，负荷等级、电源电压等级，负荷计算，供配电系统方案、主要设备选型，继电保护、电气计量，无功补偿、电气照明、电气节能与安全，防雷及接地，电缆选择及敷设方式。

1.4.8　热工检测与控制

设计依据、设计范围；结构类型、通信方式及网络配置；自控系统配置与功能、主要控制策略及全部联锁控制功能；视频安防监控系统（如有）；网络安全方案及主要设备技术参数；主要硬件设备及软件配置方案，包括设备、仪表名称及参数、机房硬件设备布置。

1.4.9　给水排水

设计依据、设计范围，厂区生产、生活、消防用水水量明细表，城市供水时应说明接管点位置、水压、管径，室外给水管道、室外排水（包括雨水）等管道平面布置。除满足上述要求外，还应参照现行《建筑工程设计文件编制深度规定》执行。

1.4.10　供暖通风与空气调节

设计依据、设计范围；供暖系统热源及设计参数，供暖负荷、系统形式；空调系统负荷计算、冷源及冷媒选择、设计参数、系统形式、主要设备等；通风系统形式及主要设备。除满足上述要求外，还应参照现行《建筑工程设计文件编制深度规定》执行。

1.5　供热管网工程

1.5.1　管网布置与管道敷设

管网形式；管网布置原则；管网走向和干线与支干线定线位置；管道敷设方式及热

补偿方式，必要时增加供热管道抗震说明；管道材料及规格，必要时进行管道强度分析；管路附件的布置、形式及质量要求；管道防腐与保温，包括防腐涂料、保温材料、保温结构、保温厚度，必要时进行管网热损失计算和温度降计算等。

1.5.2 水力计算

计算条件与计算参数，确定管线管径，确定热源循环泵、中继泵的流量和扬程，确定静压线及定压点位置，绘制最不利环路的水压图和不同工况下的水压图、水力计算表，必要时进行动态水力工况分析。

1.5.3 既有供热管网改造工程（如有）

对现状供热管网进行评估与分析，确定工程改造技术方案。

1.5.4 中继泵站、隔压站

建设位置、规模、设计参数；工艺流程；主要设备选择及规格、数量、技术参数；设备布置方案；外部配套设施条件，包括厂址条件、用电量、用水量，供电、供水、排水等市政设施管理单位批准的技术方案。

1.5.5 热力站

新建、改建热力站的位置、数量、供热范围，热力站连接方式及热力站原则系统，主要设备选择及规格、数量、技术参数。

1.5.6 特殊工程方案

穿越、跨越铁路、公路、河流及其他障碍物的处理方案，铁路、公路、河流等管理单位的技术要求及协议；重要节点处理方案。

1.5.7 建筑

建筑深度要求见本章 1.4.5。

1.5.8 结构

设计依据、基本设计数据；管沟、井室与各类支架结构形式；明挖基坑开挖、支护、地下水控制、回填要求及对周边建筑、市政设施的影响评价和保护措施，支护方案比选确定；穿越、跨越铁路、公路、河流及其他障碍物的特殊结构方案等；站房结构深度要求见本章 1.4.6。

1.5.9 电气、热工检测与控制、给水排水、供暖通风与空气调节

相关深度要求见本章 1.4.7～1.4.10。

1.6 智能化供热

作为附加内容，根据业主委托合同要求进行，包括：需求分析；设计范围；智能化架构；概述控制层、数据层、功能应用层（不限于负荷预测、能耗分析、地理信息等）内容；硬件实现方案等。

1.7　施工与验收

质量验收标准；试压标准及清洗方案。

1.8　工程量汇总（除主要设备及材料表外）

建筑工程量、拆迁及占地量统计等。

1.9　环境保护

主要污染源及其控制措施、治理方法，地下水资源保护（必要时），污染物排放量计算，环境影响。

1.10　节约能源

主要耗能部位及采取的节能措施，主要能耗指标（单位供热面积的耗煤、耗气、耗电、耗水量等）。

1.11　消防

主要建（构）筑物的生产类别、耐火等级；按规范要求设置消防给水和灭火设施、防烟排烟、电气消防、火灾自动报警系统等；安全防火间距，消防通道、安全出口等。

1.12　劳动安全与职业卫生

设计中采取的安全措施和改善职工劳动条件的措施，施工过程应采取的安全措施。

1.13　主要技术经济指标

供热面积（m^2），供回水温度（℃），设计压力（MPa），最大管道直径、管槽长度（km），中继泵站和隔压站、热力站数量及规模、热源规模及占地（m^2），工程总投资（万元）等。

1.14　对下阶段设计的要求

1.14.1　需要解决和确定的主要问题和建议。

1.14.2　施工图设计阶段需要的资料和勘测要求。

1.15　附件

设计所依据的审批文件、外部设计条件协议书等。

2　主要设备及材料表

全部工程及分期建设需要的主要设备、材料的名称、规格、技术参数、数量等，运行管理及检修需要的设备、车辆的名称、数量等。

3　工程概算书

参见本规定"投资估算、经济评价和概预算"相关章节。

4　设计图纸

初步设计阶段图纸一般应包括以下内容：

1）热负荷区域图；

2）热负荷延续时间图；

3）热水管网水温、水量曲线图；

4）热源厂总平面图；

5）热源厂区管线综合平面图；

6）热源热力系统图；

7）热源水处理系统图；

8）锅炉房燃烧系统图；

9）锅炉房烟气净化（除尘、脱硫、脱硝）系统图；

10）锅炉房输煤系统图及布置图；

11）锅炉房除灰渣系统图及布置图；

12）燃气供应流程图；

13）中深层地热系统图；

14）中深层地热管道布置图；

15）地埋管系统图；

16）地埋孔孔位布置及主管连接图；

17）地埋管敷设横断面图；

18）热源主厂房设备平面布置图；

19）热源主厂房设备剖面布置图；

20）热源建筑物平面、立面、剖面图；

21）热源主厂房基础结构平面布置图、主要楼层结构平面布置图；

22）热源电气主接线图、供配电系统图；

23）热源变配电室设备布置图；

24）热动检测和控制系统原理图；

25）热力管网总平面图；

26）管道定线位置图；

27）管道横断面图；

28）水力计算简图；

29）凝结水管水压图；

30）热水管网水压图；

31）大型穿（跨）越特殊处理方案图；

32）重要节点布置方案图；

33）管沟结构图；

34）典型井室结构模板图；

35）直埋固定墩、架空支架图；

36）大推力固定支架结构做法图；

37）中继泵站、隔压站、热力站工艺流程图；

38）中继泵站、隔压站工艺设备平面布置图；

39）中继泵站、隔压站、监控中心及附属建筑物总平面图、平面图、立面图、剖面图；

40）中继泵站、隔压站、监控中心结构基础平面布置图、主要楼层结构平面布置图；

41）热网监控系统结构图；

42）中继泵站、隔压站自控仪表工艺流程图；

43）中继泵站、隔压站供配电系统图；

44）中继泵站、隔压站变配电室平面布置图；

45）给水、排水设备机房布置图。

第三章　热力工程施工图设计文件编制深度

1　设计说明书

1.1　工程概况

简要介绍总体工程规模、本设计的主要内容和工程规模。施工图设计与初步设计对比存在变化时，应阐明变化的原因、依据，并说明更改的主要内容。

1.2　设计依据

初步设计及批复文件、规划部门审批意见、特殊工程及外部设计条件的协议、建设单位的要求、主要计算软件、岩土工程勘察报告（详勘）、主要设计规范、标准及资料等。

1.3　设计范围

明确设计范围和与其他项目或其他专业的设计界限。

1.4　设计内容

1.4.1　工艺

设计条件、设计参数、工艺介质、系统设计说明、压力管道数据表（必要时）、抗震设计说明（必要时）等。

1.4.2　建筑

参照现行《建筑工程设计文件编制深度规定》。

1.4.3　结构

热源工程：参照现行《建筑工程设计文件编制深度规定》。

供热管网工程：主要设计使用条件、不良地质情况及处理要求、材料要求、主要结构构造措施、结构耐久性设计要求及措施、结构设计要求、主要施工验收标准、需要时周边管道及周边环境的监控量测要求等。

1.4.4　电气

外部条件，动力、防雷接地、照明系统，视频监控系统（如有），抗震设计等。

1.4.5　热工检测与控制

监控系统结构、监测参数、热工控制、报警与联锁及其他安全实施要求。

1.4.6　给水排水、供暖通风与空气调节

参照现行《建筑工程设计文件编制深度规定》。

1.4.7　智能化供热（作为附加内容，根据业主委托合同要求进行）

设计需求、设计条件、智能化功能及架构、相关智能化软件要求、设备技术要求等。

1.5　施工及验收

施工质量及验收标准，施工注意事项及技术要求等。

1.6　安全管理

涉及"危大工程"的项目专业，说明涉及"危大工程"的重点部位和环节，提出保障工程周边环境安全和工程施工安全的意见，必要时进行专项设计。

1.7　节能设计措施、环境保护措施

1.8　其他事项

采用的新技术、新材料说明（必要时），对运行管理、运行控制的要求（必要时）等。

2 修正概算或工程预算

参见本规定"投资估算、经济评价和概预算"相关章节。

3 主要设计图纸

3.1 锅炉房工程

3.1.1 总图

1）总平面图；

2）竖向布置图；

3）土方图（平坦场地可不要）；

4）管线综合布置图；

5）厂区各专业管线设计图。

3.1.2 热机

1）热力系统图；

2）水处理系统图；

3）燃烧系统、脱硫系统、脱硝系统图；

4）设备、管道布置平面图、剖面图；

5）烟风道布置平面图、剖面图；

6）管道支吊架形式、支吊点位置图；

7）主要设备及材料表（设备和管路附件应标注规格、性能参数，管材应标注管径、厚度、材质）。

3.1.3 机械化

1）输煤系统、除灰渣系统平面图、剖面图；

2）主要设备及材料表。

3.1.4 建筑

1）建筑平面图、立面图、剖面图；

2）室内地沟平面图、剖面图；

3）屋顶平面图；

4）建筑局部详图；

5）除满足上述要求外，还应参照现行《建筑工程设计文件编制深度规定》执行。

3.1.5 结构

1）基础平面图；

2）基础详图；

3）结构平面图、剖面图；

4）结构构件详图；

5）节点构造详图；

6）除满足上述要求外，还应参照现行《建筑工程设计文件编制深度规定》执行。

3.1.6　电气

1）电气主接线图；

2）供配电装置布置接线图；

3）变配电室平面布置图；

4）动力管线平面图；

5）防雷接地平面图；

6）照明系统图；

7）照明平面图；

8）主要设备及材料表。

3.1.7　热工检测与控制

1）自控原则系统图；

2）仪表平面布置图；

3）信号及联锁控制示意图、信号报警接线图；

4）仪表供电系统图；

5）仪表盘盘面及内部接线图；

6）仪表外部管线连接图；

7）电缆敷设平面图；

8）网络拓扑图；

9）可燃气体检测系统图及平面图；

10）火灾报警平面图及系统图；

11）视频监控示意图；

12）安防及弱电平面图；

13）主要设备及材料表。

3.1.8　给水排水、供暖通风与空气调节

1）设备、管道平面布置图、剖面图；

2）系统图；

3）主要设备及材料表。

3.2　其他能源站工程

3.2.1　热机

1）能源站供热系统图；

2）节点布置图；

3）其他要求参见本章 3.1.2。

3.2.2　其他专业要求见本章 3.1.1、3.1.4～3.1.8。

3.3　热力管网工程

3.3.1　热力

1）管道平面布置图（必要时应有管线区位示意图）；

2）管道横断面布置图；

3）管道纵断面布置图；

4）检查室、节点布置图；

5）管道支座安装图；

6）主要设备及材料表（设备和管路附件应标注规格、性能参数，管材应标注管径、厚度、材质）。

3.3.2　结构

1）管沟结构图；

2）管道支架结构图；

3）检查室、节点结构图；

4）人孔、爬梯、井盖、集水坑结构详图。

3.4　中继泵站、隔压站、热力站工程

3.4.1　热力

1）工艺流程图；

2）设备布置平面图、剖面图；

3）管道布置平面图、剖面图；

4）管道支吊架形式、支吊点位置图；

5）主要设备及材料表（设备和管路附件应标注规格、性能参数，管材应标注管径、厚度、材质）。

3.4.2　其他专业要求见本章 3.1.1、3.1.4～3.1.8。

3.5　智能化供热（作为附加内容，根据业主委托合同要求进行）

1）智能化供热工艺流程图；

2）智能化供热工艺布置平面、剖面图；

3）智能化供热节点图；

4）主要设备及材料表；

5）软件架构图；

6）其他配套的智能化供热电气、热工检测与控制等专业图纸。

第九篇　环境卫生工程

说明：1. 本篇"第一章 环境卫生工程可行性研究报告文件编制深度"主要针对设计文件框架和工艺专业设计内容进行了具体规定，其他专业仅作基本要求，通用部分编制深度可结合国家现行标准、规范和现行《建筑工程设计文件编制深度规定》等行业有关规定执行。2. 本规定未包括的其他环境卫生工程相关项目（如生活垃圾热解处理、填埋场场地综合利用、河道清淤疏浚工程、公共厕所工程和环境卫生车辆停车场工程等）设计文件编制深度可参照本规定，详细工程建设内容可结合国家及行业现行有关标准、规范和规定要求执行。

第一章　环境卫生工程可行性研究报告文件编制深度

1　概述

1.1　项目概况

概述项目全称及简称，明确建设目标和任务、服务范围、建设地点、建设规模、服务年限、建设内容、建设模式、计划建设工期、投资规模、资金来源、主要技术经济指标和绩效目标等。

1.2　项目单位概况

说明项目建设单位全称和基本情况。拟新组建项目法人的，简述项目法人组建方案。

1.3　编制依据

1.3.1　政策和法规

明确国家及地方发布的与项目有关或支持项目建设的主要规划、产业政策和行业准入条件等。

1.3.2　主要规范和标准

明确设计参照或执行的规范、标准和规定。

1.3.3　基础资料

1）项目立项文件和主管部门批准的项目建议书、批复文件；

2）项目主管部门关于项目建设的专题研究成果或其他要求；

3）委托单位出具的委托书或双方签订的合同书、协议书；

4）地方志、统计年鉴等基础资料；

5）城镇总体规划及环卫专项规划；

6）选址报告书及主管部门批复文件；

7）场（厂）址工程地质条件、水文气象条件；

8）场（厂）址工程区位图和实测地形图（1∶500～1∶2000）；

9）场（厂）址环评报告、地质灾害评价报告、防洪评价报告、水土保持评估报告（如需）；

10）项目社会稳定性评价报告（如需）；

11）项目给水排水、供暖、供电、供气等协议书、承诺函；

12）其他与项目建设有关的基础资料（会议纪要、往来文件等）；

13）改（扩）建项目应提供已建项目的有关资料，污染治理及修复项目应提供污染调查报告。

1.4　编制原则

简述文件总体编制原则。

1.5　主要研究结论

简述项目可行性研究的主要结论和建议。

2　项目建设背景和必要性

2.1　项目建设背景

简述项目立项背景、项目用地预审和规划选址等行政审批手续办理及其他前期工作进展情况。

2.2　规划政策符合性

阐述项目与经济社会发展规划、国土空间规划、专项规划等重大规划的衔接性，说明与国家及地方政府重大政策目标的符合性。

2.3　项目建设必要性

1）简述城镇环卫系统管理及运行模式现状，包括：垃圾产生源、产生量、收集率、收运方式、处理率、处理工艺和已建设施基本情况等。

2）分析环卫系统存在的问题及其不利影响，从重大战略和规划、产业政策、经济社会发展和项目单位履职尽责等层面，综合论证项目建设的必要性和建设时机的适当性。

3 项目需求分析与产出方案

3.1 需求分析

1）明确项目服务范围，说明处理对象产生量现状、变化趋势及基本特征（物理化学组分、含水率和热值等）；

2）提出存在的问题并论述项目建设的迫切性（从项目建成后形成的增益角度）；

3）说明拟建项目的功能定位、近远期目标、产品或服务的需求总量和结构；

4）资源化利用类项目应分析主要产品的市场可接受性和需求潜力等；

5）治理和修复类项目应简要说明前期调查的基础数据和主要调查结论。

3.2 建设规模

1）确定项目设计年限（结合需求分析和国土空间规划、环境卫生专项规划等）；

2）比选处理对象产量预测方法，说明预测参数取值依据等；

3）预测设计年限内处理对象产生量并给出产量预测过程；

4）确定项目建设规模和建设标准。

3.3 项目产出方案

1）提出拟建项目正常运营年份应达到的服务或生产能力；

2）明确项目污染物控制指标或产品质量标准，说明主要污染物削减特征或产品特征；

3）分析项目产出与需求的符合性。

4 项目选址与要素保障

4.1 城镇概况

4.1.1 城镇自然条件

包括：地理位置、地形地貌、河流水系、气象水文、工程地质、水文地质、文物矿藏、主导风向和水源地分布等。

4.1.2 城镇性质及发展

包括：历史沿革、城镇性质、建成区面积、行政区划、人口特征、社会经济和其他市政基础设施建设状况等。

4.2 项目选址（选线）

1）提出 2～3 处场（厂）址进行比选和评估并推荐项目最佳选址方案；

2）说明推荐选址的土地权属、供地方式、土地利用状况、矿产压覆、占用耕地和永久基本农田、涉及生态保护红线、地质灾害危险性评估等情况；

3）改（扩）建项目和既有场（厂）建设项目可不用进行场（厂）址比选，只论述建设条件。

4.3　项目建设条件

1）说明推荐选址所在区域的自然环境条件、交通运输条件和公用工程条件等；

2）改（扩）建项目还应分析现有设施条件的容量和能力，提出设施改（扩）建和利用方案。

4.4　要素保障分析

4.4.1　土地要素保障

1）分析与建设项目相关的国土空间规划、土地利用年度计划、建设用地控制指标等土地要素保障条件，开展节约集约用地论证分析，评价用地规模和功能分区的合理性、节地水平的先进性；

2）说明拟建项目用地总体情况及相关审批手续办理情况。

4.4.2　资源环境要素保障

1）分析拟建项目所在区域水资源、能源、大气和生态环境等承载能力及其保障条件；

2）重大投资项目应列示规划、用地、用水、用能、环境以及可能涉及的用海、用岛等要素保障指标，并综合分析提出要素保障方案。

5　项目建设方案

5.1　工艺技术路线确定

5.1.1　明确项目执行的污染物控制标准、资源化产品质量标准和其他关键工艺指标。

5.1.2　阐述国内外主要工艺技术路线和方法，结合项目需求和产出方案比选分析各工艺技术路线的目标可达性、技术先进性和工艺适用性。

5.1.3　确定推荐的工艺技术路线并说明理由。

5.2　工艺方案比选

5.2.1　收运系统建设项目

1）收集系统：投放形式、收集方式和收集设施等的比选；

2）暂存系统：暂存设施（容器）或暂存建（构）筑物等的比选；

3）转运系统：转运路线、转运车辆和转运工艺等的比选。

5.2.2 填埋场工程建设项目

1）新建填埋场：总图、垃圾坝、分区坝（必要时）、防渗结构、渗沥液处理、填埋气处理、臭气处理等的比选；

2）填埋场封场：堆体整形、封场结构、渗沥液处理、填埋气处理等的比选；

3）填埋场治理：污染治理、场地修复、渗沥液处理、臭气处理、填埋气处理等的比选。

5.2.3 厂站类工程建设项目

1）生活垃圾焚烧厂：接收及储存系统、预处理及输送系统、焚烧系统、余热利用系统、烟气净化系统、灰渣处理系统、渗沥液和臭气处理系统等的比选；

2）厨余垃圾处理厂：接收及储存系统、预处理及输送系统、综合处理系统（好氧、厌氧和饲料化等）、资源化产品（有机肥、沼液、沼气等）利用系统、污水和臭气处理系统等的比选；

3）建筑垃圾处理厂：接收及暂存系统、预处理及输送系统、综合处理系统（制骨料、制砂、制砖等）、产品储存系统、除尘降噪和污水处理系统等的比选；

4）粪便处理工程：接收及储存系统、预处理及输送系统、综合处理系统（絮凝脱水、厌氧消化等）、残渣处理系统、滤清液处理系统和臭气处理系统等的比选；

5）大件垃圾处理工程：接收及储存系统、预处理及输送系统、综合处理系统（再使用、拆解、破碎等）、再生利用系统、除尘降噪和污水处理系统等的比选；

6）垃圾转运站：卸料系统、压缩系统、渗沥液和臭气处理系统等的比选；

7）可回收垃圾分拣中心：预处理系统、分拣系统、打包系统、产品储存（或暂存）系统、污水和臭气处理系统等的比选；

8）渗沥液处理工程：输送系统、预处理系统、综合处理系统、深度处理系统、污泥或浓缩液处理系统、中水排放系统、水质监测系统和臭气处理系统等的比选。

5.2.4 推荐工艺方案

1）提出经过适用性、成熟性、可靠性和先进性论证后推荐的工艺方案；

2）涉及专利或影响工艺的关键技术，应分析其取得方式的可靠性、知识产权保护、技术标准和自主可控性等内容；

3）涉及重大技术问题的工艺方案应说明需要开展的专题论证工作等。

5.3 推荐工程方案设计

5.3.1 总体设计

1）提出工程总体技术方案、外部运输方案、公用工程方案及其他配套设施方案等（总体方案应考虑土地利用、地上地下空间综合利用、人民防空工程、抗震设防、防洪减灾、消防应急等要求）；

2）大型、复杂或分期建设的项目应结合项目近远期需求、整体建设规划和资源利用条件等提出建设进度总体安排，说明预留发展空间及其合理性。

5.3.2　工艺设计

1）结合工艺技术路线提出总体工艺流程和主要系统工艺流程，简述工艺原理和过程；

2）明确主要系统关键节点工艺设计参数，提出主要建（构）筑物工艺控制尺寸；

3）论述工艺设备选型过程（超限设备应提出运输方案，特殊设备应提出安装要求）；

4）说明主要生产原料（辅料）的来源、用量和品质要求，提出残余物和产品的产量、去向；

5）提出不同工艺系统间的衔接界面及衔接处的主要工艺参数；

6）对项目投资影响较大或相对关键的非标设备应说明设备原理及构成，分析设备来源的可靠性、专利技术取得的可行性和工艺生产的适用性等；

7）改（扩）建项目应分析现有设备利用或改造情况；

8）分期建设的项目还应提出分期建设工艺方案并分析其合理性。

5.3.3　总图设计

明确编制依据、范围及原则；说明项目总平面布置、竖向设计、绿化设计、交通组织设计等工程内容，提出总图技术经济指标。

5.3.4　建筑设计

明确编制依据、范围及原则，说明场（厂）内主要建（构）筑物单体方案的设计构思和主要用途及建筑特征等。

5.3.5　结构设计

明确编制依据、范围及原则；说明设计标准（包括设计工作年限、结构安全等级、抗震设防类别、抗震等级、地基基础设计等级、混凝土构件的环境类别、腐蚀性等级等），简述建（构）筑物的抗震设计、结构形式、基础形式、地基处理、抗浮措施及主要结构材料（砌体、混凝土及钢材等）等；对于特殊地形还应提出放坡、填方、挡墙和基坑支护措施等。

5.3.6　电气设计

明确编制依据、范围及原则，说明负荷估算、负荷性质及负荷班制，论述供电电源及供配电系统（必要时进行方案比选），简述操作电源、继电保护及信号，论证变电所设置、配电方式、用电设备驱动方式以及控制联锁，说明电气设备选型原则及新技术应用，提出照明设计、防雷、接地及等电位措施，明确场（厂）区电缆敷设方式等。

5.3.7 仪表自控设计

明确编制依据、范围及原则；说明需求分析、内容及目标、构成形式及其技术水平、配置（层次）架构、建设规模、功能实现和技术特点，确定视频、安防、火灾报警等弱电系统内容；提出安全体系建设、智慧环卫运维体系建设等具体方案（必要时）。

5.3.8 给水排水设计

明确编制依据、范围及原则；论证给水水源、供水方式、计算用水量；确定消防系统设计方案并说明具体思路，计算消防用水量；说明生活污水的收集和处理方案、排水管网（雨水及污水管网）方案、防洪方案（如需），计算排水量；确定初期雨水收集方式及储存设施容积，明确事故污水的处理和处置方式；计算全厂水平衡。

5.3.9 暖通和空调设计

明确编制依据、范围及原则，提供场（厂）区气象参数、设计参数，供暖设计应说明热源选择及参数描述、负荷估算、系统形式等，通风设计应说明通风区域主要功能描述及系统形式，空调设计应说明冷源选择及参数描述、负荷估算、系统形式等。

5.3.10 道路设计

参见本规定"道路交通工程"可行性研究报告的相关要求。

5.3.11 消防设计

明确编制依据、范围及原则；说明全场（厂）构成及其火灾危险、防火等级；阐述全场（厂）总图消防布局，提出各建（构）筑物建筑、给水、电气、自控等专业消防设施情况。

5.3.12 节能设计

明确编制依据、范围及原则，提出项目能源消耗种类、数量、能源使用情况和能耗指标等，说明项目可再生能源利用情况；简述各专业节能措施；必要时进行节能效果评价。

5.4 用地用海征收补偿（安置）方案

参见本规定"总则"第 5 条。

5.5 数字化方案

参见本规定"总则"第 5 条。

5.6 建设管理方案

参见本规定"总则"第 5 条。

6　项目运营方案

6.1　运营模式选择

1）提出项目运营模式并说明主要理由；

2）委托第三方运营管理的应提出对第三方的运营管理能力要求。

6.2　运营组织方案

1）明确项目组织机构设置方案、人力资源配置方案、员工培训需求及计划；

2）提出项目在合规管理、治理体系优化和信息披露等方面的措施。

6.3　安全保障方案

1）明确项目运营管理中存在的危险因素并分析其危害程度；

2）提出安全生产责任制和安全管理体系；

3）说明劳动安全与卫生防范措施；

4）制定项目安全应急管理预案（项目存在较大安全风险时）。

6.4　绩效管理方案

涉及绩效考核的项目，应制定项目全生命周期关键绩效指标和绩效管理机制，提出项目主要投入产出效率、直接效果、外部影响和可持续性等管理方案，并说明影响项目绩效目标实现的关键因素。

7　项目投融资与财务方案

参见本规定"投资估算、经济评价和概预算"相关要求。

8　项目影响效果分析

1）分析项目建设和运营过程中可能产生的经济影响、社会影响和生态环境影响；

2）阐述拟建项目资源和能源利用效果；高耗能、高排放项目应进行碳达峰、碳中和分析，必要时进行碳排放量、碳减排量核算。

9　项目风险管控方案

1）开展风险识别与评价，分析项目全生命周期主要风险因素及各风险发生的可能性、损失程度；

2）提出风险管控方案和重大风险应急预案。

10　研究结论及建议

10.1　主要研究结论

从建设必要性、要素保障性、工程可行性、运营有效性、财务合理性、影响可持续性、风险可控性等维度分别简述项目可行性研究结论，评价项目在经济、社会、环境等各方面的效果和风险，提出项目是否可行的研究结论。

10.2　问题与建议

针对项目需要重点关注和进一步研究解决的问题提出建议，明确需要委托其他单位专门研究的内容（如环境影响评价、地质灾害评价、水土保持评价、防洪评价、安全风险评价、社会稳定性评价等）或有关专题研究项。

11　主要工程量及设备材料表

提供建设项目主要工程量及各相关专业主要设备、材料统计表（应明确工程量内容、设备及材料名称、所属工程部位、规格、单位和数量等）。

12　附表、附件和附图

12.1　附表

必要时提供可研论证过程中需要另附的各类附表。

12.2　附件

项目审批需要的各类批件和附件。如项目建议书批复文件，项目土地预审意见，项目用地、给水排水、供暖、供电、供气等协议书，污水外排等意向书或接受函（如需），资金筹措证明函（如需），专家评审意见及响应性答复报告，必要时提供场（厂）址地质灾害评价报告、环境影响评价报告、水土保持评价报告、防洪评价报告、社会稳定性风险评价报告和安全风险评价报告等的批复文件。

12.3　附图

1）处理场（厂）区域位置图：比例一般采用 1：10000～1：50000，明确选址具体位置、周边交通条件、主要环境敏感点特征等。

2）总平面布置图：比例一般采用 1：200～1：1000，包括原始地形、风玫瑰、主要建设内容特征等，附图例、主要建设内容一览表和经济技术指标表，说明图纸坐标系、高程系和尺寸单位等。

3）工艺流程图：比例一般采用 1：100～1：200，绘制总体工艺流程，明确产品去向和次生污染物排放控制措施等，说明项目产品参数或污染控制指标。

4）主要系统工艺设备平面、剖面图（大型或工艺复杂项目）：比例一般采用1：100～1：200，注明主要工艺设备、设施平面、剖面定位尺寸，附工艺设备清单，明确主要工艺设备参数。

5）其他专业附图：根据项目情况及相关专业具体要求提供。

第二章 环境卫生工程初步设计文件编制深度

1 设计说明书

1.1 概述

1.1.1 项目概况

概述项目全称及简称，明确服务范围、建设地点、建设规模、服务年限、建设内容、计划建设工期、投资规模、资金来源、建设模式和绩效目标等。

1.1.2 项目单位概况

简述项目单位全称和基本情况。

1.1.3 初步设计执行上阶段批复情况

明确上阶段批复的主要内容并简要说明初步设计执行上阶段批复情况。

1.1.4 设计依据

1）明确与项目有关或支持项目建设的法规、政策和规划；

2）提出设计采用或参照的主要规范、标准和规程，列出其他基础资料（包括委托书或双方签订的合同书、协议书、上阶段批复文件、选址报告及其批复文件、规划文件、工程测量、岩土工程勘察及其他与项目建设有关的基础资料和文件等），批复文件应说明文号、批复单位和发文时间；

3）改（扩）建项目应提供已建项目的有关基础资料；

4）污染治理及修复项目应提供污染调查报告。

1.1.5 设计原则

简述项目设计总体原则。

1.1.6 工艺技术路线

1）说明项目工艺技术路线、总体工艺流程和主要系统工艺流程；

2）提出污染物控制标准或资源化产品质量标准。

1.1.7 投资规模

列表说明本项目投资规模及组成。

1.1.8 主要技术经济指标

1）说明项目主要建筑指标、劳动定员、电耗、药耗、原材料消耗、总成本和经营成本等；

2）资源化利用项目还应明确主要产品属性、产量等。

1.2 城镇概况与环卫现状

1.2.1 城镇概况

简述城镇的自然条件、城镇性质及发展、城镇国土空间总体规划和城镇环境卫生专项规划等。

1.2.2 城镇环卫设施现状

简述城镇环卫系统管理及运行模式现状（包括垃圾产生源、产生量、收集率、收运方式、处理率、处理工艺、已建设施基本情况和环卫管理机构设置等）。

1.3 建设规模与目标控制

1.3.1 建设规模

提出项目批复规模、服务年限及建设标准。

1.3.2 目标控制

明确项目总体目标，说明污染物削减目标（污染物类别、削减量等）或资源化产品生产目标（产品类别、品质和产量等）。

1.4 建设条件

1.4.1 说明拟建设场（厂）址的自然环境、交通运输、公用工程和工程地质等基础建设条件

1.4.2 改（扩）建类项目应分析现有设施条件的容量和能力

1.4.3 治理和修复类项目应说明前期调查的基础数据和主要调查结论

1.5 工程设计

1.5.1 总体设计

1）明确项目执行的污染物控制标准和资源化产品质量标准；

2）提出项目处理对象特征和主要产品参数等工艺指标；

3）说明工程总体技术方案、外部运输方案、公用工程方案及其他配套设施方案；

4）大型、复杂或分期建设的项目应结合项目近远期需求、整体建设规划和资源利用条件等提出建设进度总体安排，合理布局预留发展空间。

1.5.2 工艺设计

1）明确项目总体工艺流程和主要系统工艺流程，说明工艺原理和控制过程等，必

要时针对主要系统或关键节点工艺方案进行比选论证；

2）提出主要系统工艺设计参数；列出主要建（构）筑物工艺控制尺寸；

3）阐述各工艺系统设备选型方案并给出相关参数；

4）说明主要生产原料（辅料）的来源、用量和品质要求，提出残余物和产品的产量、去向；

5）提出不同工艺系统间的衔接界面及衔接处的工艺参数；

6）对项目投资影响较大或相对关键的非标设备应说明设备原理及构成，分析设备来源的可靠性、专利技术取得的可行性和工艺生产的适用性等；

7）改（扩）建项目应分析现有设备利用或改造情况；

8）分期建设的项目应提出分期建设工艺方案并分析其合理性；

9）不同项目类型一般包括以下工程内容，具体可根据项目情况确定。

收运系统建设项目：收集系统、暂存系统和转运系统；

新建填埋场：总图工程、库区工程（库区整平、防渗系统、渗沥液和地下水收集系统、填埋气收集导排系统等）、坝体工程、防洪工程、雨污水分流、分区填埋、环境监测、渗沥液及臭气处理工程等，必要时进行填埋气综合利用工艺设计；

填埋场封场：总图工程、库区工程（堆体整形、封场覆盖和植被恢复等）、环境监测、封场排水及渗沥液处理工程等，必要时进行填埋气和填埋场场地综合利用工艺设计；

填埋场治理：总图工程、原位污染修复工程（截污治污、封场覆盖和植被恢复等）、异位污染修复工程（快速稳定化、异位开采、垃圾筛分和场地修复等）、渗沥液及臭气处理工程等，必要时进行填埋气和填埋场场地综合利用工艺设计；

生活垃圾焚烧厂：总图工程、接收及储存系统、预处理及输送系统、焚烧系统、余热利用系统、烟气净化系统、灰渣处理系统、化学水系统、在线监测系统、渗沥液和臭气处理系统等；

厨余垃圾处理厂：总图工程、接收及储存系统、预处理及输送系统、综合处理系统、资源化产品利用系统、污水和臭气处理系统等；

建筑垃圾处理厂：总图工程、接收及暂存系统、预处理及输送系统、综合处理系统、产品储存系统、除尘降噪和污水处理系统等；

粪便处理工程：总图工程、接收及储存系统、预处理及输送系统、综合处理系统、残渣处理系统、滤清液处理系统和臭气处理系统等；

大件垃圾处理工程：接收及储存系统、预处理及输送系统、综合处理系统（再使用、拆解、破碎等）、再生利用系统、除尘降噪和污水处理系统等；

垃圾转运站：总图工程、卸料系统、压缩系统、渗沥液和臭气处理系统等；

可回收垃圾分拣中心：总图工程、预处理及输送系统、分拣系统、打包系统、产品储存（或暂存）系统、污水和臭气处理系统等；

渗沥液处理工程：总图工程、输送系统、预处理系统、综合处理系统、深度处理系统、污泥或浓缩液处理系统、中水排放系统、水质监测系统和臭气处理系统等。

1.5.3 总图设计

1）总平面布置：明确设计依据、范围及原则；给出项目红线及建筑控制线主要控制点坐标；说明场（厂）址基本情况和外部市政条件的接入方式等，简述总平面布置总体思路；

2）竖向设计：说明设计前后场（厂）址的竖向情况，提供土石方平衡分析及结论；

3）绿化设计：说明绿化的范围、方法和设计思路，明确主要绿化材料的规格及数量；

4）交通组织设计：说明场（厂）内交通的总体布局，明确人流、物流路线总体安排；

5）管线综合设计（管线复杂时）：说明管线平面布置、竖向布置原则和思路，明确设计内容；

6）总图技术经济指标：提出厂区用地面积、总建筑面积、建（构）筑物占地面积、建筑最高高度、层数、道路面积、硬化铺装面积、绿化面积、容积率和绿地率等指标值；

7）涉及分期建设的项目，应说明分期建设总平面布置方案。

1.5.4 建筑设计

1）明确设计依据、范围及原则；

2）说明按照生产工艺要求或使用功能确定的建筑单体平面布置、层数和层高特征，提出对室内热工、通风、消防、节能所采取的措施；

3）简述建筑物的立面造型、装修标准及其与周围环境的关系，明确辅助建筑物及职工宿舍的建筑面积、标准；提出无障碍设计、防水设计等，必要时提供绿色建筑专项设计说明；

4）提供全场（厂）建（构）筑物一览表。

1.5.5 结构设计

1）明确设计依据、范围及原则；

2）根据建（构）筑物使用功能、生产需要所确定的使用荷载、场地工程地质、水文地质和抗震设计条件，明确设计工作年限、结构安全等级、抗震设防类别、建（构）筑物抗震等级、混凝土构件的环境类别、腐蚀性等级、防水等级、地基基础设计等级、建筑桩基设计等级；

3）阐述对结构设计的特殊要求（如抗浮、防水、防爆、防震、防腐蚀等）；

4）明确主要建（构）筑物设计的结构选型、地基处理及基础形式等；

5）说明伸缩缝、沉降缝、防震缝的设置和为满足特殊使用要求的结构处理，明确主要结构材料的选用，提出采用的新技术、新材料；

6）对于主要建筑单体、构筑物按照相关规范要求提供结构计算书或列出主要控制性计算成果，说明结构分析程序名称、版本、编制单位；涉及深基坑的项目，应明确基坑支护参数及形式。

1.5.6　电气设计

1）明确设计依据、范围及原则；

2）说明负荷等级、供电电源、保安电源（如需）、电压等级、场（厂）内设备电压选择及用电设备种类、负荷班制，列表说明设备容量、计算负荷、补偿前后功率因数等；

3）确定各级电压等级一次系统图、电源运行方式、变配电所设置、变压器容量和数量以及安装形式，继电保护的设置、操作电源、信号以及计量设置，明确无功补偿、谐波保护、变电所过电压及接地保护措施；

4）说明配电电压等级、配电系统形式、配电方式及保证供电可靠性的措施；

5）提出环境特征及配电设备选择、电机启动及调速方式、维修电源设备、导体选择及敷设方式、控制与连锁等；

6）说明各单体照明及应急照明系统，场（厂）区照明等；

7）明确防雷、接地及等电位措施、导体选择及电缆敷设方式、防火、防爆及建筑机电抗震措施。

1.5.7　仪表自控设计

明确设计依据、范围及原则，说明自控系统形式组成、安装场所、系统配置、通信网络及功能实现等，提出仪表系统的设计原则、仪表设置、检测功能，工业电视系统的设计原则、系统配置、信号传输及功能实现，安防系统的设计原则、系统配置、信号传输及功能实现，通信系统的设计原则、系统规模、综合布线及功能实现，火灾自动报警系统的设计原则、系统配置、探测选型、信号传输、应急通信及功能实现等。确定设备的防护等级、防腐等级，设备的技术水平、选型要求、布置安装，电缆敷设方式，防雷及接地系统，生产（单元）过程配管及仪表设计等。

1.5.8　给水排水设计

明确设计依据、范围及原则；说明供水水源特征（由城镇市政管网供水时应说明接管点位置、水压和水量等，当无法由市政管网供水时，需说明水源选择、供水水质及供水方式）；给出全场（厂）生产、生活、消防用水部位及水量明细表，对生活用水、生产用水、循环水、直流水和制冷水系统应分别提供水量计算过程。

室内给水排水可参照现行《建筑工程设计文件编制深度规定》；室外给水应明确管道的材质、管网压力、管网平面布置等的确定和具体做法；室外排水应说明生活污水的收集和处理方案、室外排水（包括雨水及污水）系统的划分、水量管道的计算及管道平面布置，提出初期雨水、事故水的收集及处理方案。必要时提供全场（厂）水平衡计算表和水平衡图。

1.5.9 暖通和空调设计

明确设计依据、范围及原则；提供场（厂）区气象参数、设计参数等。

供暖设计应说明供暖热源、热负荷、供暖系统形式、管道及阀门附件参数描述、管道敷设方式、系统补水定压方式、系统调节措施等，通风设计应说明各个房间、区域通风系统用途及形式、通风系统主要设备及管道说明、风量平衡。

空调设计应说明空调冷（热）源、空调负荷、管道及阀门附件参数、空调设备配置及管道敷设方式、系统调节措施、必要的气流组织等。提出防排烟的区域与方式、系统参数及设备描述等，明确防火、防爆及建筑机电抗震措施。

1.5.10 道路设计

参见本规定"道路交通工程"相关章节。

1.6 防火及消防设计

明确设计依据、范围及原则；确定消防水源，说明全场（厂）建（构）筑物及设备设施布局特征及其火灾危险等级、防火等级，合理设置消防系统并计算消防用水量，提出消防用水量计算原则、消防水池及消防泵选择过程；叙述全场（厂）总图消防布局，明确各建（构）筑物建筑、给水、电气、自控等专业消防设施设置及消防措施设计情况。

1.7 节能低碳

1.7.1 节能设计

明确设计依据、范围及原则；提出项目能源消耗种类、数量、能源使用情况等，计算项目能耗指标，说明项目可再生能源和新材料的利用情况。提出各专业具体的节能措施。

1.7.2 低碳设计

明确设计依据、范围及原则，提出项目低碳设计理念及采取的降碳措施。

1.8 环保与监测

明确设计依据、范围及原则；确定区域环境质量目标，说明拟建项目场（厂）址的生态环境现状；提出项目建设期和运营期污染物排放特征及控制措施、环境监测要求、主要监测因子和监测方案等；提供主要设备选型及配置表。

1.9 劳动保护与职业健康

明确设计依据、范围及原则，说明项目建设及运营过程中可能造成人身伤害的危险因素及其危害程度，确定项目建设及运营期安全生产管理体系，提出劳动安全与卫生防范措施、职业健康保护措施，制定项目建设及运营安全应急管理预案，配备劳保用品。

1.10 项目管理及建设进度

说明项目建设组织模式和机构设置，提出建设工期并对建设主要时间节点做出时序性安排，明确项目运营管理模式和组织方案等。

1.11 项目风险管控设计

1）提出项目危险性较大部分工程内容并列出"危大工程"清单，说明"危大工程"施工注意事项；

2）识别项目建设及运营期主要风险因素，分析各风险发生的可能性、损失程度以及风险承担主体的韧性或脆弱性；确定项目面临的主要风险并有针对性地提出防范和化解措施，制定重大风险应急预案并提出应急处置及应急演练要求等。

1.12 工程效益

说明项目建成后对生态环境形成的增益效果、对社会发展带来的正面影响和促进经济发展发挥的重要作用。

1.13 结论与建议

1.13.1 结论

从工艺方案的先进性、工程布局的合理性、项目风险的可控性、工程效益的可行性等方面简述初步设计总体结论。

1.13.2 存在问题与建议

针对项目下阶段需要重点关注和尚存在的问题提出意见和建议。

1.14 附件

1）各类审批文件，主要包括用地预审与选址意见书、建设用地规划许可证等；

2）建设项目上阶段批复文件；

3）其他外部条件协议书，主要包括用地、给水排水、供暖、供电、供气等；

4）专家评审意见及响应性答复报告；

5）焚烧发电上网类项目还应提供电力系统接入报告及批复文件（或协议书）。

1.15 主要工程量、设备及材料清单

提供建设项目主要工程量及各相关专业主要设备、材料统计清单，（应明确工程量内容、设备及材料名称、所属工程部位、规格、单位和数量等）；必要时可单独成册。

2 设计图纸

本规定工艺专业设计图纸按照收运系统建设项目、填埋场工程建设项目和厂站类工程建设项目划分。其中填埋场工程建设项目包括新建填埋场、填埋场扩建、填埋场封场、填埋场治理和其他类似工程项目；厂站类工程建设项目包括垃圾焚烧厂、厨余垃圾处理厂、建筑垃圾处理厂、粪便处理厂、大件垃圾处理厂、垃圾转运站、可回收垃圾分拣中心、渗沥液处理工程和其他类似工程项目。

环境卫生工程初步设计文件一般应包括以下图纸，根据具体工程内容可予以增减。

2.1 收运系统建设项目

1）工艺流程图：绘制收运系统工艺流程图。

2）收集点平面布置图：比例一般采用 1：10000～1：50000，注明收集点位置和服务范围，示意收集点与转运站、处理场（厂）的直线和运输距离，明确项目所在区域主要环境敏感点。

3）收运路线规划图：比例一般采用 1：10000～1：50000，规划总体收运路线，说明不同收运路线主要运输时段、频次等。

2.2 填埋场工程建设项目

2.2.1 总图工程

1）项目区域位置图：比例一般采用 1：10000～1：50000，明确拟建项目区域位置、周边交通条件和主要环境敏感点等。

2）场址现状特征图：比例一般采用 1：500～1：1000，保留原始地形，示意风玫瑰，说明坐标系和高程系。填埋场扩建、封场及治理项目应体现现状堆体特征、防渗膜铺设边界、排液导气井位置、附属设施（生产生活管理区、渗沥液处理站等）和污染分布范围（已存在污染时）等，说明填埋场建设和运营时间、填埋垃圾量、填埋气处理方式、渗沥液处理工艺及场地调查主要结论等。

3）工艺总平面布置图：比例一般采用 1：500～1：1000，保留原始地形，示意风玫瑰，说明坐标系和高程系和采用的尺寸单位。对主要控制点及工程部位提供定位坐标，主要管道注明坡向、坡度、材质和管径。明确填埋场设计规模、库容、服务年限，附工程面积特征表（投影面积、实际面积）。

新建填埋场应体现填埋场库区、垃圾坝、渗沥液收集池、防洪系统、防火隔离带、绿化隔离带、附属建（构）筑物、进场道路和用地红线等，原位封场项目应体现堆体整形边界及坡度、稳定平台宽度及标高（绝对标高）、堆体表面及外侧排水设施等，异位治理项目应体现堆体开挖边界、分阶段开挖范围、附属建（构）筑物、设备设施平面布局和项目控制红线等。

4）工艺流程图：新建和扩建项目应表示填埋作业总体工艺流程及次序；封场和治理项目存在辅助工艺（如好氧快速稳定化等）时应绘制辅助工艺流程图，必要时提供施工作业工序安排。

5）土石方料场设计图：土石方工程量较大时应结合岩土工程勘察资料根据设计土石方用量及参数要求，提供取土（或弃土）料场设计图并进行土石方平衡核算，图中应注明料场边界坐标、可开挖取土深度或暂存堆土高度等，附风玫瑰、土石方工程量平衡分析表。

6）雨、污水分流设计图：比例一般采用 1：500～1：1000，绘制雨、污水分流平面图，说明工程做法或作业管理方式。

7）分区填埋设计图：比例一般采用 1：500～1：1000，表示填埋场分区范围、作业工艺和方法等。

8）监测点平面布置图：比例一般采用 1：500～1：1000，示意风玫瑰，说明坐标系、高程系及尺寸单位；注明不同监测项监测点位中心坐标，说明主要监测项、监测内容和监测方式，附监测设备设施主要材料表。

2.2.2　库区工程

1）整平平面设计图：比例一般采用 1：500～1：1000，保留原始地形，注明整平主要控制点坐标和高程（绝对高程）。新建、扩建项目应提供库底承载力、最大堆高和边坡稳定计算成果值，说明坐标系、高程系和尺寸单位；异位治理项目应说明不同开挖阶段作业范围及要求。

2）整平土石方设计图：比例一般为 1：500～1：1000，保留原始地形，示意风玫瑰，说明坐标系、高程系及尺寸单位；采用网格法、剖面法等方法进行挖填方计算，附土石方工程量表。异位治理项目应结合填埋场竣工图、场地调查和岩土工程勘察报告结论，明确堆体开挖范围、开挖深度、开挖总量等，必要时区分垃圾开挖量和污染土开挖量并提供统计表。

3）整平纵、横剖面设计图：比例一般采用1：200～1：500，注明库区原始地面线（或垃圾堆体轮廓线）、整平设计线、原始地面高程、整平设计高程、整平坡度、挖填深度（高度）、桩号及剖面控制点编号和坐标。

4）防渗系统平面布置图：比例一般采用1：500～1：1000，注明库底及侧壁防渗系统分界线、控制坐标，明确侧壁及库底防渗结构衔接做法，附侧壁、库底防渗工程面积控制成果表。

5）防渗系统构造设计图：比例一般为1：50～1：100，明确侧壁及库底防渗结构层特征（材料、厚度等）及具体参数要求，附主要工程材料参数表、主要工程材料用量表。

6）地下水、渗沥液导排系统平面布置图：比例一般采用1：500～1：1000，绘制地下水、渗沥液导排管平面，注明管道坡向、坡度、材质和管径，明确管道铺设主要控制点坐标及管道连接方式，附工程主要材料表。

7）地下水、渗沥液导排设施大样图：比例一般采用1：50～1：100，表示地下水、渗沥液导排盲沟结构层特征；绘制地下水、渗沥液管道穿垃圾坝剖面特征，注明各部位详细尺寸、标高（绝对标高），明确各管道连接方式。

8）排液导气井平面布置图：比例一般采用1：500～1：1000，注明排液导气井控制点中心坐标、井底标高（绝对高程）、首次施工高度，示意单井集气范围，附工程主要材料表，必要时设置填埋气体处理或利用设施。扩建工程存在钻孔导气的，还应提供钻孔基本参数（孔径、深度等）。

9）封场结构大样设计图：比例一般采用1：50～1：100，绘制封场结构大样图，明确封场主要结构层组成特征及参数。

10）渗沥液调节池设计图：比例一般采用1：50～1：100，注明调节池平面、剖面尺寸（净内尺寸）、预留孔洞及埋件定位尺寸等，明确预留孔洞及埋件控制标高（绝对标高），提供工程主要材料表。

2.2.3 坝体工程

1）垃圾坝平面设计图：比例一般采用1：100～1：200，保留原始地形，示意风玫瑰；说明坐标系、高程系及尺寸单位；表示垃圾坝坝顶高程（绝对标高）、定位坐标、上下游坝坡坡比、上游视向、指北针、坝体定位桩号、穿坝管位置等；注明各工程部位详细尺寸。

2）垃圾坝典型断面图：比例一般采用1：100～1：200，表示垃圾坝坝顶、坝底高程（绝对标高）、坝顶宽度、上下游坝坡坡度和护坡做法等；注明各工程部位详细尺寸，说明高程系和尺寸单位。

3）垃圾坝开挖断面图：比例一般采用1：100～1：200，注明各工程部位详细尺寸，说明高程系和尺寸单位；绘制原始地面线及地层特征线，表示垃圾坝开挖基底高程（绝对标高）。

2.2.4　防洪工程

1）防洪流域面积图：比例一般采用1：2000～1：5000，说明项目所在流域特征并明确汇水范围。

2）防洪工程平面设计图：比例一般采用1：500～1：1000，保留原始地形，示意风玫瑰；说明坐标系、高程系及尺寸单位；绘制防洪渠道的平面走向、定位坐标、桩号，附工程主要材料表。

3）防洪工程纵断面设计图：比例一般采用1：200～1：500，绘制渠道原始地面线、设计渠顶、渠底、渠基高程（绝对标高）、挖填深度（高度）、坡度及桩号等；说明尺寸单位。

4）防洪工程标准横断面设计图：比例一般采用1：50～1：100，绘制渠道原始地面线、开挖线，注明渠道基本特征（典型尺寸及材料）；说明尺寸单位。

5）防洪工程附属设施平面图：比例一般采用1：100～1：200，保留原始地形，示意风玫瑰；说明坐标系、高程系及尺寸单位。明确砌筑材料、坐标、标高（绝对标高）、坡度等；注明详细尺寸。

2.2.5　其他图纸

1）灌浆孔平面布置图：比例一般采用1：500～1：1000，说明坐标系、高程系和尺寸单位；注明灌浆孔孔序、孔距、中心坐标、孔深等。

2）灌浆剖面设计图：比例一般采用1：500～1：1000，示意原始地面线及地层线，根据岩土工程勘察报告中压水试验确定的灌浆深度绘制帷幕下轮廓线，说明尺寸单位。

3）截渗墙工程设计图：比例一般采用1：50～1：200，保留原始地形，示意风玫瑰，说明坐标系、高程系及尺寸单位；绘制截渗墙工程平面图、纵剖面图、典型横剖面图等；注明工程主要尺寸、坐标、标高（绝对标高），明确工程施工做法及主要注意事项；附工程主要材料表。

2.3　厂站类工程建设项目

2.3.1　总图工程

1）项目区域位置图：比例一般采用1：10000～1：50000，明确拟建项目区域位置、周边交通条件和主要环境敏感点等。

2）工艺总平面布置图：比例一般采用1：200～1：500，保留原始地形，示意风玫瑰，说明坐标系、高程系及尺寸单位；明确主要建（构）筑物基本特征及工艺用途、人流物流路线和周边主要环境敏感点，标注用地红线坐标；附图例、主要建（构）筑物一览表和主要技术经济指标表。

3）总体工艺流程图：绘制主要处理系统工艺节点及流程、产物（或产品）特征及最终去向，说明次生污染物达标排放控制措施等，提出项目污染控制执行标准、指标。

4）物料平衡图：结合总体工艺流程图，注明不同工艺节点的物料参数，附物料平衡计算表；对于焚烧厂工程和大、中型厨余垃圾处理工程，还应提供水平衡图和能量平衡图。

5）监测点平面布置图：比例一般采用 1∶200～1∶500，保留原始地形，示意风玫瑰，说明坐标系、高程系及尺寸单位；注明不同监测项监测点位中心坐标，说明主要监测项、监测内容和监测方式；附监测设备设施主要材料表。

6）暂存场设计图：比例一般采用 1∶200～1∶1000，保留原始地形，示意风玫瑰，说明坐标系、高程系及尺寸单位；绘制暂存场平面图并注明定位坐标，明确堆放范围、堆放高度、堆放顺序；有渗出污染风险的还应提供暂存场防渗设计图。

2.3.2 单体工程

1）系统工艺流程图：明确子系统（子工程）工艺路线及主要控制节点、内容，注明与前后工段的衔接界面及工艺参数等。

2）工艺设备、设施平面设计图：比例一般采用 1∶100～1∶200，说明尺寸单位；绘制建（构）筑物内主要工艺设备、设施平面图；注明设备名称、工艺参数和平面定位尺寸；附工艺设备清单表。

3）工艺设备、设施剖面设计图：比例一般采用 1∶100～1∶200，说明尺寸单位；绘制建（构）筑物内主要工艺设备、设施剖面图；注明设备名称、定位尺寸和安装检修预留高度。

4）工艺管道平面设计图：比例一般采用 1∶100～1∶200，说明尺寸单位；绘制建（构）筑物内工艺排水沟及管道平面图；主要管道注明定位尺寸、安装标高、连接方式；附主要材料用量表。

5）工艺设备、设施基础定位图：比例一般采用 1∶100～1∶200，说明尺寸单位；注明主要工艺设备基础定位尺寸、基础顶标高。

2.4 建筑专业

绘制项目建筑总平面布置图和主要建（构）筑物平面图、立面图及剖面图，注明主要结构和建筑配件的位置，明确建筑材料、室内外主要装修和建筑构造做法等，标注主要构件截面尺寸。

2.5 结构专业

注明主要建（构）筑物梁、柱、板（墙）的断面尺寸，提出设备基础做法和材料要求，明确特殊场（厂）地围墙基础做法及其他专业所要求的管道支架结构做法等。

2.6　电气专业

绘制各变电所（站）高、低压系统图并注明主要元器件参数，提供各变电所（站）及重要工艺设备配电室平面布置图、厂区管缆敷设路由图、主要电缆通道断面，主要设备材料表。

2.7　仪表自控专业

绘制中央控制室平面图、场（厂）总平面图、视频及火灾报警系统图，监控系统及各现场控制站、就地控制站的位号、配置、通信网络、系统功能；仪表系统的设备位号、检测范围、安装要求、功能实现等，工业电视系统的设备编号、安装要求，通信系统的系统配置、设备规格、安装布置及综合布线等，安防系统的系统配置、设备规格、安装布置及接线连接等，火灾自动报警系统的系统配置、探测器选型、安装布置及接线连接，智慧管控系统的总体架构、数据流程、系统配置、设备布置及安装，设备防护等级、防腐等级规定，电缆选型、管缆敷设；防雷及接地，施工注意事项。

设备材料统计，管缆统计，全场设备布置及其管缆敷设，系统配置、设备安装、管缆敷设、接线连接、防雷接地。

2.8　给水排水专业

绘制室内（外）给水排水及消防平面图、全场（厂）水平衡图，提供主要设备材料表。

2.9　暖通及空调专业

绘制暖通及空调平面图、系统流程图，各种管道、风道可绘单线图，冷、热源系统流程图及冷热源设备布置图，建筑防排烟系统原理图及平面图，提供主要设备材料表。

2.10　道路专业

参见本规定"道路交通工程"初步设计文件编制深度的相关规定。

3　设计概算书

参见本规定"投资估算、经济评价和概预算"相关章节。

第三章　环境卫生工程施工图设计文件编制深度

1　设计总说明

1.1　项目概况

说明项目名称、服务范围、处理对象、处理规模、建设地点、占地面积、主要建设内容和总体技术路线，提出污染物控制或资源化产品执行标准、指标、生产原料特征，说明概算总投资。

1.2　设计依据

1.2.1　批复文件

列出包括用地预审与选址意见书、建设用地规划许可证、可行性研究报告批复、初步设计批复和环评批复（如有）等文件的名称和批准的机关、文号、日期。

1.2.2　设计采用的规范、标准和规定

1.2.3　岩土工程勘察报告

1.2.4　工程测量成果

1.2.5　其他基础资料

列出与建设项目有关且支撑施工图设计的其他基础资料。对于改（扩）建项目，还应提供依托项目（工程）的相关建设、验收资料，需要进行鉴定的应提供鉴定评估报告主要内容及结论。

1.3　执行上阶段批复情况

说明上阶段批复主要内容及施工图设计过程执行情况。对于施工图阶段调整较大的工程内容应明确同意调整的依据和调整的具体范围。

1.4　设计内容

1.4.1　工艺设计

说明主要工艺子系统（子工程）组成和工艺流程，复杂工艺或特殊设备还应提出工艺运行管理说明或设备安装维护说明。

1.4.2　建筑设计

简述总图布置和单体建筑特征等。

1.4.3　结构设计

简述场（厂）区地基处理方式和单体结构特征等。

1.4.4 给水排水设计

简述供水方式、室内外给水排水、消防、初期雨水储存利用和事故水应急处理等的总体方案。

1.4.5 暖通及空调设计

简述供暖方式、通风方式和空调设计等的总体方案。

1.4.6 电气设计

简述负荷等级、供电电源、电压等级等的总体方案。

1.4.7 仪表自控设计

简述自控系统、工业电视系统、安防系统、通信系统和火灾自动报警系统等的总体方案。

1.4.8 其他专业设计

简述主要设计内容。

1.5 施工安装注意事项

提出施工安装需要注意的事项，必要时另行编制主要工程部分或部位施工方法、方案等。

1.6 施工验收技术标准及质量验收要求

1.7 安全专篇设计

1.7.1 危险性较大的分部分项工程

根据住房城乡建设部颁发的《危险性较大的分部分项工程安全管理办理办法》，说明项目中属于"危大工程"的部分并提出注意事项。

1.7.2 有限空间作业风险

1.7.3 特殊风险源识别及防范

识别项目特殊风险源（如易燃、易爆等危险的工程部位及场所等）并提出防范措施。

1.8 项目运营管理注意事项

2 设计图纸

2.1 收运系统建设项目

1）工艺设计说明：明确设计原则、设计依据、总体目标、收运范围、收运规模、收运对象特征、主要作业设备（材料）数量及参数，提出项目实施和运营过程中工艺特殊风险源及保护防范措施。

2）工艺流程图：绘制收运系统工艺流程图。

3）收集点平面布置图：比例一般采用1∶10000～1∶50000，注明收集点位置和服务范围，明确收集点与转运站、处理站的直线和运输距离，说明项目所在区域主要环境敏感点。

4）收集点设计图：比例一般采用1∶100～1∶200，说明尺寸单位。建（构）筑物收集点应明确防渗及防腐范围、做法、材料和用量等，必要时应提出暂存过程中次生污染物处理工艺及排放指标。

5）转运路线规划图：比例一般采用1∶10000～1∶50000，规划总体收运路线，说明不同收运路线主要运输时段、频次等。

2.2 填埋场工程建设项目

2.2.1 总图工程

1）工艺设计说明：明确设计原则、设计依据、设计规模、填埋场库容、服务年限、各分项工程占地、主要作业设备和材料数量及参数，提出项目实施和运营过程中特殊风险源及保护防范措施。封场、扩建和治理工程还应提供堆体开挖安全文明施工专项说明，明确堆体开挖过程中存在的施工安全和环境风险因素，提出开挖风险预评价结论及防范措施，说明施工注意事项及具体要求。

2）场址现状特征图：比例一般采用1∶500～1∶1000，保留原始地形，示意风玫瑰，说明坐标系和高程系和采用的尺寸单位。填埋场扩建、封场及治理项目应体现现状堆体边界、防渗膜铺设边界、排液导气井坐标和高度、附属设施及污染分布范围（存在污染时）等内容，说明填埋场建设和运营时间、填埋垃圾量、填埋气处理或利用方式、渗沥液处理工艺和执行标准、场地调查主要结论等。

3）工艺总平面布置图：比例一般采用1∶500～1∶1000，保留原始地形，示意风玫瑰，说明坐标系和高程系和采用的尺寸单位；对主要控制点及工程部位提供定位坐标，注明主要工艺管道坡向、坡度、材质和管径；明确填埋场设计规模、库容、服务年限，附工程面积特征表（投影面积、实际面积）等。新建项目应体现填埋场库区、垃圾坝、渗沥液收集池、防洪系统、防火隔离带、绿化隔离带、附属建（构）筑物、进场道路和用地红线等；原位封场项目应体现堆体整形边界及坡度、稳定平台宽度及标高（绝对标高）、堆体表面及外侧排水设施等；治理项目应体现堆体开挖边界、分阶段开挖范围、附属建（构）筑物、设备设施平面布局和项目控制红线等。

4）工艺流程图：新建和扩建项目应表示填埋作业总体工艺流程及次序。封场和治理项目存在辅助工艺（如好氧快速稳定化等）时应绘制辅助工艺流程图，必要时提供施工作业工序安排。

5）土石方料场设计图：土石方工程量较大时应结合岩土工程勘察资料和设计土石方用量及参数要求，提供取土（或弃土）料场设计图并进行土石方平衡核算，图中应示意料场边界坐标、可开挖取土深度或暂存堆土高度，附风玫瑰，提供土石方工程量平衡计算表，说明水土流失及大气污染等预防措施。

6）雨、污水分流设计图：比例一般采用1：500～1：1000，绘制雨、污水分流平面图，说明工程做法或作业管理方式。

7）分区填埋设计图：比例一般采用1：500～1：1000，表示填埋场分区作业范围、作业工艺和方法。

8）监测点平面布置图：比例一般采用1：500～1：1000，示意风玫瑰，说明坐标系、高程系及尺寸单位；注明不同监测项监测点位中心坐标，说明主要监测项、监测内容和监测方式；需现场施工的永久性监测点位，应提供具体做法；附环境监测设备设施主要材料表。治理项目还应注明开挖沉降监测点位置并说明联动报警方式。

9）管线综合设计图（室外管线复杂时）：比例一般采用1：500～1：1000，说明尺寸单位；示意全场工艺、给水排水、电力、通信、照明、供暖等专业管道（或线路）走向和管线特征，注明各管线与建（构）筑物的距离及管线间距尺寸等；管线交叉密集的部分，应适当增加断面图，标明各管线间的交叉标高，并注明管线及地沟等的设计标高。

2.2.2　库区工程

1）整平平面设计图：比例一般采用1：500～1：1000，保留原始地形，示意风玫瑰，说明坐标系、高程系及尺寸单位；注明整平主要控制点坐标和高程（绝对高程）。新建、扩建项目应提供库底承载力、最大堆高和边坡稳定计算成果值；治理项目应根据开挖总体进度及工艺安排，明确不同开挖阶段作业范围及要求，必要时应结合相关专业提供基坑、边坡支护设计图。

2）整平纵、横剖面设计图：比例一般采用1：200～1：500，注明库区原始地面线（或垃圾堆体轮廓线）、整平设计线、原始地面高程、整平设计高程、整平坡度、挖填深度（高度）、桩号及剖面控制点编号和坐标。

3）整平土石方设计图：比例一般为1：500～1：1000，保留原始地形，示意风玫瑰，说明坐标系、高程系及尺寸单位。采用网格法、剖面法等方法进行挖填方计算，附土石方工程量表。异位治理项目应结合填埋场竣工图、场地调查和岩土工程勘察报告结论，明确堆体开挖范围、开挖深度、开挖总量等，必要时区分垃圾开挖量和污染土开挖量并提供统计表。

4）防渗系统平面布置图：比例一般采用1：500～1：1000，注明库底及侧壁防渗系统分界线、控制坐标，明确侧壁及库底防渗结构衔接做法（必要时提供大样设计图）；附侧壁、库底防渗工程面积控制成果表。

5）防渗系统构造设计图：比例一般采用 1∶50～1∶100，明确侧壁及库底防渗结构层特征（材料、厚度等）及具体参数要求，附主要工程材料参数表、主要工程材料用量表，必要时绘制局部大样图。

6）地下水、渗沥液导排系统平面布置图：比例一般采用 1∶500～1∶1000，绘制地下水、渗沥液导排管平面，注明管道坡向、坡度、长度、材质、管径、流量和流速等，明确主要控制点坐标及管道连接方式；附工程主要材料表。

7）地下水、渗沥液导排设施设计图：比例一般采用 1∶50～1∶100，表示地下水、渗沥液导排系统结构层特征和盲沟内管道相对位置，提供盲沟内管道做法详图；绘制地下水、渗沥液管道穿垃圾坝剖面特征，明确各管道连接方式及管道与防渗材料之间的衔接方式（必要时提供局部大样图）；注明各部位详细尺寸、标高（绝对标高）。

8）排液导气设施设计图：比例一般采用 1∶500～1∶1000，注明排液导气井控制点中心坐标、井底标高（绝对高程）、首次施工高度，示意单井集气范围，附工程主要材料表（必要时设置填埋气体处理或利用设施）；绘制排液导气井平面、剖面大样图，明确导气井结构组成材料类别及参数，注明各部位详细尺寸。扩建工程存在钻孔导气的，还应提供钻孔基本参数（孔径、深度等）和钻孔做法等。

9）封场结构设计图：比例一般采用 1∶100～1∶200，绘制封场结构大样图，明确封场主要结构层组成特征及参数；提供封场结构层锚固大样图、主要防渗材料衔接大样图等；注明详细尺寸。

10）渗沥液调节池设计图：比例一般采用 1∶50～1∶100，注明调节池平面、剖面尺寸（净内尺寸）、预留孔洞及埋件定位尺寸、主要设备安装定位尺寸等，明确预留孔洞及埋件控制标高（绝对标高）；提供工程主要材料表。

11）填埋场标志设计图：比例一般采用 1∶50～1∶100，明确填埋场指示、警示及安全等标志的类别和做法，注明标志牌尺寸、材质和基础做法等；附工程主要材料表。

12）填埋场隔离设施设计图：比例一般采用 1∶50～1∶100，明确填埋场隔离设施类型，绘制隔离设施平面、立面图，注明材质及详细尺寸；附工程主要材料表。

2.2.3 坝体工程

1）垃圾坝平面设计图：比例一般采用 1∶100～1∶200，保留原始地形，示意风玫瑰，说明坐标系、高程系及尺寸单位；注明垃圾坝坝顶高程（绝对标高）、定位坐标、上下游坝坡坡比、上游视向、指北针、坝体定位桩号、穿坝管位置，标注各工程部位详细尺寸；提出垃圾坝施工技术要求，浆砌石坝应明确土方开挖及石方爆破开挖的具体要求，筑坝石料粒径、强度等级，胶结材料的强度等级及配比，坝体砌筑要求；土坝除开挖要求外还应说明土料的制备，碾压机具，铺土厚度，压实系数等。

2）垃圾坝典型断面图：比例一般采用 1：100～1：200，说明高程系和尺寸单位；表示垃圾坝坝顶、坝底高程（绝对标高）、坝顶宽度、上下游坝坡坡度和护坡做法等；注明各工程部位详细尺寸。

3）垃圾坝开挖平面图：比例一般采用 1：100～1：200，说明高程系和尺寸单位；表示开挖平面的定位坐标、开挖后的基底高程（绝对标高）、开挖边坡坡度等；注明各工程部位详细尺寸。

4）垃圾坝开挖断面图：比例一般采用 1：100～1：200，说明坐标系、高程系和尺寸单位；示意原始地面线及地层特征线，绘制垃圾坝开挖基底高程（绝对标高）；注明各工程部位详细尺寸。

2.2.4 防洪工程

1）防洪工程平面设计图：比例一般采用 1：500～1：1000，保留原始地形，示意风玫瑰，说明坐标系、高程系及尺寸单位；绘制防洪渠道的平面走向、定位坐标、桩号；提出不同工程部位施工技术要求；附工程主要材料表。

2）防洪工程纵断面图：比例一般采用 1：200～1：500，说明高程系和尺寸单位；绘制渠道原始地面线、设计渠顶、渠底、渠基高程（绝对标高）、挖填深度（高度）、坡度及桩号等。

3）防洪工程标准横断面图：比例一般采用 1：50～1：100，说明尺寸单位；绘制渠道原始地面线、开挖线，注明渠道基本特征（典型尺寸及材料）。

4）防洪工程附属设施平面图：比例一般采用 1：100～1：200，保留原始地形，示意风玫瑰，说明坐标系、高程系及尺寸单位；明确砌筑材料、坐标、标高（绝对标高）、坡度等，注明详细尺寸，必要时绘制节点大样图。

2.2.5 其他图纸

1）灌浆孔平面布置图：比例一般采用 1：500～1：1000，保留原始地形，说明坐标系、高程系及尺寸单位；注明灌浆孔孔序、孔距、中心坐标、孔深等，提出先导孔压水要求，浆液制备、灌浆机具和质量检查等内容。

2）灌浆剖面设计图：比例一般采用 1：500～1：1000，说明高程系及尺寸单位；明确原始地面线及地层线，根据地勘报告中压水试验确定的灌浆深度绘制帷幕下轮廓线。

3）截渗墙工程设计图：比例一般采用 1：50～1：200，保留原始地形，示意风玫瑰，说明坐标系、高程系及尺寸单位；绘制截渗墙工程平面图、纵剖面图、典型横剖面图等；提供配筋图；注明工程主要尺寸、坐标、标高（绝对标高），明确工程施工做法及主要注意事项；附工程主要材料表。

2.3 厂站类工程建设项目

2.3.1 总图工程

1）工艺设计说明：明确设计原则、设计依据、设计规模、工艺路线、污染控制或资源化产品执行标准、主要工艺设计参数，提出项目实施和运营过程中工艺特殊风险源及保护防范措施。

2）工艺总平面布置图：比例一般采用 1∶200～1∶500，保留原始地形，示意风玫瑰，说明坐标系、高程系及尺寸单位；图中明确主要建（构）筑物基本特征及工艺用途、人流物流路线和周边主要环境敏感点，标注用地红线坐标，附图例、主要建（构）筑物一览表和主要技术经济指标表。

3）总体工艺流程图、PID 图：绘制主要处理系统工艺节点及流程、产物（或产品）特征及最终去向，说明次生污染物达标排放控制措施等；提出项目污染控制执行标准、指标。PID 图应明确不同节点的工艺参数、控制参数和控制方式等。

4）物料平衡图：注明工艺流程中不同工艺节点的物料参数，附物料平衡计算表。对于焚烧厂工程和大、中型厨余垃圾处理工程，还应提供水平衡图和能量平衡图。

5）监测点平面布置图：比例一般采用 1∶200～1∶500，保留原始地形，示意风玫瑰，说明坐标系、高程系及尺寸单位；注明不同监测项监测点位中心坐标，说明主要监测项、监测内容和监测方式；附环境监测设备设施主要材料表。需现场施工的永久性监测点位，应提供具体做法。

6）暂存场设计图：比例一般采用 1∶200～1∶1000，保留原始地形，示意风玫瑰，说明坐标系、高程系及尺寸单位；绘制暂存场平面布置图并注明定位坐标，明确堆放范围、堆放高度、堆放顺序；必要时提供装卸工艺流程图或说明。有渗出污染风险的还应提供暂存场防渗设计图。

7）管线综合设计图（管线复杂时）：要求见本章 2.2.1。

2.3.2 单体工程

1）系统工艺流程图、PID 图：明确子系统工艺路线及主要控制节点、内容，注明与前后工段的衔接界面及工艺参数等。PID 图应明确不同节点的工艺参数、控制参数和控制方式等。

2）工艺设备、设施平面设计图：比例一般采用 1∶100～1∶200，说明尺寸单位；绘制建（构）筑物内主要工艺设备、设施平面图，注明设备名称、主要工艺参数和平面定位尺寸；附工艺设备清单表。设备复杂时应提供安装图。

3）工艺设备、设施剖面设计图：比例一般采用 1∶100～1∶200，说明尺寸单位；绘制建（构）筑物内主要工艺设备、设施剖面图；注明设备名称、定位尺寸和安装检修预留高度。

4）工艺管道平面设计图：比例一般采用 1：100～1：200，说明尺寸单位；绘制建（构）筑物内工艺排水沟及管道平面图，注明定位尺寸，管道安装标高、连接方式、管径、材质、压力、流向、流量和输送介质类别等；必要时提供管道支架、支座定位和做法大样图；附主要材料用量表。

管线复杂时还应提供管道安装图，注明管道平面及竖向布置，细部构造及设备、管道、阀门、管件等的安装位置和方法，详细标注各部分尺寸和标高（绝对标高）、明确引用的详图和标准图，附设备、管件一览表以及必要的说明和主要技术数据。

5）工艺设备、设施基础定位图：比例一般采用 1：100～1：200，说明尺寸单位；注明主要工艺设备基础定位尺寸、基础顶标高、基础厚度等，明确基础结构设计指标（静荷载、动荷载等）。

6）工艺预留孔、洞定位图：比例一般采用 1：100～1：200，说明尺寸单位；注明工艺预留孔（洞）平面定位尺寸、孔中心（洞底）相对标高，明确孔洞尺寸及工艺用途。

2.4　建筑专业

绘制建筑总平面图，提供场（厂）区围墙、大门做法及详图；绘制各建筑物平面、立面、剖面图及各部分构造详图、节点大样，注明轴线间尺寸，各部分及总尺寸、标高，设备或基座位置、尺寸与标高等，标注留孔位置的尺寸与标高，标明室外用料做法，室内装修做法及有特殊要求的做法；明确引用的详图、标准图或重复利用图；附门窗表及必要的说明等。

2.5　结构专业

绘制结构整体及构件详图，配筋情况，各部分及总尺寸与标高，设备或基座等位置、尺寸与标高，留孔、预埋件等位置、尺寸与标高，地基处理、基础平面布置、结构形式、尺寸、标高，墙、柱、梁等位置及尺寸，屋面结构布置及详图，引用的详图、标准图，汇总工程量表、主要材料表、钢筋表（根据需要）及必要的说明。必要时提供场（厂）区围墙基础、挡土墙等的结构做法。

2.6　电气专业

绘制全场（厂）电气总平面图、主要电缆敷设通道剖面图、室外照明平面图、电缆作业表及施工图说明等。变电所（站）供电系统图、电气设备平面布置图、主要剖面及安装图、二次接线图、直流系统图、照明平面图、防雷及接地、等电位联结平面图及施工图说明、设备材料表等。单体电气设计应提供配电系统图、配电设备布置及安装大样图、动力平面图、控制原理接线图、照明平面图、防雷、接地及等电位联结平面图、施工图说明、设备材料表等。

2.7 仪表自控专业

提供自控专业设计说明、自控设备材料统计表、电缆统计表、全场（厂）仪表设备布置图，管缆敷设图、全场（厂）或单元带控制点的工艺流程图、控制室平面布置图及配电系统图、计算机系统配置图、安全仪表系统配置图、控制室（站）布置总图（正面、侧面等）、仪表自控供电系统图、仪表自控电缆敷设图、仪表设备安装大样示意图、通信系统配置图及综合布线图（程控、InterNet 电话等）、火灾自动报警系统配置图及安装大样、管缆敷设图、安防系统配置图、设备安装图及管缆敷设图和根据控制系统不同确定绘制的其他图纸等。

2.8 给水排水专业

给水系统应提供给水泵房平、剖面图，标明主要设备的型号，数量，局部大样比例；给水管网平面图；特殊（复杂）地形应绘制给水管网的纵断面图。排水系统应提供排水管网的平面图，排水管网纵断面图。消防系统应提供消防泵房的平面、剖面图；消防水池的平面、剖面图；消防管网的平面图；应标识管径，管道定位尺寸，管道标高（或埋深），管道阀门消火栓的定位尺寸；灭火器材的型号，数量及定位。场（厂）区管网应提供全场（厂）给水排水管线平面布置图。

2.9 暖通及空调专业

绘制暖通及空调平面图、剖面图、系统图等；附设备表，标明设备种类、型号、参数、数量。室外管网应包括总平面图、横断面图、节点详图等；绘制管道及附件、检查井、管沟平面图、检查井等；附汇总工程量表、图例等。采用集中供暖、集中空调系统的房间应进行热负荷和逐项逐时冷负荷计算。

2.10 道路专业

参见本规定"道路交通工程"施工图设计文件的相关要求。

2.11 场（厂）外工程

场（厂）外工程所包含的给水管线、排水管线及道路桥梁工程等参见本规定相关专业要求。

第十篇　园林绿化工程

说明：园林绿化工程的"方案设计"阶段与建筑工程的"方案设计"阶段相似，且在市政工程中对应"可行性研究报告"阶段。本阶段的主要任务是进行方案设计和比选，以确定一个既合理又适用、安全且经济的实施方案。该阶段的文件深度应达到能够支持初步设计文件的编制、工程估算以及方案审批或报批需求。如果需要单独编制可行性研究报告，各地应遵循国家发展改革委《关于印发投资项目可行性研究报告编写大纲及说明的通知》（发改投资规〔2023〕304号）的规定，并结合本篇内容，确保报告内容能够满足各地的实际需求。专项设计，如海绵城市、应急避难、无障碍等应符合项目所在地的相关规范要求。

第一章　园林绿化工程方案设计文件编制深度

1　一般要求

1.1　方案设计文件

1.1.1　设计说明：包括项目概况、设计依据、总体构思、各专业设计说明以及投资估算等内容。专项设计要求，如海绵城市、应急避难、无障碍等设计，根据项目具体情况，可与各专业结合说明，也可单独列出专项设计说明。

1.1.2　设计图纸：包括总平面图以及相关专业的设计图纸。

1.1.3　设计委托或设计合同中规定的透视图、鸟瞰图等。

1.2　方案设计文件编排顺序

1.2.1　封面：明确项目名称、编制单位、编制年月。

1.2.2　扉页：说明设计资质、列出设计人员名单等信息。

1.2.3　设计文件目录。

1.2.4　设计说明。

1.2.5　设计图纸：可将设计说明和设计图纸合并排列。

1.3　可行性研究报告

政府投资项目应当编制项目建议书、可行性研究报告、初步设计。可行性研究报告编制工作应遵循《国家发展改革委关于印发投资项目可行性研究报告编写大纲及说明的通知》（发改投资规〔2023〕304 号）的要求，结合本篇的深度规定，确保报告内容符合各地实际需求。

明确项目的关键绩效指标，包括但不限于生态效益、社会影响、经济效益以及风险管理等方面，以全面评估项目成效。

2 设计说明

2.1 总平面设计说明

2.1.1 工程内容
简述项目建设背景、地点、区位、范围、规模、功能和设计要求等方面的内容。

2.1.2 设计依据
1）列出设计所执行的主要法规和标准。

2）列出与工程设计有关的已批复的上位规划、现行标准、会议纪要和其他依据性文件的名称及文号。

2.1.3 现状及分析
1）解读已批复的上位规划。

2）分析项目地理位置、自然环境、历史文化、交通和潜在用户等条件。识别并记录现有生态系统类型（包括但不限于植被群落、水体、土壤特性以及野生动物栖息地），评估这些生态系统为当地社区提供的服务（如空气净化、水源涵养、生物多样性维护、休闲游憩和教育价值等）。

3）简述区域环境、基地自然条件、交通状况、市政公用设施、生态系统健康状况（如空气净化、水源涵养、生物多样性维护、休闲游憩和教育价值）等情况。

4）简述基地现状，包括周边和内部道路、地形、水体情况；古树名木和文物古迹；有保留价值的生境和建（构）筑物等。

2.1.4 设计指导思想和设计原则
1）简述关于规划设计和分期建设、保护、保留、利用、改造方面的总体设想。

2）描述总体设计方案的指导思想和设计所遵循的原则。

2.1.5 总体构思和布局
1）简述设计理念、构思、功能、景观分区。

2）简述空间组织和园林景观特色。

3）简述设计中融入的生态修复措施，如雨水花园、生态沟渠、生物多样性等。

4）提出对相关专业的设计条件。

2.1.6 竖向控制要求
依据基地周边竖向规划标高和排水规划，简述基地内各设计要素的控制高程。

2.2 地形设计说明

根据总平面设计说明中确定的各设计要素的控制高程，简述对地形和地貌的具体设计内容，包括原地形的保留与利用。

2.3 交通组织

2.3.1 动态交通：简述主要道路、交通流线、公共交通连接以及行人和自行车道规划等。

2.3.2 静态交通：简述停车设施布局，包括停车位分配和管理等。

2.4 园路及铺装设计说明

2.4.1 简述园路、汀步、栈道、无障碍通道、铺装等在总平面图中的位置、名称、形态、功能及材质，并包括无障碍、透水、低维护等设计要求。

2.4.2 确定改造更新项目中具有历史、文化或特色价值的园路及铺装，描述保留利用方案。

2.5 种植设计说明

简述种植设计理念、原则、整体方案思路、种植空间关系、特色，以及与其他专业的关系，同时包括现状树木的保留与利用，并列出主要特色植物品种等。

2.6 建筑、桥梁、构筑物设计说明

2.6.1 建筑

1）简述建筑在总平面图中的位置、名称、内部功能、外部造型、主要材质及色彩，概述无障碍设计、绿色材料选用和主要经济技术指标汇总表。

2）确定改造更新项目中具有历史、文化或特色价值的建筑物，描述保留利用方案，包括节能技术的应用等。

3）建筑设计文件深度应按住房城乡建设部关于印发的现行《建筑工程设计文件编制深度规定》的要求编制。

2.6.2 桥梁

1）简述桥梁位置、名称、建设规模、桥型方案、材质和色彩等信息，同时概述无障碍设计、绿色材料选用和主要经济技术指标。

2）确定改造更新项目中具有历史、文化或特色价值的桥梁，描述保留利用方案，包括采用的节能技术等。

3）桥梁设计文件深度可参见本规定"桥梁工程"的要求编制。

2.6.3 小品及设施：简述名称、风格、形态、功能、材质和无障碍设计和绿色设计等要求；确定改造更新项目中具有历史、文化或特色价值的设施及小品，描述保留利用

方案。

2.6.4　水景：简述跌水、叠水、喷泉等水景在总平面图中的位置、名称、风格、形态、材质和工程措施，以及水资源节约和循环利用等要求；确定改造更新项目中具有历史、文化或特色价值的水景，描述保留利用方案。

2.7　结构设计说明

简述建（构）筑物的工程地质、主要功能、结构形式、基础形式和拟采用的地基加固方案。特殊结构应论述其可行性。

2.8　给水排水设计说明

2.8.1　简述工程内容、基地周边市政管线利用情况、水源情况，以及本工程生活给水系统、灌溉系统、消防系统、雨水系统、污水系统、节水节能方案。包括用水量和排水量等相关信息。

2.8.2　简述水景系统形式、循环方式、补水水源。

2.9　电气设计说明

简述工程概况、电气设计、智能化设计、电气节能及环保措施等方案内容。

2.10　用地平衡表

计算各类用地的面积，并按表 10-1 列出。

用地平衡表　　　　　　　　　　　　　　　　　表 10-1

序号	名称		面积（m²）	比例（%）	备注
1	基地总面积			100%	
2	水体面积				
3-1	陆地面积	绿化用地			
3-2		建筑占地			
3-3		园路及铺装用地			含停车场面积
3-4		其他用地			

注：表格内容可根据项目需要调整。

2.11　投资估算

投资估算文件一般内容包括编制说明、总投资估算表、单项工程综合估算表、主要技术经济指标等。按本规定"投资估算、经济评价和概预算"的要求进行编制。

3　设计图纸

3.1　总图设计图纸

3.1.1　区域位置图

绘制基地在城市中的位置及与周边地区的关系。

3.1.2　基地现状图

1）标注基地各角点坐标或定位尺寸。

2）绘制基地周边原有及规划的城市道路、水体、山体、建（构）筑物等。

3）用序号或名称标明各现状景观要素［如植物、园路、铺装场地、停车场、水体、建（构）筑物等］，并附简要分析说明。

3.1.3　总平面图

1）绘制基地周边道路、基地内拟建出入口、停车场、消防车道、园路及铺装、绿化种植区域、主要乔木、主要建（构）筑物位置等。

2）标明基地内需要保护和保留的建（构）物、植物、现状地形、水体的位置等。

3）标明各类控制线（基地红线、道路红线、建筑控制线、河道蓝线、历史文化街区和历史建筑紫线、文物保护单位建设控制范围等）的位置。

4）绘制基地内主要建（构）筑物与各类控制线、基地出入口、城市道路交叉口之间的距离。

5）标明各景点名称。

6）标明水体（水景）位置。有行洪要求的水域旁边绿地，应标明洪水位线。

3.1.4　根据需要绘制方案分析图。如景观分析、空间设计、竖向控制、功能分区、交通分析（人流及车流组织、停车场布置及停车泊位数量等）、分期建设、主要区域详细设计等。

3.1.5　根据需要绘制鸟瞰图或效果图。

3.2　竖向设计图

3.2.1　标明基地周边竖向规划和排水规划的高程。

3.2.2　标明基地内拟建出入口、主要建（构）物、园路及铺装、山体、水体的控制高程。

3.2.3　标明基地内设计地形等高线与原地形等高线或标高的关系。

3.2.4　标示基地内水体常水位、最高水位、最低水位和水体底部标高。

3.2.5　在必要时绘制地形剖面图，包含原地形剖面、设计地形剖面及相关标高信息。

3.2.6 图纸比例一般与总平面图保持一致。

3.3 园路及铺装设计图

应包括园路和铺装的色彩、材质示意图。

3.4 种植设计图

3.4.1 标注各个植物分区并列出每个分区的主要特色植物，附相关意向图片。

3.4.2 应标示保留或利用的现状植物。

3.4.3 标明乔 2 木和主要灌木在平面布局中的相对关系。

3.5 主要景点设计图

对于重要区域或关键部分宜进行局部景点设计。

3.6 建（构）筑、桥梁设计图纸

绘制单体建（构）筑、桥梁的位置、功能、形式、控制尺寸和示意效果等设计要素，应标示保留或利用的建（构）筑和桥梁。

3.7 给水排水设计图

图纸应包括给水排水各系统主干管布置图，地上和地下设备机房位置，以及与周边市政管线的连接点位、管径和标高等信息。

3.8 电气设计图

图纸应包括变配电系统、智能化系统线路等相关工程主管线布置图，主要机房位置，以及与外围电气管线的连接位置等内容。

第二章 园林绿化工程初步设计文件编制深度

1 一般要求

1.1 初步设计文件

1.1.1 设计说明书

包括设计依据、设计概况、各专业设计说明。专项设计要求，如海绵城市、应急避难、无障碍等设计，根据项目具体情况，可与各专业结合说明，也可单独列出专项设计说明。需符合各省市相关技术要求。

1.1.2 设计图纸

包括总图设计及相关专业设计图纸。

1.1.3　工程概算书

1.1.4　其他根据要求提供的设计文件

1.2　初步设计文件编排顺序

1.2.1　设计说明书

1）按封面、扉页、目录、说明内容编制。

2）封面应包含项目名称、编制单位、编制年月信息。

3）扉页应明确列出编制单位及其资质、项目负责人和各专业负责人姓名，并需经过上述人员签署或授权盖章。

1.2.2　设计图纸

1）按封面、目录、设计说明、设计图纸的编排顺序。

2）封面应注明项目名称、编制单位及相应资质、编制年月。

3）设计图纸根据设计专业和专项进行汇编，可单独制作成册。独立的设计图册必须包含图纸封面和图纸目录。

1.2.3　工程概算书

1.3　其他要求

1.3.1　城市家具、假山叠石、雕塑、儿童游乐设施、标识、水景和机房设备等需求供货商进一步深化。设计图纸应明确数量、尺寸、主要材料和风格等。

1.3.2　本章结构专业深度要求只适用于园路、铺装和构筑物。

2　设计说明书

2.1　设计依据

2.1.1　列出政府有关批文的名称和文号，包括各种审批文件、会议纪要等。

2.1.2　说明主要法规和技术标准的适用情况。

2.1.3　提供工程所在地区自然条件和工程地质条件描述，包括测绘地形图、红线图、规划设计条件、技术资料等。

2.2　设计概况

简述设计范围、工程规模、工程内容、设计方案要点以及突出的工程特点。

2.3　用地平衡表

计算各类用地的面积，并按照表 10-1 列出。

2.4 设计内容

2.4.1 专业设计说明：包括风景园林、建筑、桥梁、结构、给水排水、电气等专业设计的内容、特点及技术要点。

2.4.2 专项设计说明：根据各地政府主管部门的要求，简述增加的消防、环保、节能、无障碍、应急避难、海绵城市等专项技术内容，以及其他需要说明的工程相关内容。

2.4.3 简述初步设计文件审批需要研究解决的问题。

2.5 附件

附上政府部门的批文等相关文件，以及规划部门审查意见执行情况及征求意见落实情况说明文件或表格。

3 总图

3.1 一般规定

总图设计应综合展现所有专业的主要设计内容，并简述与外部条件的衔接情况。设计文件应包括设计说明和设计图纸。

3.2 设计说明

3.2.1 设计依据

1）列出政府有关部门批准的规划设计条件和方案设计文件清单。

2）列出涉及的主要法规清单。

3）列出依据的主要技术标准清单。

4）列出设计合同等相关文件清单。

3.2.2 基地概况

1）项目区位，包括地理位置和环境背景。

2）周边区域现状和规划情况。

3）基地内部现状，包括地形地貌等特征。

4）原有建（构）筑物、管线、植物、文物等的保留要求。

5）其他需要特别说明的相关信息。

3.2.3 设计内容

1）概述回应规划设计条件和管控要求，以及与场地内外部相关设计的衔接情况。

2）简述设计构思、功能分区、场地内原有物保留利用、与其他建设工程的衔接、功能分区、主要景点、交通和园路组织、竖向、植物布局、建（构）筑物布置、各类设施和管线综合、无障碍设计、智慧系统等设计概况，以及其他需要说明的内容。

3）列出用地平衡表，可参见本篇表 10-1 的格式列出。

3.3　设计图纸

3.3.1　一般规定

设计图纸的总图部分一般包括总平面图、竖向设计图、索引图、定位 / 放线图、管线综合图、土方图、园路及铺装图、小品及设施图、管线综合图等，改造改建类项目应增加现状拆除平面图，列明拆除工程量。可根据项目难易情况省略或合并出图。

3.3.2　总平面图

根据测绘地形图，总平面图应当包含以下主要设计内容：

1）标明基地红线、各类规划控制线、保护范围线、周边市政交通和管网，以及保护 / 保留资源等；标明主要道路、建筑物、河流等主要参照物的名称。

2）在图上标注周边现状测绘坐标网、基地红线、各类控制线，以及出入口、停车场、园路交叉点、场地、园林建筑等定位坐标。

3）明确显示保留的建（构）筑物［包括地下建（构）筑物］、植物名称，新建建（构）筑物位置、名称以及与各类控制线距离。

4）绘制地形等高线或等深线，包括原有地形和设计地形，并标注基地出入口、道路、广场、建（构）筑物、设施的控制高程。

5）标示坡道、挡墙、台阶、围墙、排水沟、护坡等位置，以及小品、标识物、主要灯具的布置。

6）明确划分绿化种植区域。

3.3.3　竖向设计图

1）绘制竖向平面图应以总平面图为依据，比例宜与总平面图一致。图中应标注场地四周道路、水体的主要现状标高，以及场地内保留的地形、建（构）筑物、室内外地面控制点标高。设计园路、场地、建（构）筑物的控制标高及主要的坡度坡向。应采用等高线图形式表现设计的水系、水景的最高水位、常水位、最低水位（枯水位）、池底和驳岸的设计标高，并在图中简要说明竖向设计的意图、土石方平衡情况等。

2）应使用土石方量计量表来表达挖方量、填方量、需外运或进土石量。

3）绘制关键点的地形剖面，包括现状地形剖面和设计地形剖面。

3.3.4　其他总图

1）索引总图应基于总平面图，标注分幅、分区或分项索引，并包含必要的索引说明。分幅、分区后应包括位置索引图。

2）定位总图应标注基地红线坐标、场地控制性坐标等。

3）管线综合图宜增加断面图，标明管线之间及与场地要素之间的距离。

4 种植

4.1 设计说明

4.1.1 应列明设计任务书、批准文件和其他设计依据中与种植有关的内容。

4.1.2 详述原有植物的情况以及安置方式。

4.1.3 明确种植设计分区、分类及景观和生态要求。

4.1.4 说明栽植土壤要求及改良方式。

4.1.5 阐述主要乔木、灌木、藤本、竹类、水生植物、地被植物、草坪配置要求，重要植物或特殊种植的相关要求。

4.1.6 详述乔木支撑方式及支撑设施要求。

4.1.7 明确养护要求及养护期限。

4.2 设计图纸

4.2.1 种植设计平面图

1）绘制种植设计平面图应以总平面图和竖向平面图为基础。

2）明确标示需要保留的植物。

3）区分不同类型植物如乔木、灌木、藤本、竹类、水生植物、地被植物、草坪、花境、绿篱、花坛等的位置或范围。

4）列出主要植物的名称和数量，标明苗木是否属于乡土植物，并统计乡土植物占比。

4.2.2 苗木表

列出主要植物名称、规格和数量，种植土、有机肥、乔木支撑架等相关材料的数量统计，以及特型苗木、花境、绿雕等专项说明。

4.2.3 其他图纸

1）根据设计需要，可绘制整体或局部立面图、剖面图和效果图。

2）在屋顶绿化设计中，宜增加基本构造剖面图，标注种植土厚度和标高，以及滤水层、排水层、防水层材料等。

3）对于立体绿化设计，宜增加基本构造图，标明所采用的支持体系、构造材料、给水排水设备等。

5 园路及铺装

5.1 设计说明

5.1.1 列出设计依据、主要特点和基本参数。

5.1.2　说明特殊使用功能及工艺要求。

5.2　设计图纸

5.2.1　设计图纸比例应按单项要求确定。

5.2.2　园路及铺装设计总平面图应以总平面图和竖向设计平面图为依据绘制。

1）标注园路等级、排水坡度，绘制主要铺面材料和做法等。

2）绘制园路、铺装用地的断面图、构造图，根据项目需要宜绘制放大平面、剖面图和详图。

6　构筑物（小品及设施、水景）

6.1　设计说明

6.1.1　简述设计依据、主要特点和基本参数，包括特殊使用功能及工艺要求。

6.1.2　简述对保留原有构筑物的利用情况，并提出检测要求及相关措施。

6.1.3　如涉及雕塑、大型游乐设施等内容，宜由专业单位进行设计。

6.2　设计图纸

6.2.1　设计图纸比例应根据单项要求确定。

6.2.2　应绘制小品、设施、水体及假山叠石的平面、立面、剖面图，并注明尺寸、材料、颜色，必要时可增加放大平面、剖面和详图。

6.2.3　需要成品采购或专业公司深化设计的设施、小品等，应明确设计构思、尺寸、材料、色彩、安装方式等相关要求，并附有效果意向图片。

6.2.4　水景设计应表达水源及水质保护设施，喷泉设计应标示喷水高度及范围。

7　建筑、桥梁

7.1　设计说明

7.1.1　设计依据

1）列出政府有关主管部门批文，以及建设单位的使用要求。

2）说明规划、环保、卫生、绿化、消防、人防、抗震等方面的要求和依据资料。

3）说明设计所执行的主要法规和采用的主要标准。

7.1.2　设计内容

1）描述建筑、桥梁的主要特征。

2）列出主要技术经济指标。

3）概述主要专项设计内容，如建筑无障碍设计、建筑消防设计和人防设计等。

7.1.3 建筑节能设计说明

7.1.4 特殊设计要求

如项目按绿色建筑要求建设，应提供绿色建筑设计说明。

7.2 设计图纸

设计图纸应包括平面图、立面图、建筑剖面图、桥梁断面图及相关专业图纸，必要时增加放大图和节点详图。

8 结构

8.1 设计说明

8.1.1 描述工程概况，包括工程地点、周边环境、工程分区、结构体型和主要功能。

8.1.2 规定结构设计工作年限。

8.1.3 阐述设计依据，包括设计应执行的主要法规和标准，自然条件及工程地质资料，以及其他相关技术资料，如地下空间及屋顶荷载情况。

8.1.4 设计内容

1）划定建筑分类等级。

2）确定主要荷载（作用）取值。

3）概述工程地质和水文地质概况及地基基础情况。

4）说明主体结构选型及结构布置要求。

5）描述景观水池、驳岸、挡土墙、园桥、涵洞等特殊结构形式的相关信息。

6）列举主要结构构件所采用的材料。

7）阐述解决关键技术问题的方法。

8）简述施工特殊措施、要求以及其他相关内容。

8.1.5 结构分析

1）列出所采用的结构分析程序的名称、版本号以及编制单位。

2）描述所采用的计算模型，结构分析输入的主要参数，对主要控制性计算结果的分析、说明和判定。

8.2 设计图纸

8.2.1 绘制基础平面图及主要基础构件的截面尺寸。

8.2.2 绘制设计结构平面布置图，并标注主要构件的截面尺寸和定位。

8.2.3 绘制结构主要或关键性节点示意图。

8.3　计算书（供内部使用及存档）

计算书应包括荷载作用统计、结构整体计算、基础计算等必要内容。

9　给水排水

9.1　设计说明

9.1.1　设计依据

1）摘录批准文件和依据性资料中与本专业设计有关的内容。

2）执行的主要技术法规和采用的主要标准。

3）建设单位提供的工程可利用的市政条件等。

4）其他专业提供的与本专业设计有关的设计资料。

9.1.2　工程概况

简述本工程位置、规模、主要功能、工程分区和海绵城市建设要求等。

9.1.3　设计范围

简述工程范围内本专业的设计内容及与协作单位分工情况。

9.1.4　给水设计

1）水源：确定各给水系统的水源条件。

2）用水量：量化各类用水定额和用水单位，考虑未预见水量、总用水量（包括最高日用水量、最大时用水量）。

3）给水系统：界定各类用水系统的划分及组合情况，包括分质分压供水情况。针对水量和水压不足时，确定采取的措施，以及加压设备、水处理设备、水景设备等选型和位置。

4）浇灌系统：描述浇灌系统的浇灌方式、控制方式、设置范围、供水方式，考虑灌溉设备参数、加压设备参数以及运行要求等。

9.1.5　排水设计

1）明确采用的排水方式和排水出路，描述雨水是否排入现有河道，并提供河道的水文地质资料描述。

2）量化各排水系统的排水量。

3）说明采用的暴雨强度公式、重现期等雨水排水方面的设计参数。

4）如有雨水利用系统，应阐述雨水的用途、处理工艺，以及对水质的要求等。

9.1.6　消防设计

1）水源：确定各消防给水系统的水源条件。

2）用水量：量化各类消防用水量、火灾延续时间和总用水量。

3）消防系统：描述各类消防系统布置情况等。

9.1.7 各种管材选择及敷设方式

1）根据工程要求、预算、环境条件等因素选择适当的管材。

2）根据管道用途、地形、工程设计等要求选择合适的敷设方式，如埋地敷设、架空敷设等。

9.1.8 简述节能、节水和减排措施

1）采用节能设备，优化能源利用，如高效泵站、低耗能设备等。

2）优化供水系统，使用节水设备，实行循环利用水资源的措施，例如雨水收集、废水处理再利用等。

3）使用低排放的管材、设备，并采用环保工艺，减少对环境的污染。

9.1.9 水质保障措施

如需要专业的水处理分包商进行合作深化设计，应确保地面和地表水的质量符合标准。

9.2 设计图纸

给水排水总平面图

1）依据总平面图、竖向设计平面图和种植设计平面图绘制给水排水总平面图。

2）标注给水排水管道的平面位置、主要给水排水构筑物以及主要用水点。

3）确定给水排水管道与市政管道系统连接点的控制标高和位置。

9.3 主要设备表

按子项分别列出主要设备的名称、型号、规格（参数）、数量。

9.4 计算书（供内部使用及存档）

计算书应包括各系统用水量、大型构筑物尺寸以及设备参数计算等。

10 电气

10.1 设计说明

10.1.1 设计依据

采用的相关文件、其他专业提供的资料、建设单位的要求、有关部门（供电、通信、公安等）认定的资料，以及采用的设计规范和标准等。

10.1.2 设计范围

明确本专业设计内容及与协作单位分工情况。

10.1.3 电气节能

简述节能及环保措施等。

10.1.4　配电系统

包括负荷计算、负荷等级、供电电源及电压等级、电能计量方式、功率因数补偿方式、配电系统接线形式、主要设备选型及安装方式，以及配电线路的选型及敷设方式等。

10.1.5　照明系统

规定主要场所照度标准、照明功率密度值等指标、照明种类、光源及灯具的选择、照明灯具的安装及控制方式，以及照明线路的选择及敷设方式等。

10.1.6　防雷及接地保护

描述防雷类别及防雷措施，接地种类及接地电阻要求、总等电位及局部等电位设置要求，以及接地装置要求等。

10.1.7　智能化系统

阐述智能化系统概况、种类、系统组成，线路选择以及敷设方式。

10.2　设计图纸

10.2.1　电气总平面图

1）依据总平面图、竖向设计平面图和种植设计平面图绘制电气总平面图。

2）标明变配电所、箱式变电站、室外配电箱的位置、编号及容量，并显示高低压干线走向。

3）明确路灯、庭园灯、草坪灯、投光灯及其他灯具的位置。

4）绘制智能化平面图（包括各类智能化设备位置）、主要智能化设施点位，以及机房设备布置图等。

10.2.2　系统图

包括高低压变电系统（如有）、配电系统、发电系统（如有），动力配电系统、照明配电系统、相关智能化系统等。

10.3　主要设备表

表中应详细列出主要设备名称、规格、数量等信息。

11　概算

见本规定"投资估算、经济评价和概预算"的相关要求。

第三章 园林绿化工程施工图设计文件编制深度

1 一般要求

1.1 施工图设计说明

1.1.1 设计说明应包括设计依据、工程概况、设计条件、工程技术措施和施工注意事项等。

1）设计依据应包括依据性文件、所执行的主要法规、所采用的主要标准等。

2）工程概况应简述项目设计范围、设计内容和设计规模、项目功能。

3）设计条件应简述项目周边环境，项目设计范围内及周边竖向、水文、土壤、建筑物、植被、市政管线、文物等情况。

4）工程技术措施应包含竖向设计，种植设计要求，材料、做法、工艺等要求，现状处理要求等。

5）应针对工程特点及设计条件，提出施工阶段应注意的事项。

1.1.2 总图可附简要说明，各专业、专项施工图可随图另附专业说明。

1.2 施工设计图纸

1.2.1 应包括总图施工图、种植施工图、园林土建施工图、重要节点大样图、建（构）筑物等的单体详细设计图、铺装通用做法图、结构图以及给水排水图、电气图等。

1.2.2 保护修缮和改造工程内容应概述现状情况分析、具体改造范围和措施，并附相关图纸。

1.3 其他要求

1.3.1 城市家具、假山叠石、雕塑、儿童游乐设施、标识、水景和机房设备等需求供货商进一步深化。设计图纸应明确数量、尺寸、主要材料和风格等。

1.3.2 本章结构专业的深度要求只适用于园路、铺装和构筑物。

2 总图

2.1 一般规定

2.1.1 总图包括总平面图、索引、放线、竖向、土石方、园路及铺装、小品及设施、管线综合等，简单工程可合并出图或省略。

2.1.2 除分区图、分幅索引图外，各专项总图比例宜统一。

2.1.3 应标注基地红线，包括周边道路、山体、水体、主要建（构）筑物等基本信息。

2.2 总平面图

2.2.1 标明测量坐标网、值、原点选择，以及与城市坐标网的转换关系。

2.2.2 标示基地内测量坐标（或定位尺寸），道路红线、建筑控制线、基地红线等位置。

2.2.3 标注基地周边现有及规划道路、绿地、山体、水体等主要坐标或定位尺寸，周边用地性质及主要建（构）筑物的位置、名称、类型等。

2.2.4 标明基地内保留的地形、地物，规划设计的地下空间及构筑物；设计地形的等高线、等深线等；设计建（构）筑物、桥梁名称，标明建筑层数、坐标或定位尺寸；标明基地出入口、园路及铺装、小品及设施、水景、绿化种植区及主要乔木、市政管沟等坐标或定位尺寸。如有消防车道和扑救用地，需标注。

2.2.5 注明尺寸单位、比例、正负零的绝对标高、坐标及高程系统等。

2.3 索引总图

2.3.1 以总平面图为基础，标注分幅、分区或分项索引。复杂工程宜采取分区索引，面积大且内容简单的项目可采取分幅索引。

2.3.2 复杂工程，可将图中表达子项、水景、建（构）筑物、桥梁、铺装做法等各项分别编制索引。对于简单工程，索引总图可以与总平面图合并为一张图纸。

2.3.3 水景应标注水体、喷泉、叠水的位置和形式，并标明不同驳岸类型的起止点。

2.4 定位／放线总图

2.4.1 概述放线原点、放线网格间距与角度、放线坐标系、尺寸单位等内容。

2.4.2 标注基地红线坐标及主要出入口、建筑、广场等关键点的定位坐标和尺寸。

2.4.3 标示园路等级，园路中心线交点、控制点定位坐标，园路宽度，园路交汇处转弯半径，用地控制尺寸、坐标，不同形式铺装的分界线。

2.4.4 标注小品及设施、水景、建筑、桥梁等定位坐标和总尺寸。

2.4.5 对于简单工程，放线总图可与园路及铺装设计总图合并或省略。

2.5 竖向设计图

2.5.1 说明基地测量坐标网和坐标数值。

2.5.2 标示基地周边道路、水体、山体、地面等关键位置的高程，包括现状和规划标高。

2.5.3　基地内竖向设计应考虑以下内容：

1）考虑建（构）筑物室内正负零的绝对标高，室外地面设计标高；地下建筑顶板、返梁标高，梁柱位置，覆土分区高度及覆土限高。

2）铺装应标注控制点高程及相邻绿地标高，标明排水方向及坡度。在基地平整要求严格时，宜用等高线表示。

3）园路、坡道、排水沟的起点、变坡点、转折点和终点的设计标高、纵坡度、纵坡距、关键坐标，园路标明双面坡或单面坡，立道牙或平道牙。

4）绿地内的设计地形一般以等高线表示，标明排水方向、制高点和低洼点标高。在地形复杂时应增加剖面图。

5）水景宜标注最高水位、常水位、最低水位（枯水位）、池底及驳岸、山石等控制点高程。

6）挡土墙、护坡或土坎的顶部和底部应标注必要设计标高和相应的护坡坡度。

2.5.4　应在未扰动区域标注设计地形和现状地形的相接点。

2.5.5　简述竖向设计依据，竖向设计重点，地表雨水的排放方式，以及等高距、放线网格间距、土石方平衡情况、坐标及高程系统等相关设计要点，并列出在场地竖向施工过程中需注意的问题。

2.5.6　对于简单工程，可将竖向设计图可与其他总图合并或省略。

2.6　土石方图

2.6.1　基地范围的坐标或注尺寸。

2.6.2　绿地、园路及铺装、建筑、桥梁、小品及设施、水景等位置。

2.6.3　计算土方，可采用方格网法或断面法，标出各方格点的原地面标高、设计标高、填挖高度、填区和挖区的分界线，各方格土石方量、总土石方量。

2.6.4　如对现状表土进行重复利用，应增加现状清表土方计算内容。

2.7　园路及铺装设计总图

应以总平面图为基础，清晰表达铺装样式区域。

2.8　小品及设施布局总图

2.8.1　应清晰表达各类小品及设施的位置。

2.8.2　应统计小品及设施，并按表 10-2 格式列出。

小品及设施统计表　　　　　表 10-2

序号	名称	数量	备注 （可备注示意图片，简述尺寸、材质、使用位置等）

注：表格内容可根据实际需求调整。

2.9　管线综合图

2.9.1　规划总平面布局。

2.9.2　标注基地范围的坐标或尺寸、道路红线、建筑控制线、基地红线等位置。

2.9.3　标示保留、新建的管线（管沟）、检查井、化粪池等平面位置，并注明它们与建（构）筑物的距离以及管线间间距。

2.9.4　确定基地周边管线接入点位置。

2.9.5　对管线密集段，宜增加断面图，标明管线与建筑物或绿化之间的距离，并注明主要交叉点上下管线的标高或间距。

2.9.6　注明尺寸单位、图例和施工要求。

2.9.7　对于简单工程，可将管线综合图与其他总图合并或省略。

2.10　计算书（供内部使用及存档）

包括设计依据、基础资料、计算公式、详细的计算过程以及最终的成果资料等内容。

3　种植

3.1　一般规定

3.1.1　确定对现有植物进行原地保留、移植或伐除等处理方式，并进行相应工程量计算。

3.1.2　明确各类乔木、灌木、藤本、竹类、水湿生、地被、花境、草坪等配置要求。根据设计需要，可绘制局部设计平面图、立面图、剖面图及效果图。

3.1.3　提出土壤改良要求（如有）。

3.1.4　阐述水生植物对水深要求，并提出保证水生植物在栽植过程中存活率的相关技术要求。

3.1.5　规定树木与建（构）筑物、管线间距离及要求。

3.1.6　简述乔木、竹类、藤本等支撑方式及支撑设施要求，并强调对具有扩散性的竹类、水生植物等需采取防止任意扩散的措施，具体实施方法可通过设计图纸详细表述。

3.1.7　概述植物材料的选择要求，并在苗木表中列出主要植物中文名称、规格和数量、种植密度等信息。备注中应包含是否盆栽苗、容器苗、箱栽苗、苗圃苗、移栽年限、是否全冠、丛生或独干、花色、播种重量、修剪高度等信息。

3.1.8　根据项目需要，明确顶面绿化、屋顶绿化、立体绿化等种植土厚度、顶板标高、滤水、排水、防水剖面做法等内容。

3.2　设计说明

3.2.1　包括设计依据性文件，如批准文件、依据性资料、设计所执行的主要法规、所采用的主要标准。

3.2.2　简述种植设计理念、设计原则和植物景观要求。说明绿化种植范围、分区、分类及景观和生态要求，苗木品种选用思路与原则、苗木选型要求及原则。可用图示意养护、支护的方法与措施以及绿化植物配置要求。

3.2.3　简述对运输、修剪、栽植及种植土壤、养护标准等技术要求，列出在施工过程中绿化种植设计需解决和注意的问题。

3.3　设计图纸

3.3.1　采用城市坐标网或方格网放线定位，显示种植与地形的关系。

3.3.2　标注拟保留、移植、伐除的现有植物种类、位置和范围。应标注古树名木并要求在施工过程中予以保护。对于简单工程，可考虑合并或省略标注。

3.3.3　标注设计植物位置、学名和数量，在标注乔木、亚乔、大灌木和球类时，应注明株数。对于竹类、灌木、成片栽植的小灌木、修剪色带绿篱、竹类、地被、草坪花卉等，可以标注面积。

3.3.4　对于复杂工程，可以按照乔灌草分层出图；线性绿化工程可以采用标准段形式出图。

3.3.5　对于雨水花园、花境、花坛等重要节点，可单独绘制放大样图和立面图。

3.3.6　在设计图纸中标注立体绿化项目，如立体绿雕、绿墙等造型控制尺寸。可提出植物材料、规格、色彩、质感和图案等要求。

3.3.7　苗木表，增加种植土、有机肥、乔木支撑架等相关材料的数量统计。

4　园路及铺装

4.1　设计说明

4.1.1　简述园路设计思路，包括分级宽度、材质选择、纵坡、横坡、排水方向以及园路做法等。

4.1.2　简要出入口等区域的铺装位置和材质，停车场铺装材质以及停车位数量等信息。

4.1.3　简述园路及铺装的施工要求。

4.1.4　改造更新项目，确定拆除园路和铺装范围（面层或包含基础）。

4.2　园路设计图纸

4.2.1　园路设计图纸应包括标准段平面和做法剖面。园路标准段平面应标注园路宽度、道牙、伸缩缝、起铺点等细节，并注明铺装材料的色彩、尺寸、厚度、材料以及表面处理方式。

4.2.2　园路节点或交叉口的铺装可以单独绘制大样图。

4.2.3　对于台阶，设计图纸应包括平面图和剖面图。如设置了扶手或无障碍坡道，应绘制立面图和节点做法。

4.2.4　木平台、木栈道等应有平面、立面、剖面以及结构图。

4.3　铺装设计图纸

4.3.1　对于简单的大面积铺装，可采用标准大样；而对于复杂的铺装纹样，应绘制放线图和铺装大样。标注铺装材料的色彩、尺寸、厚度、材料、表面处理方式，并注明起铺点、对称轴等信息。

4.3.2　对于竖向复杂的铺装，宜绘制铺装用地的剖面图或断面图。

4.3.3　大样图可以与竖向设计详图、铺装放线详图以及铺装做法索引合并为一张图纸。

4.3.4　铺装用地设计应包括用地排水、伸缩缝、道牙、铺装分隔等内容。

5　构筑物（小品及设施、水景）

5.1　一般规定

5.1.1　亭、廊、轩、榭等无围墙的有顶构筑物，应提供平面、立面、剖面（包含基础构造）、节点图和结构图。如涉及照明、土建预埋管线，还需提供电气图、灯具选型和安装图。

5.1.2　花架、挡墙、景墙、树池、花坛、栏杆、围栏、出挑平台、假山叠石等高出地面的小品，应有平面、立面、剖面（含基础做法）；花架、挡墙、景墙、出挑平台、假山叠石应由结构专业判断是否需要出结构图；假山叠石可有平面、立面、剖面，或提供意向图，标注控制尺寸和控制标高，并应在简述材料、形式和艺术要求后由施工单位二次深化。

5.1.3 座椅、垃圾桶、花箱、标示牌、导览牌、饮水台、游乐设施、雕塑等园林设施，应包括平面、立面、剖面图（包括基础做法）。购买成品需要提供意向图，并标注尺寸、色彩、材质要求，由厂家二次深化。

5.1.4 旱喷泉、瀑布、叠水、硬质水池等硬质水景，应包括平面、立面、剖面（包括基础做法）、节点做法、结构图、水电图。若有照明或土建预埋管线，必须有电气图、防水灯具选型、安装图。硬质水池剖面需注明进出水预埋管线位置，并表示喷水高度及范围。

5.1.5 景观水体、旱溪、生态干塘、雨水湿地等软质水景，应包括平面和剖面做法。如驳岸形式多样，应分段索引。平面宜注明进水口，有消能净化处理时应注明。剖面应标注常水位、枯水位和超高水位，还应注明进出水预埋管线、泵坑位置。

5.1.6 简述构筑物基础做法适用的地区，是否有冻土等特殊情况。

5.1.7 大型娱乐设施由相关专业设计单位或生产企业应单独设计。

5.2 设计说明

5.2.1 简述采用的特殊使用功能和工艺要求，新技术、新材料的应用情况，引用的通用图集以及对施工的要求。

5.2.2 对于构筑物改造，应简述改造前的状况、改造内容以及改造要求。

6 建筑、桥梁

6.1 建筑

建筑设计文件深度可参照现行《建筑工程设计文件编制深度规定》的要求编制。

6.2 桥梁

6.2.1 市政桥梁设计文件深度可参照本规定"桥梁工程"的要求编制。

6.2.2 标明桥梁的桥面高度、两端用地竖向、水位标高，以及与两侧路网衔接的高程等信息。

6.2.3 如桥梁不具备市政交通功能，可作为小品列入设计之中。

7 结构设计

7.1 计算书（供内部使用及存档）

7.1.1 采用计算机程序计算时，计算书中应明确注明所采用的有效计算程序名称、代号、版本以及编制单位。电算结果应经过分析并获得认可。

7.1.2 采用手算结构计算书，应绘制结构平面布置和计算简图，确保构件代号、尺寸、配筋与相应的图纸保持一致。

7.2　图纸目录

图纸目录应按照图纸序号进行排列。

7.3　设计说明

7.3.1　工程概况包括工程地点、分区和主要功能。

7.3.2　设计依据包括主体结构设计工作年限、采用的主要法规和标准、岩土工程勘察报告、自然条件（基本风压、雪压、抗震设防烈度等）。

7.3.3　图纸说明应包括标注图纸中标高、尺寸单位，并详述设计 ±0.000 标高所对应的绝对标高值。

7.3.4　采用的荷载（作用）取值、安全等级、地基基础设计等级、抗震设防类别、钢筋混凝土结构抗震等级等内容。

7.3.5　结构计算所采用的程序名称、版本号、编制单位。

7.3.6　主要结构材料包括选用的结构用材品种、规格、型号、强度等级；钢材牌号和质量等级；钢筋种类与类别；钢筋保护层厚度；焊条规格型号等信息。同时简述了有抗渗要求的混凝土抗渗等级。

7.3.7　注明基础形式和基础持力层；不良地基的处理措施及技术要求。如存在上浮可能，提出了抗浮措施。

7.3.8　提出地形堆筑要求和沉降观测要求，人工河岸的稳定措施。

7.3.9　采用的主要标准构件图集，特殊构件需说明结构性能检验的方法与要求。

7.3.10　简述施工中应遵循的规范和注意事项。

7.3.11　针对危险性较大的分部分项工程，应依据住房城乡建设部《危险性较大的分部分项工程安全管理规定》，提出相应的安全提示。

7.4　设计图纸

7.4.1　基础平面图

1）绘制定位轴线，标注基础构件的位置、尺寸、标高和构件编号。

2）基础设计说明中应包括基础持力层及基础进入持力层深度、基础承载力特征值及施工相关要求等。

3）如需进行沉降观测，应注明观测点位置。

4）桩基部分应标注试桩定位位置。

7.4.2　结构平面图

1）绘制定位轴线，并标明所有结构构件定位尺寸、构件编号以及楼、屋面板标高，并在结构平面图上注明详图索引号。

2）对于现浇板，应标明板厚和配筋；对于钢结构，应标明构件的截面形式和尺寸。

3）如板上有埋件、预留洞或其他设施，应绘制其位置、尺寸及详图。

7.4.3 构件详图

1）扩展基础、桩基、筏板、箱基、基础梁的详图要求：扩展基础应绘制剖面及配筋，并标注尺寸、标高、基础垫层等；桩基应绘制桩详图、承台详图及桩与承台连接构造详图；筏板和箱基可参照现浇楼面梁、板详图的方法表示；基础梁可参照现浇楼面梁详图的方法表示。

2）钢筋混凝土构件详图要求：梁、板、柱等详图应绘制定位尺寸、标高、配筋情况以及断面尺寸；预埋件应绘制平面、侧面，注明尺寸、钢材和锚筋的规格、型号和焊接要求；对构件受力有影响预留洞应注明其位置、尺寸、标高、周边配筋。

3）景观构筑物详图要求：如水池、挡土墙等应绘制平面图、剖面图和配筋，并注明定位关系、尺寸和标高等。

4）钢、木结构节点大样、连接方法、防锈、防腐、焊接要求和构件锚固的详图。

8 给水排水

8.1 设计说明

8.1.1 简述设计依据。

8.1.2 工程概况：内容同初步设计。

8.1.3 设计范围：内容同初步设计。

8.1.4 概述给水排水系统及主要技术指标。应根据项目类型和相关消防规范要求，在单体建筑或园林景观设计图纸中增加消防系统的设计内容和说明。

8.1.5 提出各种管材的选择及其敷设方式。

8.1.6 如有施工内容无法用图示表达，设计说明中应详细描述，并在相关图纸上列出特殊说明。

8.1.7 规定标高和尺寸单位，说明对初步设计中某些具体内容的修改、补充情况，以及已解决的遗留问题。

8.2 设计图纸

8.2.1 给水排水总平面图

1）给水平面图：应包含全部给水管网及其附件、配件位置、型号、详图索引号和水源接入点，并注明各段管径、埋设深度和敷设方法。

2）排水平面图：应绘制全部排水管网及相关构筑物位置、型号和详图索引号。应标注检查井编号、水流坡向、井距、管径、坡度、管内底标高等内容。另外，要标注排水系统与市政管网的接口位置、标高、管径、水流坡向等内容。

3）针对较复杂工程，可单独列出灌溉系统、建筑室外给水排水系统、雨水平面图等内容。

8.2.2　设备间平面图、剖面图或系统图

1）设备间平面图：包括各设备定位尺寸、管道布置、管径标注、阀门等内容。标注设备设计参数、规格和功能，应布局合理、方便检修且符合安全要求。

2）设备剖面图：绘制剖面图，包括各设备定位尺寸、管道布置、管径标注、阀门等内容。对于水流去向、控制要求等其他设计内容宜明确标注。

3）系统图：绘制系统图，表达各设备之间的连接和功能。应包括设备间的管道布置、管径、阀门等重要信息。对于水流去向、控制要求等其他设计内容宜明确标注。

8.2.3　水景详图

包括水景喷泉配管平面及剖面图，应标注泵坑位置、尺寸，设备定位、设计参数及各管段管径等。应注明补水、溢水、泄水管道标高、位置以及阀门井等。如涉及特殊工艺，应在总平面图上预留条件并注明需要专业分包商配合深化。

8.3　主要设备表（可列于说明后）

应分别列出主要设备名称、型号、规格（参数）、数量、材质等详细信息。对于由供应商提供的设备，例如水景、水处理设备等，施工方和供应商应根据设计参数实际采购设备，并提供设备安装的深化图。

8.4　计算书（供内部使用及存档）

计算书应包括各系统用水量、主要设备选型计算等。

9　电气

9.1　设计说明

9.1.1　设计依据、工程概况等，可参照初步设计的深度要求编制。

9.1.2　设计范围可参照初步设计的深度要求编制，并详细说明与照明专项设计、智能化专项设计等专项设计的分工界面及接口要求。

9.1.3　设计内容可参照初步设计的深度要求编制，并详细说明采用的电气节能及环保措施。

9.2　设计图纸

9.2.1　大型工程电气干线总平面图

1）应绘制变配电所（或室外箱变）的具体位置及编号，人（手）孔型号和位置、

高低压干线的路由及回路编号。

2）注明电源电压、进线方向、高低压电缆的规格及敷设方式。

9.2.2 电气照明总平面图

1）绘制照明配电箱、路灯、庭园灯、草坪灯、投光灯及其他灯具的具体位置，标注照明线路路径和回路编号。

2）绘制灯具安装大样图，如有标准图集可引用标准图集。

9.2.3 动力配电总平面图

1）绘制动力设备名称、编号和容量信息，标注动力配电箱（控制箱）位置和编号，以及动力配电线路（包括控制线路）的路由和回路编号。

2）绘制特殊场所（如喷水池、戏水池等）的安全防护措施，标注如局部等电位或参考图集。

9.2.4 配电系统图（用单线图绘制）

1）绘制高、低压配电系统图（一次线路图，如有）、配电干线系统图（大型项目）。

2）如回路数量较少，配电箱（或控制箱）的系统内容可以在平面图上完整标注，此时可无须单独绘制配电箱（或控制箱）系统图。

9.2.5 智能化设计图

1）总平面图：绘制机房（或监控室）、各级室外机柜、广播音箱、监控摄像机及其他智能化设备的具体位置和编号。标注各类弱电系统线管路路径，线缆数量及规格，管道数量及规格，人（手）孔型号和位置等重要细节信息。

2）系统图：提供各智能化系统的系统框图，包括系统干线线路和分支线路的规格、数量，以及各智能化系统终端设备的数量等详细信息。

9.3 主要设备表

主要电气设备包括但不限于高低压开关柜、变压器、配电箱（或控制箱）、灯具、智能化系统设备、线缆、管道、人手孔、接地体设备等。需注明名称、编号、型号、规格、单位和数量。对于简单材料，如电缆线路连接件、灯具内自带的导线及附件等，可不列入表中。

第十一篇　综合管廊工程

第一章　综合管廊工程可行性研究报告文件编制深度

1　概述

1.1　项目概况

项目全称及简称。

概述项目建设目标和任务、建设地点、建设内容和规模、建设工期、投资规模和资金来源、建设模式等。

1.2　项目单位概况

简述项目单位基本情况。

1.3　编制依据

上级主管部门有关立项的主要文件和行业主管部门批准的项目建议书及批复文件、有关的方针政策性文件、业主的委托书或中标通知书及有关的合同或协议书、国家和地方有关支持性规划、工程地质评价报告、环境影响评价报告及批复文件、专题研究成果、主要规范和标准，以及其他依据。

1.4　主要结论和建议

简述项目可行性研究的主要结论和建议。主要结论包括：项目建设地点、综合管廊类型及里程、入廊管线、工程建设内容、工程投资（总投资估算、工程费估算等）等主要研究成果。

2　项目建设背景

简述项目立项背景、项目用地预审和规划选址等行政审批手续办理和其他前期工作进展。

3　项目建设必要性、内容和规模

3.1　上位规划符合性分析

说明项目与经济社会发展规划、区域规划、专项规划、国土空间规划等重大规划的衔接性。

3.2 发展政策符合性分析

阐述项目与扩大内需、科技创新、节能减排、安全和应急管理等重大政策目标的符合性。

3.3 项目建设必要性

从重大战略和规划、产业政策、经济社会发展等层面，综合论证项目建设的必要性和建设时机的适当性。

从项目在区域各项规划中的功能定位、市政需求、区域开发、管线、重大基础设施建设时机等方面说明项目的必要性和建设时机的适当性。

3.4 建设内容和规模

结合项目建设目标和功能定位等，论证拟建项目的总体布局、主要建设内容及规模，确定建设标准。

分期建设项目应根据项目整体规划及近远期需求预测，明确项目近远期建设规模、分阶段建设目标和建设进度安排，并说明预留发展空间及其合理性、预留条件及对远期规模的影响。

3.5 项目建设效益

研究提出拟建项目对经济、社会、生态环境产生的效益。

4 项目选址和要素保障

4.1 项目选址或选线

通过多方案比较，选择项目最佳或合理的场址或线路方案，明确拟建项目场址或线路的土地权属、供地方式、土地利用状况、地质灾害危险性评估等情况。

备选场址方案或线路方案比选要综合考虑规划、技术、经济、社会等条件。

4.2 项目建设条件

分析拟建项目所在区域的自然环境、交通运输、公用工程、地上地下环境设施等建设条件。阐述施工条件、生活配套设施和公共服务依托条件等。

4.3 要素保障分析

土地要素保障。分析拟建项目相关的国土空间规划、土地利用年度计划、建设用地控制指标等土地要素保障条件。说明拟建项目用地总体情况，包括地上（下）物情况等。

资源环境要素保障。分析拟建项目水资源、能源、大气环境、生态等承载能力及其保障条件，说明是否存在环境制约因素。

5　项目建设方案

5.1　总体设计思路及原则

5.2　工程设计方案

通过方案比选提出工程建设标准、工程总体设计、附属设施方案等。

5.2.1　入廊管线分析

通过技术经济比较提出项目的入廊管线方案。

5.2.2　综合管廊总体设计

结合城市功能分区、建设用地布局和道路网规划综合管廊平面布局。

根据纳入管线的种类及规模、建设方式、预留空间等确定综合管廊标准横断面。

根据道路横断面、地下管线和地下空间利用情况等确定综合管廊位置。

人员出入口、逃生口、吊装口、进风口、排风口、管线分支口等节点简要布置。

5.2.3　综合管廊附属设施

消防系统、通风系统、供电系统、照明系统、监控与报警系统、排水系统、标识系统等附属设施设计依据、系统选择、主要设计参数、设备选型及布置等。

5.2.4　综合管廊结构

结构工程包括：简要地质概况、水文概况、抗震设防烈度、结构选型、防水等级、地基与基础处理、结构抗浮措施及主要结构材料、主要施工方法等；

岩土工程包括：支护方式、地下式处置及主要结构材料、主要施工方法等。

5.2.5　监控中心

说明综合管廊智能化设计、监控中心选址及设置要求。

5.3　用地征收补偿（安置）方案

涉及土地征收的项目，应根据有关法律法规政策规定，提出征收补偿（安置）方案。土地征收补偿（安置）方案应当包括征收范围、土地现状、征收目的、补偿方式和标准、安置对象、安置方式、社会保障、补偿（安置）费用等内容。

5.4　数字化方案

对于具备条件的项目，研究提出拟建项目数字化应用方案，包括技术、设备、工程、建设管理和运维、网络与数据安全保障等方面，提出以数字化交付为目的，实现设计—施工—运维全过程数字化应用方案。

5.5 建设管理方案

提出项目建设组织模式和机构设置，制定质量、安全管理方案和验收标准，明确建设质量和安全管理目标及要求，提出拟采用新材料、新设备、新技术、新工艺等推动高质量建设的技术措施。

提出项目建设工期，对项目建设主要时间节点做出时序性安排；提出拟建项目招标方案；研究提出拟采用的建设管理模式。

6 项目运营方案

6.1 运营模式选择

分析运营管理基础条件及现状模式，研究提出项目运营模式，提出自主运营管理还是委托第三方运营管理的相关建议。委托第三方运营管理的，提出对第三方的运营管理能力要求。

6.2 运营方案

说明项目组织机构设置方案和人力资源配置方案等。

7 项目投融资与财务方案

见本规定"投资估算经济评价和概预算"的相关章节。

8 项目影响效果分析

8.1 社会影响分析

识别项目主要社会影响因素和主要利益相关者，分析不同目标群体的诉求及其对项目的支持程度，评价项目预期成效，以及促进员工、社区和社会发展等方面的社会责任，提出减缓负面社会影响的措施或方案。

8.2 生态环境影响分析

分析拟建项目所在地的环境和生态现状，评价项目在污染物排放、地质灾害防治、防洪减灾、水土流失和环境敏感区等方面的影响，提出生态环境影响减缓生态修复和补偿等措施，以及污染物减排措施，评价拟建项目能否满足有关生态环境保护政策要求。

9 项目风险管控方案

9.1 风险识别与评价

识别项目全生命周期的主要风险因素，包括需求、建设、运行、融资、财务、经济、社会、环境、网络与数据安全等方面，分析各风险发生的可能性、损失程度，以及风险承担主体的韧性或脆弱性，判断各风险后果的严重程度，研究确定项目面临的主要风险。

9.2　风险管控方案

结合项目特点和风险评价，有针对性地提出项目主要风险的防范和化解措施。

9.3　风险应急预案

对于拟建项目可能发生的风险，研究制定重大风险应急预案，提出应急处置及应急演练建议等。

10　研究结论与建议

10.1　主要研究结论

从建设必要性、项目选址和要素保障、工程可行性、运营有效性、综合效益性、影响可持续性、风险可控性等维度分别简述项目可行性研究结论，评价项目在经济、社会、环境等各方面的效果和风险，提出项目是否可行的研究结论和关键绩效指标。

10.2　问题与建议

针对项目需要重点关注和下一阶段需研究解决的问题，提出相关建议。

11　附表、附件和附图

根据项目实际情况和相关规范要求，研究确定并附具可行性研究报告必要的附表、附件和附图等。

如项目地理位置示意图；管廊横断面设计图及市政横断面设计图；管廊平面及纵断面设计图（平面1∶500～1∶2000，竖向1∶100～1∶200）；主要节点方案设计图；消防、通风、配电、照明、监控及报警等附属设施工程方案设计图；工程数量表；上一阶段批复文件、规划批复文件等。

第二章 综合管廊工程初步设计文件编制深度

1 设计说明书

1.1 概述

1.1.1 设计依据

中标通知书、设计委托书（或设计合同）、可行性研究报告及批复文件、环境影响评价报告及批复文件、建设项目用地预审与选址意见书、地质灾害评价报告及批复文件、地质初勘报告等。

1.1.2 工程概况

简述工程地点、平面布局、断面尺寸、舱室布置、入廊管线、建设期限、分期修建计划等。

1.1.3 设计内容及范围

根据设计任务书和有关设计资料说明设计内容，以及与廊内管线、监控中心等相关设计的分工与分工界面。

1.1.4 项目研究过程

简述工作过程。

1.1.5 可行性研究报告批复意见的执行情况

1.1.6 主要结论及经济指标

简述规模、项目组成等主要工程内容以及主要经济指标。

1.2 功能定位

1.2.1 规划情况

与项目建设相关的规划背景，包括项目区域的城市总体规划背景及现状、项目区域的综合管廊规划和其他市政管线专项规划等。

1.2.2 项目功能定位

阐明设计管廊在规划管网体系中的性质、功能及在市政管网综合中的作用。

1.2.3 工程建设意义

简述工程建设项目对周边管网的影响，提高服务水平的程度，引导城市发展的作用。

1.3 建设条件

1.3.1 沿线自然地理概况

水文地质、气象等自然条件，包括：地形、地貌、气温、降雨、日照、蒸发量、主导风向风速、冻深、区域地质稳定性评价、地震动峰值加速度系数等。

1.3.2　工程地质条件

简述项目岩土工程勘察报告。

1.3.3　沿线交通设施现状与规划

说明管廊沿线现有道路、公交、轨道交通等城市交通设施现状及规划。

1.3.4　沿线环境敏感区（点）分布及对项目建设的影响

包括自然生态、水资源、动植物、文物等保护区（点）、重要公共建筑物、重要设施、矿产资源、自然与人文景观等。

1.3.5　沿线市政基础设施与临近建（构）筑物的现状与规划

1.3.6　有关部门对重大问题的意见，沿线居民的要求或建议

1.3.7　其他

1.4　工程设计

1.4.1　设计原则

说明管廊位置、线位走向等平面控制、竖向设计、横断面布置原则，与现有或规划构筑物协调原则，管廊总体专业与其他相关专业的配合、协调原则，节能、节地、环保的设计原则。

1.4.2　采用的规范和标准

设计所采用的标准、规范、规则、指引、指南等。

1.4.3　综合管廊总体设计

1）管廊总体系统布置

结合规划与现状，确定区域综合管廊布局方案。

2）标准断面及分舱设计

设计管廊标准横断面布置形式，各管线组合分舱、确定各舱室尺寸。

3）市政横断面设计

进行管廊管线平面综合，确定管廊与道路横断面的关系。

需要进行深化论证的应给出方案比选。

4）平面设计

说明管廊设计范围、定测线控制因素，各出地面设施（通风口、吊装口、人员出入口、逃生口）、管线分支设施的布置位置和平面尺寸，与地面设施及无障碍通道的关系。

5）纵断面设计

说明管廊主要竖向控制高程，设计埋深、坡度及交叉构筑物（管线、涵渠、轨道交通等）避让等。

6）节点设计

说明通风口、吊装口、人员出入口、逃生口、管线分支口等节点的布置。

1.4.4 综合管廊与相关工程的关系

说明综合管廊与道路、桥梁、轨道交通、排水管线、城市重大市政廊道及其他相关设施的关系。

1.4.5 附属设施设计

1）消防系统

简述设计依据、内容及范围，遵照各类防火设计规范的有关规定要求，确定消防系统设置范围；对各类消防系统的设计原则、计算标准、设计参数、系统组成、控制方式予以叙述；确定建筑灭火器的配置，其他灭火系统的灭火剂选择、设计储量及主要设备选型等。

2）通风系统

简述设计依据、内容及范围，确定管廊各舱室通风要求、分区及通风方式选择；通风量或换气次数；通风系统设备选择和风量平衡；设置防排烟的区域及方式，确定风量及配置。

3）供配电系统

简述设计依据、内容及范围；确定负荷等级及各级别负荷容量，供电电源及电压等级、电源容量及回路数，线路路由及敷设方式，备用电源和应急电源容量确定原则及性能要求。

说明高、低压配电系统接线型式及运行方式：正常工作电源与备用电源之间的关系；母线联络开关运行和切换方式；变压器之间低压侧联络方式；变、配、发电站的位置、数量及形式，设备技术条件和选型要求。

确定容量：包括设备安装容量、计算有功、无功、视在容量，变压器的台数、容量、负载率；继电保护装置的设置；电能计量装置；操作电源和信号。

确定供配电线路导体选择及敷设方式：高、低压进出线路的型号及敷设方式，选用导线、电缆、母干线的材质和类别，开关、插座、配电箱、控制箱等配电设备选型及安装方式，电动机启动及控制方式的选择。

4）照明系统

简述设计依据、内容及范围，说明设计原则，确定照明种类及主要场所照度标准、照明功率密度值等指标；光源、灯具及附件的选择、照明灯具的安装及控制方式；设置应急照明，说明应急照明的照度值、电源型式、灯具配置、控制方式、持续时间等。

5）监控与报警系统

简述设计依据、内容及范围，包括环境与设备监控系统、安防系统、通信系统、报警系统等。

火灾监控系统：确定保护设置的方式、要求和系统组成；确定监控点设置，设备参数配置要求；确定传输、控制线缆选择及敷设要求。

防火门监控系统：确定监控点设置，设备参数配置要求；确定传输、控制线缆选择及敷设要求。

火灾自动报警系统组成包括：系统形式及系统组成；消防控制室的位置；火灾探测器、报警控制器、手动报警按钮、控制台（柜）等设备的设置原则；火灾报警与消防联动控制要求，控制逻辑关系及控制显示要求；火灾警报装置及消防通信设置要求；消防主电源、备用电源供给方式，接地及接地电阻要求；传输、控制线缆选择及敷设要求；应急照明的联动控制方式等。

消防应急广播组成包括：声学等级及指标要求，分区原则和扬声器设置原则，音源类型、系统结构及传输方式，联动方式，主电源、备用电源供给方式。

6）排水系统

简述设计依据、内容及范围，介绍现有排水条件，确定管廊内集水排水系统设置、排水出路、主要设备选型等。

7）标识系统

简述设计依据、内容及范围，包括安全标识、设备标识、管线标识、方向标识、节点标识等。

8）支吊架

简述设计依据、内容及范围，明确与管线支吊架的设计分工及界限，确定设计范围内采取的支吊架方式及布置。

1.4.6 监控中心

说明综合管廊运行监控管理总体方案、智能化设计概况、系统组成、布线方案等。

说明监控中心设置位置、面积、等级要求及智能化系统设置的位置。

说明监控中心消防、配电、不间断电源、空调通风、防雷接地、漏水监测、机房监控要求控制系统功能、工作方式等。

1.4.7 建筑设计

简述设计依据、内容及范围，说明建筑物名称、面积、占地面积、层数、高度、主要结构类型、抗震设防烈度等，以及反映建筑规模的主要技术经济指标。

1.4.8 结构设计

简述设计依据、内容及范围，合理确定结构使用年限、安全等级、裂缝控制、防水、防渗、抗震设防等主要设计参数；确定主要荷载取值；进行地基基础设计、结构分析等。

计算书应包括荷载作用统计、结构整体计算、基础计算等必要内容。

进行综合管廊结构类型、材料、工法等比选。

1.4.9 岩土设计

简述设计依据、内容及范围，确定支护工程等级及使用年限，合理确定地基处理、基坑工程及监测等主要设计参数，进行综合管廊支护方案比选。

1.4.10 景观设计

简述设计依据、内容及范围，进行综合管廊出地面设施与周围环境、景观融合设计。

1.4.11 交通疏解及管线迁改

说明对影响综合管廊建设的现状道路及管线的处置措施。

1.5 安全措施

说明"危大工程"等安全管理事项。

2 工程概算

见本规定"投资估算经济评价和概预算"的相关章节。

3 主要材料及设备表

工程全部所需主要设备、材料的名称、规格（型号）、数量（以表格形式列出）。

4 附件

重要的设计依据文件及有关协议和纪要等。

5 设计图纸

5.1 工程地理位置图

综合管廊工程在区域中的位置关系及沿线主要构筑物的概略位置。

5.2 平面总体设计图

比例 1∶2000～1∶10000，标明设计管廊在城市道路网中的位置、监控中心位置，沿线规划布局和现状等。

5.3 综合管廊标准横断面图

比例 1∶25～1∶200，标明设计管廊横断面尺寸及分舱布置、管线位置、支吊架、附属设施等。

5.4　道路管线综合标准横断面图

比例 1：100～1：2000，标明设计管廊及其他构筑物、未入廊管线与所在道路红线、绿线及两侧构筑物的关系。

5.5　平面设计图

比例 1：500～1：2000，标明管廊定测线位置、管廊外轮廓线、道路中线、道路红线及主要部位的平面布置和尺寸；管线分支尺寸及位置；附属设施出地面口部尺寸及位置；天然气舱通风口与周边建（构）筑物的距离。

5.6　纵断面设计图

比例纵向 1：50～1：200，横向 1：500～1：2000，标明管廊高程控制点及相应参数，主要部位的高程，主要附属构筑物和重要交叉管线或构筑物位置及高程。

5.7　节点设计图

比例 1：50～1：200，包括通风口、吊装口、逃生口、人员出入口、交叉节点等管廊节点的平面、立面、剖面设计图。

5.8　建筑结构设计图

管廊标准断面及典型节点模板图、标准断面配筋图、防水构造图，结构主要或关键性节点。

5.9　岩土设计图

管廊基坑支护结构平面图、断面图。

5.10　附属设施设计图

5.10.1　消防系统

进行综合管廊出地面设施与周围环境、景观融合设计。

5.10.2　通风系统

进行综合管廊出地面设施与周围环境、景观融合设计。

5.10.3　供配电系统

高、低压配电系统图，平面布置图。

5.10.4　照明系统

照明系统原理图。

5.10.5　监控与报警系统

电气火灾监控系统图，消防设备电源监控系统图，防火门监控系统图，火灾自动报警系统图。

5.10.6　智能化系统

智能化各系统图。

5.10.7　排水系统

排水系统原理图。

第三章　综合管廊工程施工图设计文件编制深度

1　设计说明书

1.1　概述

简要说明项目的目的、来源、招标情况等。

简要说明综合管廊平面布局、断面尺寸、线位布置、入廊管线等。

1.1.1　建设内容

包括综合管廊建设地点、起终点、建设实施边界。

1.1.2　设计内容及范围

综合管廊设计内容包括总体、建筑结构、岩土支护、附属设施、容纳管线等，综合管廊与其他相关工程的分工及界面。

1.2　设计依据

1.2.1　摘要说明初步设计批准的机关、文号、日期及主要审批内容。

1.2.2　施工图设计资料依据。

1.2.3　采用的规范和标准。

1.2.4　详细勘测资料。

1.3　设计内容

1.3.1　总体设计

1）管廊标准横断面：说明管廊横断面尺寸、管线、检修通道、附属设施等布置。

2）管廊在道路下定位：说明综合管廊与其他地下构筑物、地下管线及地上设施的配合关系。

3）管廊平面：说明管廊平面设计原则及与其他已建或规划综合管廊工程的衔接关系。

4）管廊竖向：说明管廊竖向布置原则、与其他地下构筑物的配合关系及特殊布置。

5）管廊节点：说明人员出入口、逃生口、吊装口、进风口、排风口、管线分支口等节点布置。

6）监控中心：说明管廊智能化系统、监控中心配置等。

1.3.2　附属设施设计

1）消防系统：说明消防系统设置位置及范围，灭火系统的灭火剂选择、设计储量、控制方式等。

2）通风系统：说明管廊通风区间划分、换气方式、次数、温度等环境要求。

3）供配电系统：说明管廊供配电系统接线方案、电源供电电压、供电点、回路数、容量、负荷、防雷接地等。

4）照明系统：说明管廊内正常照明和应急照明设计参数。

5）监控与报警系统包括：说明管廊监控与报警系统的组成及系统架构、系统配置等。

6）排水系统：说明管廊内积水排出方式及排水出路。

7）标识系统：说明管廊标识系统设置类别及布置要点。

8）支吊架：为便于管道安装并与管廊主体同步施工的管道支吊架系统。

1.3.3　建筑设计

说明建筑物名称、面积、占地面积、层数、高度、主要结构类型、抗震设防烈度等，以及反映建筑规模的主要技术经济指标。

1.3.4　结构设计

说明综合管廊结构使用年限、安全等级、裂缝控制、防水、防渗、抗震设防等主要设计参数；说明综合管廊结构类型、材料、施工工法等。

1.3.5　岩土设计

说明管廊基坑设计标准、设计参数、开挖方式、支护形式、地下水处置方式等。

1.3.6　其他专业设计

说明给水、热力、天然气、电力、通信等分支管线过路管设置。

1.3.7　与初步设计的差异

如与初步设计内容有较大的变化时，应阐明原因、依据，并对照初步设计说明更改的主要内容。

1.4　采用的新技术、新材料的说明

1.5　施工安装注意事项及质量验收要求

1.5.1　施工前准备工作包括拆迁、征地、迁移障碍物等。

1.5.2　管线迁改、加固、预埋与其他市政基础设施的协调配合。

1.5.3　重要或有危险性的现况地下管线（电力、电信、燃气等应有准确位置和高

程），施工时应注意的事项。

1.5.4 质量验收要求。

1.6 "危大工程"等安全管理要求

1.7 其他说明

设计图纸采用的尺寸标注单位、坐标系、高程系统及其他应当明确的注意事项。

2 修正概算或工程预算

见本规定"投资估算经济评价和概预算"的相关章节。

3 工程数量和设备、材料表

各专业设计图应列出工程数量表，包括工程所需全部设备和材料的名称、性能参数、单位和数量等。

4 设计图纸

4.1 管廊总体设计图

包括图纸目录、设计说明、平面总体设计图、综合管廊标准横断面图、综合管廊市政横断面图、平面设计图、纵断设计图、节点设计图等。

4.1.1 平面总体设计图

比例 1∶2000～1∶10000，包括设计管廊在城市道路网中的位置、沿线规划布局和现状、设计管廊与现有或规划管廊的关系、监控中心位置。

4.1.2 综合管廊标准横断面图

比例 1∶25～1∶200，包括设计管廊横断面尺寸及分舱布置、管线位置、支吊架、附属设施，详细标注各部位尺寸。

4.1.3 道路综合管线标准横断面图

比例 1∶100～1∶2000，对于道路下管廊管线进行平面综合，绘出各管线的平面布置，注明各管廊管线与道路红线、建（构）筑物的距离尺寸和管廊管线间距尺寸。

4.1.4 平面设计图

比例 1∶500～1∶2000，包括管廊中线位置、管廊外轮廓线、道路中线、道路红线及主要部位的平面布置和尺寸，附属设施出地面口部位置及尺寸，与无障碍通道的关系，通风口与周边建（构）筑物的距离，详细标注各部位定位坐标。

4.1.5 纵断设计图

比例纵向 1∶50～1∶200，横向 1∶500～1∶2000，包括管廊高程控制点及相应参数，表示管廊的埋深、廊底标高、地面高度、管廊坡度交叉管道的位置、标高、管径（断面）等。

4.1.6　节点设计图

比例1∶50～1∶200，分别绘制通风口、吊装口、逃生口、人员出入口、交叉节点等管廊节点的平面、立面、剖面设计图，示出各部位详细尺寸，与道路和各种管线、交通设施的位置及尺寸。

4.2　建筑设计图

包括图纸目录、设计说明、平面图、立面图、详图等。

比例1∶50～1∶200，分别绘制平面图、立面图、剖面图及各部构造详图。标明室外用料做法，室内装修做法及有特殊要求的做法，引用的详图、标准图，并附门窗表及必要的说明。

除满足上述要求外，尚应符合现行《建筑工程设计文件编制深度规定》的有关规定。

4.3　结构设计图

包括图纸目录、设计说明、模板图、配筋图、详图等。

比例1∶50～1∶500，绘出结构整体及构件详图，配筋情况，各部分及总尺寸、标高、设备或基座等位置、尺寸与标高，留孔、预埋件等位置、尺寸与标高，地基处理、基础平面布置、结构形式、尺寸、标高，墙、柱、梁、板等位置、尺寸，标准段及节点防水设计图、大样图，引用的详图、标准图，汇总工程量表、主要材料表、钢筋表（根据需要）及必要的说明。

除满足上述要求外，尚应符合现行《建筑工程设计文件编制深度规定》的有关规定。

4.4　岩土设计图

包括图纸目录、设计说明、平面图、断面图、详图等。

比例1∶50～1∶500，绘出支护结构整体及构件详图，配筋情况，各部分及总尺寸、标高，基坑周边地层展开图，降水设施布置及尺寸，监测点布置图，汇总工程量表、主要材料表、钢筋表（根据需要）及必要的说明。

4.5　电气设计图

包括图纸目录、设计说明、工程量表、平面图、断面图、详图等。

4.5.1　变配电设计图

高低压变配电系统图和一、二次回路接线原理图，包括变电、配电、负荷电流计算、启动保护等设备型号、规格和编号，附设备材料表。说明工作原理，主要技术数据和要求。

各电气构筑物平面、剖面图包括：变电室、配电室、电气设备位置，供电控制线路敷设，接地装置，设备材料明细表和施工说明及注意事项。

各种保护和控制原理图、接线图包括：系统布置原理图，引出或引入的接线端子板编号、符号和设备一览表以及动作原理说明。

电气设备安装图包括：材料明细表，制作或安装说明。

4.5.2 照明设计图

包括电缆配电线路，控制线路及照明布置。

4.5.3 设备控制原理图

4.5.4 防雷、接地及安全设计图

4.5.5 电气消防设计图

包括火灾监控系统图、监测点名称和位置、防火门监控系统图、火灾报警系统图、报警及联动控制要求、消防应急广播系统图、各系统布置图及施工要求。

4.5.6 智慧管廊设计图

包括智能化系统的系统图、平面布置图、施工要求、设备及材料表。

4.6 仪表及自动控制设计图

包括图纸目录、设计说明、工程量表、平面图、断面图、详图等。

罗列检测与自控原理图，仪表及控制设备的布置、仪表控制流程图、仪表及自控设备的接线图和安装图，仪表及自控设备的供电系统图和管线图、工业电视监视系统图、控制柜、仪表屏、操作台及有关自控辅助设备的结构布置图和安装图，控制室的平面布置图，仪表自控部分的设备材料表。

4.7 消防设计图

包括图纸目录、设计说明、工程量表、平面图、断面图、详图等。

灭火器系统比例一般采用 1:50～1:500，包括设置范围、设备选择、系统图、平面布置图、设备材料一览表。

自动灭火系统比例一般采用 1:50～1:500，包括设置范围、设备选择、系统图、平面布置图、节点详图、设备材料一览表。

4.8 通风设计图

包括图纸目录、设计说明、工程量表、平面图、断面图、详图等。

比例一般采用 1:50～1:500，包括通风系统平面图、剖面图、节点详图、系统图、设备材料一览表。

4.9　排水设计图

包括图纸目录、设计说明、工程量表、平面图、断面图、详图等。

比例一般采用1∶50～1∶500，包括排水管道平面图、剖面图、节点详图、设备材料一览表。

4.10　其他图纸

包括给水、电力、通信、燃气、热力等专业过路管线图、标识系统设计图。

比例一般采用1∶50～1∶500，包括过路管平面图、断面图、大样图、设备材料一览表。

第十二篇 投资估算、经济评价和概预算

1 投资估算与融资方案

1.1 投资估算

1.1.1 文件组成

1）投资估算编制说明。

2）建设项目总投资估算及使用外汇额度。

3）主要技术经济指标及投资估算分析。

4）主要设备的内容、数量和费用。

5）资金筹措、资金组成及年度用款计划。

1.1.2 编制说明应包括的内容

1）工程概况：包括建设规模和建设范围，并明确建设项目总投资估算中包括和不包括的工程项目和费用。如有两个以上单位共同编制时，则应说明编制分工的情况。

2）编制依据：具体说明投资估算编制所依据的设计图纸及有关文件，使用的计价依据、人工、主要设备、材料价格和各项费用取定的依据及编制方法。

3）征地拆迁、建设配套等其他费用的计算办法或标准。

4）其他问题的说明：如投资估算编制中存在的问题及其他需要说明的问题。

1.1.3 建设项目总投资

建设项目总投资构成见图 12-1。

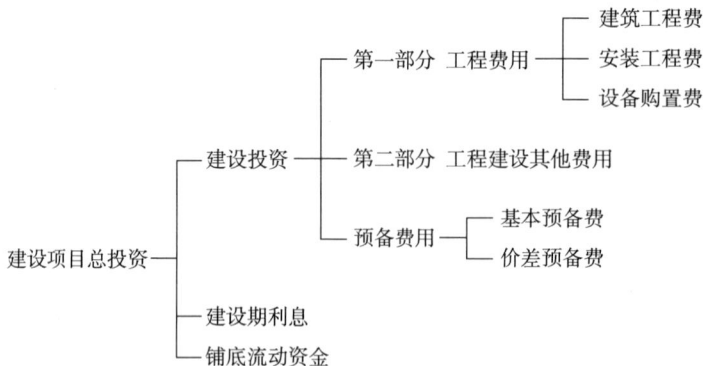

图 12-1 建设项目总投资构成

1.1.4　建筑工程费投资估算的编制方法

1）主要建（构）筑物和管道铺设的工程费用估算应按照可行性研究报告所确定的设计规模、工艺流程、建设标准、设备选型和主要工程套用相应的估算指标、计价依据或类似工程的实际投资资料进行编制。无论采用何种指标或资料，都必须将其价格和费用水平调整到工程所在地估算编制期的实际价格和费用水平，并结合工程建设条件和特点、按照指标使用说明，对实物工程量进行调整。住房城乡建设部颁布的《市政工程投资估算指标》是编制市政工程建设项目可行性研究投资估算的主要依据之一。

2）辅助构筑物的建筑工程费用可参照估算指标或类似工程单位建筑体积或有效容积的造价指标进行编制。

3）辅助生产项目和生活设施的房屋建筑工程，可根据工程所在地相应的面积或体积指标进行编制。

1.1.5　安装工程费投资估算的编制方法

1）按照单项工程设计内容和主要实物工程量，分别采用相应的估算指标、计价依据、费用指标和比例系数进行编制。

2）主要工艺设备、机械设备，按每吨设备、每台设备或占设备原价的百分比估算，管道安装工程按不同材质、不同规格（包括管件）分别以长度或重量估算，供电外线按千米造价指标估算，自控仪表、变配电设备、动力配线按主要设备和主要材料费用的百分比估算。

3）参照类似工程的实际投资资料或技术经济指标进行估算。

1.1.6　设备购置费投资估算的编制方法

设备的购置费由设备原价和运杂费两部分组成。设备购置费包括需要安装和不需要安装的全部设备的购置费，工器具及生产家具购置费，备品备件购置费。当设备需成套采购时，还应按相关规定计取设备成套服务费。

1.1.7　工程建设其他费用投资估算的编制方法

工程建设其他费用系指工程费用外的建设项目必须支出的费用，应结合工程项目实际确定其计列的项目及内容。

1.1.8　预备费投资估算的编制方法

1）基本预备费：以第一部分"工程费用"总值和第二部分"工程建设其他费用"总值之和为基数，乘以基本预备费费率计算，基本预备费费率可按8%～10%计取。

2）价差预备费：指项目建设期价格可能发生上涨而预留的费用，以第一部分工程费用总值为基数，按建设期分年度用款计划和人工、材料、设备价格年上涨系数逐年递增计算；上涨系数按国家或地区有关规定计取。

1.1.9　建设期利息和铺底流动资金投资估算的编制方法

建设期利息是指筹措债务资金时，在建设期内发生的，并按规定允许在投产后计入固定资产原值的利息，即资本化利息。建设期利息包括银行借款和其他债务资金的利息以及其他融资费用。

建设期借款利息，应根据资金来源、建设期年限和借款利率分别计算。

建设期其他融资费用是指某些债务融资中发生的手续费、承诺费、管理费、信贷保险费等融资费用，一般情况下应将其单独计算并计入建设期利息。

铺底流动资金，即自有流动资金，列入建设项目总投资。流动资金指建设项目投产后为维持正常生产经营用于购买原材料、燃料、支付工资及其他生产经营费用等所必不可少的周转资金。

1.2　融资方案

结合项目规模、类型确定是否需要编制融资方案，对于规模和投资额均较小的项目建议说明资金来源即可。

1.2.1　政府投资项目

研究提出项目拟采用的融资方案，包括权益性融资和债务性融资，分析融资结构和资金成本。说明项目申请财政资金投入的必要性和方式，明确资金来源，提出形成资金闭环的管理方案。对于政府资本金注入项目，说明项目资本金来源和结构、与金融机构对接情况，研究采用权益型金融工具、专项债等融资方式的可行性，主要包括融资金额、融资期限、融资成本等关键要素。对于具备资产盘活条件的基础设施项目，研究项目建成后采取基础设施领域不动产投资信托基金（REITs）等方式盘活存量资产、实现项目投资回收的可能路径。

1.2.2　企业投资项目

结合企业自身及其股东出资能力，分析项目资本金和债务资金来源及结构、融资成本以及资金到位情况，评价项目的可融资性。结合企业和项目经济、社会、环境等评价结果，研究项目获得绿色金融、绿色债券支持的可能性。对于具备条件的基础设施项目，研究提出项目建成后通过基础设施领域不动产投资信托基金（REITs）等模式盘活存量资产、实现项目投资回收的可能性。企业拟申请政府投资补助或贴息的，应根据相关要求研究提出拟申报投资补助或贴息的资金额度及可行性。

2　财务分析

2.1　盈利能力分析

2.1.1　政府投资项目

根据项目性质，确定适合的评价方法。结合项目运营期内的负荷要求，估算项目营业收入、补贴性收入及各种成本费用。通过项目自身的盈利能力分析，评价项目可融资性。对于政府直接投资的非经营性项目，开展项目全生命周期资金平衡分析，提出开源节流措施。对于政府资本金注入项目，计算财务内部收益率、财务净现值、投资回收期等指标，评价项目盈利能力；营业收入不足以覆盖项目成本费用的，提出政府支持方案。

2.1.2　企业投资项目

根据项目性质，选择合适的评价方法，估算项目营业收入和补贴性收入及各种成本费用，分析项目的现金流入和流出情况，构建项目利润表和现金流量表，计算财务内部收益率、财务净现值等指标，评价项目的财务盈利能力，并开展盈亏平衡分析和敏感性分析。

2.2　债务清偿能力分析

2.2.1　政府投资项目

对于使用债务融资的项目，明确债务清偿测算依据和还本付息资金来源，分析利息备付率、偿债备付率等指标，评价项目债务清偿能力，以及是否增加当地政府财政支出负担、引发地方政府隐性债务风险等情况。

2.2.2　企业投资项目

按照负债融资的期限、金额、还本付息方式等条件，分析计算偿债备付率、利息备付率等债务清偿能力评价指标，判断项目偿还债务本金及支付利息的能力。必要时，开展项目资产负债分析，计算资产负债率等指标，评价项目资金结构的合理性。

2.3　财务可持续性分析

2.3.1　政府投资项目

对于政府资本金注入项目，编制财务计划现金流量表，计算各年净现金流量和累计盈余资金，判断拟建项目是否有足够的净现金流量维持正常运营。对于在项目经营期出现经营净现金流量不足的项目，研究提出现金流接续方案，分析政府财政补贴所需资金，评价项目财务可持续性。

2.3.2　企业投资项目

根据投资项目财务计划现金流量表，分析投资项目的财务状况，包括现金流、利润、营业收入、资产、负债等主要指标，判断拟建项目是否有足够的净现金流量，确保维持正常运营及保障资金链安全。

2.4　财务分析表格

2.4.1　编制依据

住房城乡建设部颁布的现行《市政公用设施建设项目经济评价方法与参数》是编制

市政公用设施建设项目经济评价的主要依据之一。

2.4.2　主要财务分析表格

财务分析宜包括但不限于以下表格：

1）项目投资现金流量表；

2）项目资本金现金流量表；

3）利润与利润分配表；

4）财务计划现金流量表；

5）资产负债表；

6）借款还本付息计划表。

2.5　财务分析中新建项目与改扩建项目的界定方法

2.5.1　给水工程

对于大城市和老城市的供水项目，如果既有企业以往资料的可得性和可靠性问题难以解决，项目单元可按新建项目简化处理；如果可以获得既有企业的资产及运营资料，也可以按改扩建项目处理。对于新建水厂和管网，按新建项目进行经济评价；对于在原有水厂基础上增加（或改造）部分设备能力或技术改造，按改扩建项目进行经济评价。

2.5.2　排水工程

以新设法人为财务主体立项建设的排水项目，按新建项目进行经济评价。以既有法人为财务主体立项建设的排水项目，如果从建设、运营和管理上都能分离开来，界限相对清楚，并且既有企业以往资料的可得性和可靠性问题难以解决，可按新建项目的方法简化处理；如果是在原有项目基础上更换或者增加设备、建（构）筑物等，用以提高水处理级别或扩大规模，则应按改扩建项目进行经济评价。

2.5.3　燃气工程

新建项目是指新开工建设的项目，建成后其生产和销售形成独立整体，可以单独财务核算的项目（不具备独立法人资格的项目亦可）。不再借助其他存量资产或只利用价值较少的存量资产的项目。对于原有基础较小，经扩大规模后，其新增的固定资产价值超过原有固定资产价值的三倍或建成后生产能力提高两倍以上的项目，可对增量与存量形成的资产进行整体评价（即结合存量资产按新建项目评价）。对属于局部性扩建，且新增用户可单独供应的项目，可以通过协议方式对公用资产进行租赁，或核算中间成本价格，采用新建项目的评价方法。燃气改建、扩建、技术改造、燃气转换等建设项目是指在原有企业拥有的燃气生产和输配设施以及原有经营管理的基础上进行建设的项目。

2.5.4　热力工程

新建项目是指新开工建设的项目，建成后其生产和销售形成独立整体，可以单独财务核算的项目（不具备独立法人资格的项目亦可）。指新建供热设施与热用户之间的生产、销售能够形成一个独立整体，不再借助其他存量资产或只利用价值较少的存量资产的项目。改扩建项目是指现有企业为了生存与发展，在原有基础上所进行的改建、扩建项目。指新建供热设施与热用户之间的生产和销售环节必须利用大量的存量资产（如原热源的输煤系统、水处理系统、电气仪表系统、公共设施、烟囱和供热管网的主干管等），才能够进行正常的生产、销售的项目。对于原有基础较小，经扩大规模后，其新增的固定资产价值超过原有固定资产价值的三倍或建成后生产能力提高两倍以上的项目，可采用对增量与存量形成的资产进行整体评价（即结合存量资产按新建项目评价）。对属于局部性扩建，且新增热用户可单独供应的项目，可以通过协议方式对公用资产进行租赁，或核算中间成本价，采用新建项目的评价方法。如：在已有热源厂内扩建锅炉，供热管网单独出线供应新的供热区域，并且项目单独财务核算的情况，对于与老厂共用的输煤系统、供电系统等设施采取租赁的方式支付相应的费用，保证财务分析投入产出一致性的原则。

2.5.5　环境卫生工程

新建垃圾收集运输及处理项目，按新建项目进行经济评价。在现有（既有）垃圾处理场（厂）基础上扩建或技术改造的项目为改扩建项目。在现有（既有）垃圾收集运输系统中，新建垃圾转运站等，可按新建项目进行经济评价。

3　设计概算文件编制深度

3.1　编制依据

给水工程、排水工程、道路交通工程、桥梁工程、隧道工程、城镇防洪工程、燃气工程、热力工程、环境卫生工程设计概算的文件组成、编制办法及深度，应按住房城乡建设部颁布的现行《市政工程设计概算编制办法》文件执行。

园林绿化工程和综合管廊工程设计概算的文件组成、编制办法及深度可参照现行《市政工程设计概算编制办法》文件执行。

城市综合客运交通枢纽道路交通工程、快速公交（BRT）工程，同道路交通工程。

综合类工程项目设计概算应参照工程投资占比较大的专业深度要求编制。

3.2　文件组成

设计概算文件由封面、扉页、概算编制说明、总概算书、综合概算书和单位工程概算书组成。

3.3 概算编制说明应包括的内容

1）工程概况：包括建设规模和工程范围，并明确建设项目总概算中包括和不包括的工程项目和费用，如有两个以上单位共同编制时，则应说明编制分工的情况。

2）编制依据：批准的可行性研究报告及其他有关文件，具体说明设计概算编制所依据的设计图纸及有关文件，使用的计价依据、主要材料价格和各项费用取定的依据及编制方法。

3）钢材、预拌（或预制）混凝土、锯材、沥青及其沥青制品等主材需用量。

4）工程总投资及各项费用的构成。

5）资金筹措及分年度使用计划，如使用外汇，应说明使用外汇的种类、折算汇率及外汇使用的条件。

6）其他问题的说明：设计概算编制中存在的问题及其他需要说明的问题。

3.4 总概算书编制内容

建设项目总概算书由各综合概算及工程建设其他费用、预备费用、建设期贷款利息及铺底流动资金组成。

3.5 综合概算书

综合概算书是单项工程建设费用的综合文件，由专业的单位工程概算书组成。工程内容简单的项目可以由一个或几个单项工程组成汇编为一份综合概算书，也可将综合概算书的内容直接编入总概算，而不另单独编制综合概算书。

3.6 单位工程概算书

单位工程概算书是指一项独立的建（构）筑物中按专业工程计算工程费用的设计概算文件。

3.7 建筑工程设计概算的编制方法

1）主要工程项目应按照国家或省、自治区、直辖市等主管部门规定的计价依据和费用标准等文件，根据初步设计（或技术设计）图纸及说明书，按照工程所在地的自然条件和施工条件，计算工程数量套用相应的计价依据进行编制。零星项目费是指初步设计阶段，符合初步设计深度要求，但无法在图纸上详细反映（无法计量），又确实要发生的项目所产生的费用。按预算消耗量编制设计概算时，零星项目费用可按主要项目总价的百分比计列。若缺乏相应测算资料时，也可参考表 12-1 计算零星项目费率，根据项目的复杂程度和规模不同，取用不同的费率标准。

建筑工程零星项目费率 表 12-1

项目名称	零星项目费率
建（构）筑物	3%～5%
管网工程	3%
道路交通工程	3%
桥梁工程	3%～5%
隧道工程	1%～3%
园林绿化工程	3%～5%
综合管廊工程	3%～5%
其他工程	3%～5%

2）辅助构筑物的建筑工程费用可参照计价依据或类似工程单位建筑体积或有效容积的造价指标进行编制。

3）构筑物的上部建筑工程、辅助生产项目和生活设施的房屋建筑工程，可根据工程所在地相应的面积或体积指标进行编制。

4）对于与主体工程配套的其他专业工程，也可采用估算列入总概算。

3.8 安装工程设计概算的编制方法

1）安装工程费可按照国家或省、自治区、直辖市等主管部门规定的计价依据和费用标准等文件，根据初步设计（或技术设计）图纸及说明书，按照工程所在地的自然条件和施工条件，计算工程数量套用相应的计价依据进行编制。零星项目费用可按主要项目总价的百分比计列。若缺乏相应测算资料时，也可参考表 12-2 计算零星项目费率，根据项目的复杂程度和规模不同，取用不同的费率标准。

安装工程零星项目费率 表 12-2

项目名称	零星项目费率
机械设备	3%～5%
管配件	5%～10%
市政管道工程	3%～5%
电气材料	5%～10%
电气设备	3%～5%
自控仪表设备	3%～5%
其他设备	3%～5%

2）安装工程费也可按占设备（材料）原价的百分比率计算。若缺乏相应测算资料时，也可参考表 12-3 计算安装工程费率，根据项目的复杂程度和规模不同，取用不同的费率标准。

安装工程费率　　　　　　　　　表 12-3

项目名称	安装工程费率	计费基数
国产机械设备	10%～12%	设备价
管配件	15%～20%	材料价
电气材料	15%～20%	材料价
电气设备	10%～12%	设备价
自控仪表设备	10%～15%	设备价

3）工艺管道中管道管件可按延长米、件数或折算成重量计算。

3.9　设备购置费设计概算的编制方法

1）设备购置费由设备原价和运杂费组成，成套采购时还应计取设备成套服务费。

2）备品备件购置费可暂按设备价格的 1% 计取。

3）工器具及生产家具购置费可按设备价格的 1%～2% 计取。

4）次要设备（材料）费：在初步设计阶段，根据设计深度和项目的实际情况，应计算次要设备（材料）费。

3.10　园林绿化工程设计概算的编制方法

1）绿化工程以苗木清单内容编制概算书，需同时考虑必要的栽植措施成本。

2）编制土方工程概算书时，应按照初步设计图中的原地形标高及设计地形等高线计算各类挖方、填方及垃圾土的工程量。

3）道路、广场、围墙、驳岸、挡土墙等总体土建工程按初步设计图纸计算工程量，编制单项工程概算书。

4）建筑工程按建筑、结构及安装等专业的平面、立面、剖面初步设计图纸计算工程量，编制各专业单位工程概算书后汇总完成单项工程综合概算书。景观工程中的小型建筑物在条件不成熟的情况下可采用指标编制。

5）总体电气及给水排水工程等按初步设计图纸计算管线工程量，依主要设备材料表编制单项工程概算书。

6）小型桥梁、涵洞、闸桥等可按不同类型以平方米或延长米等指标编制。

7）小型构筑物或一般景观建筑小品可根据单项工程的主要特点和基本参数按各种指标编制。

3.11 工程建设其他费用设计概算的编制方法

工程建设其他费用系指工程费用外的建设项目必须支出的费用。其他费用计列的项目及内容应结合工程项目实际确定。其费用计算可参照住房城乡建设部颁布的现行《市政工程设计概算编制办法》有关章节。

3.12 预备费设计概算的编制方法

1）基本预备费：以第一部分"工程费用"总值和第二部分"工程建设其他费用"总值之和为基数，乘以基本预备费费率计算，基本预备费费率可按 5%～8% 计取。

2）价差预备费：指项目建设期价格可能发生上涨而预留的费用，以第一部分工程费用总值为基数，按建设期分年度用款计划和人工、材料、设备价格年上涨系数逐年递增计算；上涨系数按国家或地区有关规定计取。

3.13 建设期利息和铺底流动资金设计概算的编制方法

建设期利息和铺底流动资金计算可参照住房城乡建设部颁布的现行《市政工程设计概算编制办法》相关章节计列。

4 施工图预算文件编制深度

4.1 施工图预算文件组成

施工图预算文件组成内容应包括封面、扉页、编制说明、总预算书和（或）综合预算书、单位工程预算书、主要材料表以及需要补充的单位估价表。

4.2 施工图预算编制依据

1）批准初步设计文件或其他文件（如有）。

2）国家有关工程建设和造价管理的法律、法规和方法政策。

3）施工图设计项目一览表，各专业设计的施工图和文字说明、工程地质勘察资料。

4）主管部门颁布的现行建筑工程和安装工程计价依据和有关费用规定的文件。

5）工程所在地人工、设备、材料、机械价格。

6）现行的有关其他费用指标或价格。

7）建设场地的自然条件和施工条件。

8）施工组织设计、施工方案和技术措施。

9）有关合同协议条款。

4.3 单位工程施工图预算书的编制

4.3.1 建筑安装工程预算编制方法

根据主管部门颁发的现行建筑安装工程计价依据及规定的各项费用标准，按各专业设计的施工图、工程地质资料、工程场地的自然条件和施工条件，计算工程数量，引用规定的计价依据和取费标准进行编制。

4.3.2 设备及安装工程预算编制方法

设备购置费按各专业设备表所列出的设备型号、规格、数量和设备按非标设备估价办法或设备加工订货价格计算。设备安装按照规定的计价依据和取费标准编制。

4.3.3 工程建设其他费用、预备费以及建设期利息编制方法

根据实际情况，可计算工程建设其他费用、预备费以及建设期利息：计算办法与设计概算相同。基本预备费率可按 3%～5% 计取。

5 给水工程技术经济指标计算方法

5.1 综合技术经济指标计算内容

1）工程费用、用地及主要材料用量指标计算见表 12-4。

2）制水成本指标计算：见现行《市政公用设施建设项目经济评价方法与参数》供水篇。

3）各专业工程费用占总工程费用比例分析见表 12-5。

给水工程综合技术经济指标 表 12-4

工程名称：　　　　　　　工程编号：　　　　　　编制日期：

枢纽工程名称	设计规模	技术经济指标				
		工程费用（万元）	用地（亩）	主要材料费用		
				钢材（t）	预拌（预制）混凝土（m³）	锯材（m³）
取水工程（m³/d）						
净水工程（m³/d）						
配水厂（或加压泵站）（m³/d）						
输水管道（km·m³/d）						
配水管道（km·m³/d）						

给水排水工程各专业工程费用占总工程费用比例分析　　　　表 12-5

工程名称：　　　　　　　　工程编号：　　　　　　　　编制日期：

枢纽工程	工程总费用（万元）	建筑工程		工艺管道安装工程		设备工程	
		工程费（万元）	占总工程费（%）	工程费（万元）	占总工程费（%）	工程费（万元）	占总工程费（%）

5.2　综合技术经济指标计算说明

给水工程综合技术经济指标按取水工程、净水工程、输水工程及配水工程四类划分。

1）取水工程包括地面水及地下水的各种取水构筑物及各项设施。指标单位以设计最高日供水量（m^3/d）计。

2）净水工程包括净水厂全部构筑物及各项设施。指标计算单位以设计最高日水量（m^3/d）计。

3）输水工程是指仅起输水作用的管道或沟渠工程并包括其中的各种附属构筑物及设施。指标计算单位以输水量与管道长度乘积（$km \cdot m^3/d$）计。

4）配水工程包括配水厂、配水管网及其附属构筑物。指标计算单位配水厂以设计最高日配水量（m^3/d）计，配水管网以高日高时配水量与管道长度乘积（$km \cdot m^3/d$）计。

5）同一工程中各个枢纽工程的生产能力（设计规模）不同时，应按各自的生产能力计算。

6）用地面积指对应生产能力所必要的用地量。

7）主要材料用量指标：钢材包括各种规格、型号的钢筋、钢板、型钢，单位以 t 计。预拌（或预制）混凝土不分品种标号，单位以 m^3 计。锯材不分材料规格按消耗计算。

8）制水成本计算：首先计算出年总成本费用，然后除以全年制水量，即为单位制水成本。

5.3　给水单项工程费用指标单位

1）建筑物以 m^2 计。多层建筑物按各层面积总和计算。

2）泵房建筑工程分为上部建筑物与下部泵池构筑物（如有），上部以建筑面积 m^2 为单位，下部以建筑体积 m^3 为单位。

3）滤池建筑工程以过滤工作面积计，单位为 m^2。

4）构筑物建筑工程如沉淀池、清水池等以设计容积计算，单位为 m^3。

5）厂站平面按厂站平面面积计，单位为 m²。

6）室外管道工程按管道延长米计，单位为 m。

7）机械设备购置安装工程按单位生产能力计，单位为 m³/d。

8）电气动力设备以 kW 为单位。

9）变电、配电设备以 kVA 为计算单位。

10）输电线路按线路长度以 km 计算。

11）输水管道、配水管网按管道长度以 km 计算。

6 排水工程技术经济指标计算方法

6.1 综合技术经济指标计算内容

1）工程费用、用地及主要材料用量指标计算见表 12-6。

2）污水处理成本指标计算，见《市政公用设施建设项目经济评价方法与参数》排水篇。

3）各专业工程费用占总工程费用比例分析见表 12-5。

6.2 综合技术经济指标计算说明

1）排水工程综合技术经济指标按污水处理厂工程、雨水泵站工程、污水泵站工程、雨水管道工程、污水管道工程五类划分。

排水工程综合技术经济指标   表 12-6

工程名称：   工程编号：   编制日期：

枢纽工程名称	设计规模	技术经济指标				
		工程费用（万元）	用地（亩）	主要材料费用		
				钢材（t）	预拌（预制）混凝土（m³）	锯材（m³）
污水处理厂（m³/d）						
污水泵站（m³/d）						
雨水泵站（L/s）						
污水管道（m³/d/km）						
雨水管道（hm²/km）						

2）污水处理厂工程包括处理厂内全部建（构）筑物以及附属在厂内外的工艺设施（如干化场），单位以设计平均日处理污水量（m³/d）计。

3）污水泵站工程，单位以设计平均日处理污水量（m³/d）计。

4）雨水泵站包括泵站内全部建（构）筑物。单位以设计雨水量（L/s）计。

5）污水管道，单位以 $m^3/d/km$ 计。

6）雨水管道，单位以 hm^2/km 计。

7）同一工程中各构筑物设计能力不同时，应按各自的生产能力计算。

8）用地指标指对应生产能力所必需的用地量。

9）主要材料用量指标与本篇 5.2 相同。

10）污水处理成本计算：先计算出年总成本费用，然后除以全年平均污水量，即为污水处理的单位总成本。

6.3　排水单项工程技术经济指标单位

1）建筑物以 m^2 计。多层建筑物按各层面积总和计算。

2）泵房建筑工程分为上部（建筑物）与下部泵池（构筑物），上部按建筑物以面积 m^2 为单位，下部按构筑物以 m^3 为单位。

3）滤池建筑工程以过滤工作面积计，单位为 m^2。

4）构筑物建筑工程如沉砂池、沉淀池、曝气池、消化池等以设计容积计算，单位为 m^3。

5）地下污水处理厂建筑工程宜分为土方工程、围护结构和主体结构三部分，其中土方工程按土石方（m^3）、钢支撑（t）、混凝土支撑（m^3）、降水（元）分别计算；围护结构按不同围护结构类型分别计算，例如地下连续墙（m^3）、SWM 围护（m^3）；主体结构按混凝土体积（m^3）计算。

6）厂站平面按厂站平面面积计，单位为 m^2。

7）室外管道工程按管道延长米计，单位为 m。

8）机械设备购置安装工程按单位生产能力计，单位为 m^3/d。

9）电气动力设备以 kW 为单位。

10）变电、配电设备以 kVA 为计算单位。

11）输电线路按线路长度以 km 计算。

12）污水管道、雨水管道按管道长度以 m 计算。

7　道路交通工程技术经济指标计算方法

7.1　技术经济指标计算内容

道路交通工程技术经济指标见表 12-7。

道路交通工程技术经济指标　　　　　　表 12-7

工程名称：　　　　　　工程编号：　　　　　　编制日期：

道路起讫点		路面结构		附属构筑物（m）	
路段长（m）		机动车道面积（m²）		土方量（m³）	
道路等级		非机动车道面积（m²）		路幅布置方式	
计算行车速度（km/h）		人行道面积（m²）		照明工程（元/km）	
通行能力（veh/h）（当量小汽车）		路面排水（m²）		交通工程（元/km）	
监控工程（元/km）					

	项目	主体工程	
		总数量	每 m² 车行道面积材料用量及费用
主要技术经济指标	工程费用（元）		
	钢材（t）		
	预拌混凝土（m³）		
	沥青混合料（m³）		
	基层混合料（m³）		
	人行道砖（水泥/石材）（m²）		

7.2　技术经济指标计算说明

7.2.1　工程费用

工程费用指标以工程投资中的工程费用（第一部分费用）除以车行道面积计算。

7.2.2　分部工程内容

1）主体工程：包括道路路基土方、挖运借（弃）土、填土压实、汽车洒水、挖旧路结构、运弃旧路材料、路面面层、路面基层、修整压实土路基、翻浆处理、路缘石工程等。

2）附属工程：包括路面排水构筑物、步道小挡墙及砖砌挡墙、台阶、道路隔离器（带）、装配式或现浇混凝土挡土墙、护坡等。

3）面积计算：车行道面积为车行道宽度（包括机动车道与非机动车道）乘设计长度（包括交叉口及广场面积）。

8　桥隧工程技术经济指标计算方法

8.1　桥梁工程技术经济指标计算方法

8.1.1　桥梁工程技术经济指标计算内容

桥梁工程技术经济指标计算内容见表 12-8。

桥梁工程技术经济指标（主/引桥）　　表 12-8

工程名称：　　　　　　工程编号：　　　　　　编制日期：

桥梁上部结构		支座类型	
桥梁下部结构		桥面伸缩缝	
荷载标准		桥梁净空（m）	
桥梁跨径（m）		地基土质	
桥长（m）		施工工艺	
桥宽（m）			
桥梁面积（m²）			

	项目	每 m² 桥面面积工程费用和材料用量		
		上部	下部	小计
主要技术经济指标	工程费用（元）			
	预应力钢绞线（t）			
	钢筋（t）			
	钢板与型钢（t）			
	锯材（m³）			
	预拌混凝土（m³）			
	预制混凝土（m³）			

8.1.2　桥梁技术经济指标计算说明

1）工程费用：工程费用指标以工程投资中的工程费用（第一部分费用）除以桥面面积计算。

2）分部工程内容：上部构造，梁式桥指墩台帽梁（或盖梁）以上的梁体主要构造、支座、桥面铺装、防水层、人行道、栏杆、分车带、桥面伸缩缝及桥头搭板等，拱式桥指拱座以上主拱及拱上构造，其他形式桥按实际情况分类。下部构造，梁式桥和拱桥的各种桩基础、沉井、天然明挖基础、基础垫层、承台、墩台身、墩台帽梁（或盖

277

梁）及桥台翼墙和护坡，其他形式桥按实际情况分类。地道桥、人行通道按全部构造计算（不分上、下部构造）。

3）面积计算：梁式桥和拱桥桥面面积按桥面全宽乘桥梁总长计算。梁式桥桥长以两端桥台前沿桥面伸缩缝间长度计算；拱式桥桥长为两桥台拱线间距离。地道桥桥面面积按箱体总长乘箱宽计算。箱体总长为不包括前、后悬臂长度在内的箱涵长度，箱宽为箱涵两侧边墙外缘间宽度。人行通道面积按通道总长乘通道宽度计算。通道总长为包括门厅在内的通道总长度，通道宽度为通道两边墙外缘间宽度。人行天桥面积按天桥主桥面积和梯道投影面积之和计算。当桥梁主桥及引桥结构形式不同（包括基础）或同种桥型但跨度相差较大时，主桥、引桥的技术经济指标应分别计算。

8.2 隧道工程技术经济指标计算方法

8.2.1 隧道工程技术经济指标计算内容

隧道工程技术经济指标计算内容见表 12-9。

隧道工程技术经济指标　　　　　　　　　　表 12-9

工程名称：　　　　　　　工程编号：　　　　　　　编制日期：

隧道结构		荷载标准	
隧道净宽（m）		围岩级别	
隧道长（m）		断面型式	
明洞长（m）		施工排水	
洞门工程（座）		施工方法	
面积（m²）			

材料及费用项目		内　容			
		每延米隧道长度工程费用和材料用量			
		隧　道	明　洞	洞　门	附属工程
主要技术经济指标	工程费用（元）				
	钢筋（t）				
	钢板与型钢（t）				
	锯材（m³）				
	预拌混凝土 m³				
	浆砌石（m³）				
	土石方开挖（m³）				

8.2.2　隧道工程技术经济指标计算说明

1）工程费用：工程费用按工程投资中的工程费用（第一部分费用）除以隧道长度计算。其中暗挖隧道、明洞和洞门工程应分别计算指标。

2）分部工程内容：石质隧道，石方开挖及运输出洞，混凝土和钢筋混凝土锚喷，拱顶、墙身、基础、边墙混凝土、钢筋混凝土、砌石、锚杆支护，钢筋制做安装，洞内装饰及防水处理，洞内临时通风、照明及排水。土质隧道，盾构掘进，钢筋混凝土和石砌内部结构、基坑开挖、地基加固、支撑、围图及降水，垂直立管顶升及土方外运，洞内装饰及防水处理，洞内临时通风、照明及排水。洞口、洞门的混凝土和衬砌结构及装饰工程。附属工程，安全设施、通风设施、监控设施、通信设施，供电、照明、给水排水及消防。

3）面积计算：隧道面积按隧道净宽乘以隧道长度以 m^2 计。明洞面积按明洞净宽乘以明洞长度以 m^2 计。洞口面积按洞口净宽乘以洞口长度以 m^2 计。

9　城镇防洪工程技术经济指标计算方法

9.1　城镇防洪工程技术经济指标计算内容

城镇防洪工程技术经济指标计算内容见表 12-10。

城镇防洪工程技术经济指标　　　　　表 12-10

工程名称：　　　　　　　　工程编号：　　　　　　　编制日期：

项目	结构形式	单位	技术经济指标					
			工程费用（元）	预拌混凝土（m^3）	钢材（kg）	锯材（m^3）	大块石（m^3）	土方（m^3）
堤防		m						
护岸		m^2						
围垦面积		亩						
防洪沟		m						
构筑物								

9.2　城镇防洪工程技术经济指标计算说明

9.2.1　指标计算方法

1）堤防指标：工程费用除以堤防长度（m），如各段堤防结构形式不同时，其指标应分别计算。

2）围垦面积指标：工程费用除以围垦面积（ m^2 ）。

3）防洪沟指标：工程费用除以防洪沟的长度（m）（工程费用应包括沟道土石方及沟道上的附属构筑物的费用），如各段沟道结构形式不同时，其指标应分别计算。

4）护岸指标：工程费用除以护岸的面积（m²），如各段护岸结构形式不同时，指标应分别计算。

5）构筑物指标：工程费用除以构筑物的设计容积（m³）或设计能力（m³/d）计算。

9.2.2　工程费用计算方法

工程费用按工程投资内的第一部分工程费用计算。

9.2.3　工程量计算方法

1）堤防长度：按堤防中心线设计长度计。

2）围垦面积：按围堤内部新增加的可利用土地面积计。

3）防洪沟长度：按沟底中心线设计长度计。

4）护岸平面面积：按护岸平面面积计算。

5）构筑物：按构筑物容积或设计能力计算。

10　燃气工程综合技术经济指标计算方法

10.1　燃气工程综合技术经济指标计算内容

1）供气规模、工程费用及主要材料用量指标计算见表12-11。

2）供应（气）成本指标计算：见现行《市政公用设施建设项目经济评价方法与参数》燃气篇。

3）各专业工程费用占工程费用比例分析见表12-12。

燃气工程主要技术经济指标　　　　　　表12-11

工程名称：　　　　　　工程编号：　　　　　　编制日期：

序号	项目	单位	供气规模指标		备注
			万 m³	万户	
一	工程费用				
	门站	万元			元/m³ 或元/户
	储配站	万元			
	调压站（箱/柜）	万元			
	其他厂站	万元			
	管线	万元			

序号	项目	单位	供气规模指标		备注
			万 m³	万户	
	生产配套设施				
二	主要材料				
	钢管	t			
	钢材	t			
	预拌混凝土	m³			
	其他管材（塑料管）	kg			
三	规模				
	门站	座			
	储配站	座			
	调压站	座			
	其他厂站	座			
	管线	km			
	生产配套设施	m²			

燃气工程各专业工程费用占总工程费用比例分析 表 12-12

工程名称： 　　　　　工程编号： 　　　　　编制日期：

单项工程	工程总费用100%（万元）	建筑工程		安装工程		设备购置	
		工程费（万元）	占总工程费（%）	工程费（万元）	占总工程费（%）	工程费（万元）	占总工程费（%）

10.2 综合技术经济指标计算说明

燃气工程综合技术经济指标按门站、储配站、调压站、其他厂站、管线和生产配套设施六类划分。综合指标计量单位按供气规模每万立方米和每万户分别计。

1）门站、储配站：包括站内所有构筑物和各项设计。

2）调压站：包括所有高压调压站、次高压调压站和中低压调压站。

3）其他厂站：包括气化站、加气站等。

4）管线：包括不同管径和压力的所有市政管线。

5）生产配套设施：包括生产办公用房、管网管理队、用户管理所及抢修车辆和设备等生产配套工程。

11 热力工程技术经济指标计算方法

11.1 热力工程综合技术经济指标计算内容

1）工程费用、供热规模及主要材料用量指标计算见表 12-13、表 12-14。

2）供热成本指标计算：见现行《市政公用设施建设项目经济评价方法与参数》供热篇。

3）各专业工程费用占总工程费用比例分析见表 12-15。

民用热水供热技术经济综合指标 表 12-13

工程名称：　　　　　　工程编号：　　　　　　编制日期：

序号	项目	单位	供热规模		备注
			每万平方米供热面积	每 GJ	
一	工程费用	万元			
	其中：管网	万元			
	热力站	万元			
	热源厂	万元			
	中继泵站	万元			
	其他厂站	万元			
二	主要材料				
	钢管	t			
	钢材	t			
	预拌混凝土	m³			
三	管网长度	km			
四	热力站座数	座			
	热源厂	座			
	中继泵站	座			
	其他厂站	座			

工业蒸汽供热技术经济综合指标　　　　表 12-14

工程名称：　　　　　　　　工程编号：　　　　　　　　编制日期：

序号	项目	单位	综合指标（每蒸吨）	备　注
一	工程费用	万元		
	其中：管网	万元		
	热力站	万元		
	热源厂	万元		
	其他厂站	万元		
二	主要材料			
	钢管	t		
	钢材	t		
	预拌混凝土	m³		
三	管网管线长度	km		
四	热源厂	座		
	热力站	座		
	其他厂站	座		

供热工程各专业工程费用占总工程费用比例分析　　表 12-15

工程名称：　　　　　　　　工程编号：　　　　　　　　编制日期：

单项工程	工程总费用（万元）100%	建筑工程		安装工程		设备购置	
		工程费（万元）	占总工程费（%）	工程费（万元）	占总工程费（%）	工程费（万元）	占总工程费（%）

11.2　综合技术经济指标计算说明

1）热力工程综合技术经济指标：按管网工程、换热站工程划分。管网工程包括民用热水供热管网、工业蒸汽供热管网、泵站、计量及监控中心等各项辅助设施。换热站工程包括民用热水网热力站、工业蒸汽供热热力站、制冷站。民用热水网热力站又分为包括热力站建筑工程、不包括热力站建筑工程，按连接形式分为直接连接、间接连接。指标计量单位以设计供热面积（m²）或设计供热量吉焦（GJ）计。

2）主要材料用量指标：钢管包括管材、管件，以 t 计算。钢材包括各种规格、型号的钢筋、钢板、型钢，以 t 计算。预拌混凝土不分品种强度等级，以 m³ 计算。

3）供热成本计算：首先计算出年经营成本费用，然后除以年平均供热量，即为单位供热成本。

12　环境卫生工程技术经济指标计算方法

12.1　环境卫生工程综合技术经济指标计算内容

1）工程费用、用地及主要材料用量指标计算见表 12-16。

2）环境卫生成本指标计算，参见现行《市政公用设施建设项目经济评价方法与参数》垃圾处理篇。

环境卫生综合技术经济指标　　　　　　表 12-16

工程名称：　　　　　　工程编号：　　　　　　编制日期：

工程名称	单位	设计规模	技术经济指标				
			工程费用（万元）	用地（亩）	主要材料费用		
					钢材（t）	预拌混凝土（m³）	锯材（m³）
处理厂	t/d						
中转站	t/d						

12.2　综合技术经济指标计算说明

1）环境卫生综合技术经济指标分为处理厂工程和中转站。处理厂工程包括处理厂内全部建（构）筑物以及附属在厂内外的工艺设施（如干化场），单位以设计平均日处理量（t/d）计。中转站包括站内全部建（构）筑物。单位以额定日转运能力（t/d）计。

2）用地指标指对应生产能力所必需的用地量。

3）主要材料用量指标与本篇 5.2 相同。

12.3　环境卫生单项工程技术经济指标单位

12.3.1　填埋工程

1）土石方、垃圾坝、挡墙护坡按实际体积计，单位为 m³。

2）库底防渗系统、边坡防渗系统按防渗面积计，单位为 m²。

3）渗沥液收集系统、渗沥液排出系统、地下水导排按管道长度计，单位为 m。

4）填埋区马道按面积计，单位为 m²。

5）填埋气体导排按长度计，单位为 m。

6）截洪沟及排洪沟按长度计，单位为 m。

7）建筑分项指标按不同结构形式以建筑面积计，单位为 m²。

8）道路按面积计，单位为 m²。

9）围墙按长度计，单位为 m。

10）绿化按面积计，单位为 m²。

11）电气工程变配电系统设备总装机容量以 kW 单位。

12）给水、排水工程按管理区面积计，单位为 m²。

12.3.2　焚烧工程

1）垃圾坡道按水平投影面积计，单位为 m²。

2）烟囱按烟囱高度计，单位为 m。

3）设备及安装工程按额定日处理能力计，单位为 t/d。

12.3.3　中转站

1）装运车间、机修车间、业务用房、门卫按建筑面积计，单位为 m²。

2）引桥按水平投影面积计，单位为 m²。

3）场区供热、给水排水按管道长度计，单位为 m。

4）地下油库单体按座计。

5）沉淀池、污水池、喷水池按单体体积计，单位为 m³。

6）场区电气按电缆长度计，单位为 m。

7）围墙按长度计，单位为 m。

13　园林绿化工程技术经济指标计算方法

13.1　综合技术经济指标计算内容

工程费用、用地及各单项工程指标计算见表 12-17。

园林绿化工程综合技术经济指标　　　　　表 12-17

工程名称：　　　　　　　工程编号：　　　　　　　编制日期：

序号	工程名称	单位	数量	工程费用（万元）	单位指标	备注
	建筑及安装工程	m²				
1	绿化种植工程	m²				
2	土方工程	m³				
3	建筑工程	m²				
4	道路广场	m²				
5	围墙、驳岸	m				
6	桥梁、水闸、涵洞	座				

续表

序号	工程名称	单位	数量	工程费用（万元）	单位指标	备注
7	景石	t				
8	小品及设施	项				
9	总体给水排水及电气	m²				

13.2 综合技术经济指标计算说明

13.2.1 指标计算方法

1）工程项目单位面积指标：建筑及安装工程总费用（第一部分费用）除以总用地面积计算。

2）绿化工程：工程费用除以绿地面积，如有改造或移栽工程时，其指标应分别计算。

3）土方工程：工程费用除以总土方量。

4）建筑工程：工程费用除以建筑面积，如有不同类型、功能的建筑时，其指标应分别计算。

5）道路广场工程：按不同类别的道路及广场，以各自的工程费用除以相应的面积分别计算指标。

6）围墙、驳岸工程：工程费用除以围墙或驳岸长度，如有不同结构类型时，其指标应分别计算。

7）总体给水排水、电气、弱电等工程：以各自的工程费用除以总用地面积。

13.2.2 工程量计算

1）绿化工程按实际种植面积计，单位为 m²。

2）土方工程中挖、填、运土及营养土等按体积计，单位为 m³。

3）建筑及亭、廊等按面积计，单位为 m²。

4）道路广场按面积计，单位为 m²。

5）围墙、驳岸按长度计，单位为 m。

6）桥梁、水闸、涵洞按座计，单位为座，备注中列明实际面积或长度等数据。

7）景石按实际体积及容重计算吨位，单位为 t。

8）总体给水排水及电气按设计面积计，单位为 m²。

14 综合管廊工程技术经济指标计算方法

14.1 综合管廊工程技术经济指标计算内容

综合管廊工程技术经济指标计算内容见表 12-18。

综合管廊工程技术经济指标　　表 12–18

工程名称：　　　　　　工程编号：　　　　　　编制日期：

管廊总长度		标准断面布置形式			
入廊管线		管廊类型			
断面结构尺寸	净宽 × 净高	底板厚	外壁厚		顶板厚
施工方法					
附属配套设施					

材料及费用项目		内　容		
		每米长度工程费用和材料用量		
		标准段	交叉口	其他
主要技术经济指标	工程费用（元）			
	1 建筑工程费（元）			
	预拌（预制）混凝土（m³）			
	钢筋（t）			
	锯材（m³）			
	2 安装工程			
	3 设备购置费			

14.2　技术经济指标计算说明

14.2.1　工程费用指标

工程费用指标以第一部分工程费用除以综合管廊长度计算，主线和支线指标应分别计算。

14.2.2　分项指标

1）建筑工程按照不同构筑物分为标准段、吊装口、通风口等，指标内容包括：土方工程、钢筋混凝土工程、降水、围护结构和地基处理等。

2）安装工程和设备购置费指管廊本体的消防、排水、仪表、自控、电气和通风工程等。